21世纪生物技术系列

组织细胞化学理论与技术

第3版

主 编 王廷华 李力燕 Leong Seng Kee

科学出版社

北京

内 容 简 介

本书是《21世纪生物技术系列》的一个分册,分上、下两篇,全面阐述了组织细胞化学的基本理论和实践技术。上篇系统介绍了组织细胞化学的基本理论,包括组织、细胞的结构与功能;下篇重点介绍了实验中常用的组织细胞化学技术方法,包括免疫组织细胞化学、酶组织化学、原位杂交组织化学、神经形态示踪技术、形态定量技术和细胞凋亡,以及免疫荧光染色技术等。

本书可供生物医学专业研究生、本科生及从事细胞组织化学相关研究的人员阅读和实验时参考。

图书在版编目(CIP)数据

组织细胞化学理论与技术／王廷华,李力燕,(新加坡)基(Kee LS)主编. —3版. —北京:科学出版社,2013.6
（21世纪生物技术系列）
ISBN 978-7-03-037957-3

I. 组… II. ①王… ②李… ③基… III. 组织细胞-细胞化学 IV. Q26

中国版本图书馆 CIP 数据核字(2013)第 135987 号

责任编辑:沈红芬／责任校对:彭　涛
责任印制:李　彤／封面设计:范璧合

版权所有,违者必究。未经本社许可,数字图书馆不得使用。

科 学 出 版 社 出版
北京东黄城根北街 16 号
邮政编码:100717
http://www.sciencep.com

北京凌奇印刷有限责任公司 印刷
科学出版社发行　各地新华书店经销

*

2005 年 3 月第　一　版　　开本:787×1092　1/16
2013 年 6 月第　三　版　　印张:17　插页:2
2022 年 6 月第八次印刷　　字数:400 000

定价:68.00 元
(如有印装质量问题,我社负责调换)

《21世纪生物技术系列》第3版编审委员会

主　审　李云庆

委　员　（按姓氏笔画排序）

王廷华	四川大学	特聘教授,博导
	昆明医科大学,云南师范大学,成都医学院	教授,博导
白　洁	昆明理工大学医学院	教授,博导
刘　进	四川大学华西医院	教授,博导
李云庆	第四军医大学	教授,博导
李成云	云南农业大学	教授,博导
李兵仓	第三军医大学	教授,博导
李官成	中南大学湘雅医学院	教授,博导
李建国	上海交通大学医学院	教授,博导
张连峰	北京协和医学院	教授,博导
陈向东	华中科技大学同济医学院	教授,博导
陆　地	昆明医科大学	教授,博导
项　鹏	中山大学中山医学院	教授,博导
胡帧明	重庆医科大学	教授,博导
顾晓松	南通大学医学院	教授,博导
曾园山	中山大学中山医学院	教授,博导
游　潮	四川大学华西医院	教授,博导
Jean Philippe Merlio	法国波尔多第二大学	教授,博导
John W. McDonald	美国霍普金斯大学医学院	教授,博导
Leong Seng Kee	新加坡国立大学	教授,博导
Xin-Fu Zhou	澳大利亚南澳大学	教授,博导
Zhi-Cheng Xiao	澳大利亚莫纳什大学	教授,博导

《组织细胞化学理论与技术》第 3 版编写人员

主　编　王廷华　李力燕　Leong Seng Kee

副主编　黄秀琴　刘　佳　钱保江

编　委　（按姓氏笔画排序）

王廷华　王旭阳　巴迎春　刘　佳

苏吉春　李力燕　李官成　李晓莉

吴林艳　邹晓莉　张　晓　张涟双

金立德　胡艳丽　饶　莹　钱保江

徐振波　殷露玮　高　燕　黄秀琴

章　为　康　燕　戴　萍　Leong Seng Kee

《21世纪生物技术系列》前言

21世纪是生命科学飞速发展的时代。如果说20世纪后半叶是信息时代，那么21世纪上半叶，生命科学将成为主宰。我国加入WTO后与世界科技日益接轨，技术的竞争已呈现出其核心地位和作用。正是在此背景下，为适应我国21世纪生物技术的发展和需求，科学出版社于2005年组织编写了一套融基础理论和实践技术为一体、独具特色、主要面向一线科技人员的学术著作——《21世纪生物技术丛书》，包括《组织细胞化学理论与技术》、《神经细胞培养理论与技术》、《蛋白质理论与技术》、《分子杂交理论与技术》、《PCR理论与技术》、《基因克隆理论与技术》、《抗体理论与技术》和《干细胞理论与技术》共8个分册。本丛书自2005年3月问世以来，即受到了广大生物技术科技工作者的喜爱，2006年1月进行了重印；2009年出版了第2版。本丛书对满足我国日益扩大的科研人员及研究生实践需求，以及推动我国21世纪生物技术的普及和发展起到了积极的作用。

生物技术发展迅速，为了满足广大科技工作者的需求，本丛书于2013年推出第3版。在第2版的基础上，第3版主要对实验技术中的经验体会部分进行了全面增补，同时补充了新的理论技术，包括免疫荧光染色、诱导型干细胞理论与培养、基于病毒载体的转基因及RNA干扰技术、免疫共沉淀与蛋白质相互作用、蛋白芯片等实用技术，并对各技术的相关实践经验进行了更全面的总结。重要的是，为了应对和满足前沿技术的发展需要，推出第3版的同时还增补了4个分册，即《基因沉默理论与技术》、《电生理理论与技术》、《生物信息学理论与技术》和《神经疾病动物模型制备理论与技术》，并将丛书名更改为《21世纪生物技术系列》。至此，本丛书已达12个分册，从行为、形态、细胞、分子生物学、电生理和生物信息等多个层面介绍了目前常用生物技术的基本理论、进展及其相关技术与应用，是我国21世纪生物技术著作中覆盖面最广、影响最大的一套著作。本丛书从培养科学思维能力和科研工作能力的目标出发，以实用性和可操作性为目的，面向我国日益增多的研究生和广大一线科研人员。在编写方式和风格方面，力求强调对基本概念和理论进行简明扼要的阐述，注重基本技术实践，认真总结了编者的实验经验和体会，并提供了大量原版彩图，使丛书在兼顾理论的同时更具实用价值。

本丛书由王廷华教授牵头，邀请国内外一批知名专家教授参加编写和审阅。本丛书是全体参编人员实践经验的总结，对从事科研的研究生和一线研究人员有很好的参考价值。

由于编写时间有限,加之科学技术发展迅速,书中的错误和不足之处在所难免,恳请各位读者批评指正。

值本丛书出版之际,感谢为我国生物技术及科学发展孜孜不倦、奉献一生的老一辈科学家,他们的杰出工作为我国中青年一代的发展奠定了基础;感谢国内外一批知名专家教授对丛书的指导和审阅;感谢编者们所付出的辛勤劳动;感谢中国解剖学会长期以来对本丛书组织工作的支持;感谢各位同道给予的鼓励和关心!

《21世纪生物技术系列》编审委员会

2013年4月8日

目　录

上篇　组织细胞化学理论

第一章　免疫组织细胞化学基础 (1)
　第一节　细胞 (1)
　第二节　组织概述 (5)
　第三节　显示细胞和组织成分、结构的方法 (11)

第二章　组织细胞化学的免疫学与酶学基础 (15)
　第一节　抗体的发现及其特性 (15)
　第二节　免疫球蛋白分子 (18)
　第三节　组织细胞化学的酶学基础 (31)

第三章　免疫组织化学基本理论 (35)
　第一节　免疫组织化学的基本原理、发展及展望 (35)
　第二节　免疫组织化学技术的分类 (38)
　第三节　免疫组织化学技术常用仪器设备、器皿准备及试剂配制 (45)
　第四节　免疫组织化学标本的获取及处理 (49)
　第五节　免疫组织化学染色后的观测 (57)
　第六节　常用免疫组织化学技术的注意事项 (57)

第四章　酶组织化学 (59)
　第一节　福尔根显示 DNA 的方法 (59)
　第二节　高碘酸-Schiff 反应显示糖原和其他多糖 (61)
　第三节　异丙醇油红 O 法 (62)
　第四节　碱性磷酸酶显示法 (63)
　第五节　碱性磷酸酶与 PAS 反应合并染色法 (65)
　第六节　酸性磷酸酶显示法 (66)
　第七节　三磷酸腺苷酶显示法 (68)
　第八节　葡萄糖-6-磷酸酶铅法显示 (70)
　第九节　偶氮偶联法显示非特异性酯酶 (71)
　第十节　乙酰胆碱酯酶和胆碱酯酶显示法 (72)
　第十一节　同时偶联法显示氨基肽酶 (73)
　第十二节　细胞色素氧化酶显示法 (75)
　第十三节　琥珀酸脱氢酶显示法(四唑盐法) (75)
　第十四节　乳酸脱氢酶显示法 (76)

第十五节　3β-羟甾体脱氢酶显示法 …………………………………………… (77)

第五章　原位杂交组织化学 …………………………………………………………… (79)
第一节　探针制备 …………………………………………………………………… (79)
第二节　原位杂交的组织标本制作 ………………………………………………… (80)
第三节　杂交组织化学反应 ………………………………………………………… (81)
第四节　实验对照 …………………………………………………………………… (81)
第五节　生物素标记探针杂交方法 ………………………………………………… (82)

第六章　神经形态示踪方法学 ………………………………………………………… (85)
第一节　辣根过氧化物酶示踪技术 ………………………………………………… (85)
第二节　荧光染料追踪技术 ………………………………………………………… (90)
第三节　放射自显影神经示踪 ……………………………………………………… (92)
第四节　顺行示踪技术 ……………………………………………………………… (94)

第七章　形态定量技术及其应用 ……………………………………………………… (97)
第一节　概述 ………………………………………………………………………… (97)
第二节　目前形态定量研究方法简介 ……………………………………………… (97)
第三节　体视学概述 ………………………………………………………………… (98)
第四节　体视学技术的基本方法 …………………………………………………… (103)
第五节　体视学技术中各参数的计算 ……………………………………………… (123)
第六节　图像分析仪在医学实验研究中的应用 …………………………………… (129)

第八章　细胞凋亡 ……………………………………………………………………… (135)
第一节　概述 ………………………………………………………………………… (135)
第二节　与细胞凋亡相关的酶类 …………………………………………………… (138)
第三节　细胞凋亡的信号转导途径 ………………………………………………… (142)
第四节　细胞凋亡的调控 …………………………………………………………… (146)
第五节　细胞凋亡与疾病 …………………………………………………………… (149)
第六节　细胞凋亡的研究方法 ……………………………………………………… (153)

下篇　组织细胞化学技术

第九章　组织化学技术的应用 ………………………………………………………… (170)
第一节　免疫组织化学 ABC 法检测猫背根节 c-jun、c-fos 的表达 …………… (170)
第二节　免疫组织化学 SP 法在检测成年猴脑 BDNF、NT-4 和 NGF 中的应用 …… (174)

第十章　用酶组化技术显示猫脊髓 Ⅱ 板层一氧化氮合酶的表达 ………………… (184)

第十一章　原位杂交组织化学技术检测猫背根节 BDNF 和 NT-3 的 mRNA 表达 … (186)
第一节　材料和方法 ………………………………………………………………… (186)
第二节　结果 ………………………………………………………………………… (195)
第三节　结果分析与经验体会 ……………………………………………………… (196)

第十二章　组织化学双标技术 ………………………………………………………… (197)
第一节　脊髓 Ⅱ 板层 NOS、BDNF 样神经膨体的免疫组化与酶组化双标技术 …… (197)

| 第二节 | 免疫组织化学和原位杂交双标技术检测猫背根节 BDNF、NT-3 及其 mRNA 的表达 ……………………………………………………………………………………… (198) |

第十三章　组织化学技术的关键与要点 …………………………………………… (202)
- 第一节　高压控制免疫组化非特异性反应 ……………………………………… (202)
- 第二节　组织化学标本处理要点 ………………………………………………… (203)
- 第三节　组织化学实验步骤操作中的注意事项 ………………………………… (203)
- 第四节　组织化学结果显色要点 ………………………………………………… (203)
- 第五节　经验体会 ………………………………………………………………… (203)

第十四章　石蜡切片免疫组织化学实验的技术关键要点 ………………………… (204)
- 第一节　石蜡切片制备 …………………………………………………………… (204)
- 第二节　免疫组织化学染色 ……………………………………………………… (206)
- 第三节　免疫组织化学染色的对照设置 ………………………………………… (208)
- 第四节　免疫组织化学染色过程中出现问题的原因与对策 …………………… (209)

第十五章　原位细胞凋亡 TUNEL 法检测大鼠全横断损伤脊髓细胞凋亡 ……… (211)

第十六章　大鼠皮质脊髓束 BDA 追踪实验 ………………………………………… (218)
- 第一节　实验原理 ………………………………………………………………… (218)
- 第二节　实验所需设备、试剂及其配制 ………………………………………… (218)
- 第三节　实验步骤 ………………………………………………………………… (219)
- 第四节　实验结果 ………………………………………………………………… (220)
- 第五节　结果分析与实验体会 …………………………………………………… (221)

第十七章　大鼠背根节细胞中枢终末脊髓内 CB-HRP 示踪技术 ………………… (223)
- 第一节　实验原理 ………………………………………………………………… (223)
- 第二节　实验仪器、试剂及其配制 ……………………………………………… (223)
- 第三节　实验方法 ………………………………………………………………… (225)
- 第四节　实验结果 ………………………………………………………………… (226)
- 第五节　结果分析 ………………………………………………………………… (227)
- 第六节　经验体会及注意事项 …………………………………………………… (228)

第十八章　免疫荧光技术 ……………………………………………………………… (229)
- 第一节　概述 ……………………………………………………………………… (229)
- 第二节　免疫荧光技术的原理及常用方法 ……………………………………… (229)
- 第三节　常用抗体标记荧光染料的选择 ………………………………………… (230)
- 第四节　免疫荧光技术注意事项 ………………………………………………… (231)
- 第五节　免疫荧光技术的应用 …………………………………………………… (231)

第十九章　免疫荧光单标技术检测正常 SD 大鼠脊髓 GFAP 表达 ……………… (232)
- 第一节　实验原理 ………………………………………………………………… (232)
- 第二节　实验所需设备、试剂及其配制 ………………………………………… (232)
- 第三节　实验方法 ………………………………………………………………… (234)
- 第四节　实验结果 ………………………………………………………………… (235)

第五节　结果分析 ···（235）
   第六节　经验体会及注意事项 ···（235）
第二十章　大鼠脊髓白质 GFAP 阳性星形胶质细胞和 GDNF 免疫荧光双标技术······（237）
   第一节　实验原理 ···（237）
   第二节　实验所需设备、试剂及其配制 ··（237）
   第三节　实验方法 ···（239）
   第四节　实验结果 ···（240）
   第五节　结果分析 ···（240）
   第六节　经验体会及注意事项 ···（240）
附录 ···（242）
   附录一　组织化学的常用试剂及处理 ··（242）
   附录二　原位杂交组织化学常用试剂及处理 ···（247）
彩图

上篇 组织细胞化学理论

第一章 免疫组织细胞化学基础

第一节 细 胞

细胞是生物体形态结构、生理功能和生长发育的基本单位。

一、细胞的发现及细胞学说建立

细胞(cell)的概念是随着16世纪末光学显微镜(light microscope,简称光镜)的发明而提出的。1665年,英国人胡克(Hooke)用光镜观察了软木塞薄片后,将所发现的蜂窝状小室命名为"细胞"。其实,他所见到的仅是植物的细胞壁,但该工作却无意中开创了用显微镜研究生物构造的先河。此后,许多学者对显微镜的使用投入了极大的热情,并陆续发现了各种各样的细胞。例如,意大利人马尔比基(Malpighi)观察了脾、肺、肾、表皮;荷兰人列文虎克(Leeuwenhoek)发现了红细胞、精子、肌纤维;格拉夫(Graaf)发现了卵泡。1801年,法国人比沙(Bichat)提出"组织"一词,并认为是组织构成了各种器官。

1838~1839年,德国人施万(Schwann)和施莱登(Schleiden)在综合归纳前人研究成果的基础上提出了细胞学说,认为细胞是机体的基本结构和功能单位;细胞中进行着复杂的化学反应;新的细胞是由原有的细胞产生的。此后,随着显微镜制造技术的发展,组织切片机的发明与改进,各种生物标本固定和染色方法的出现,19世纪下半叶成为了组织学和细胞学发展的黄金时代。到19世纪末,人们已能较准确地描述细胞的结构,使组织学发展为一门独立而系统的学科。1906年,意大利神经组织学家高尔基(Golgi)和西班牙人拉蒙·卡哈尔(Ramony Cajal)因发明镀银染色法和对神经系统组织结构的开创性研究而获得诺贝尔生理学/医学奖。

二、细胞的形态

根据显微镜的观察结果,细胞大小不一,形态各异,有梭形、扁平形、立方形、圆柱形、多边形、球形和星形多突起状等。细胞的形态与其执行的生理功能和所处的部位密切相关。例如,接受刺激、传导冲动的神经细胞具有很多长突起;流动的血细胞呈圆形;紧密排列的上皮细胞呈方形、柱形、扁平形和多边形。有些细胞为了特殊功能的需要,具有纤毛、鞭毛、微绒毛等突起,如精子等。人体内各种不同类型的细胞,其大小差别也很大,有些细胞的大小可随功能而变化。大多数细胞的直径只有几微米,肉眼看不见。最小的细胞(如小脑的颗粒细胞)直径只有 4μm;较大的细胞(如成熟的卵细胞)直径可达 100~140μm,肉眼勉强可见;最大的某些神经细胞,其突起最长可超过 1m。肌细胞大小还可随生理需要而发生变化。如骨骼肌可因锻炼使肌细胞变粗大;非妊娠子宫平滑肌的长度约为 50μm,但在妊娠期可增大到 500μm。

三、细胞的结构和功能

尽管细胞类型不同,但仍具有共同的基本结构,即细胞膜、细胞质和细胞核。

(一) 细胞膜

细胞膜(cell membrane)结构不仅存在于细胞表面,而且也出现在细胞内部。因此,将位于细胞表面的膜称为细胞外膜,细胞内的膜结构称为细胞内膜或内膜系统,两者统称为生物膜(biological membrane)。

1. 生物膜的结构 生物膜主要由类脂、蛋白质和糖类组成,其分子结构为液态镶嵌模型,其基本内容为:膜的结构以液态的类脂双分子层为基架,其中镶嵌着各种不同生理功能的球状蛋白质。生物膜在光镜下难以辨出;在电镜下可见其呈两暗夹一明的三层结构,又称单位膜(unit membrane),总厚度约 7.5nm(图 1-1)。

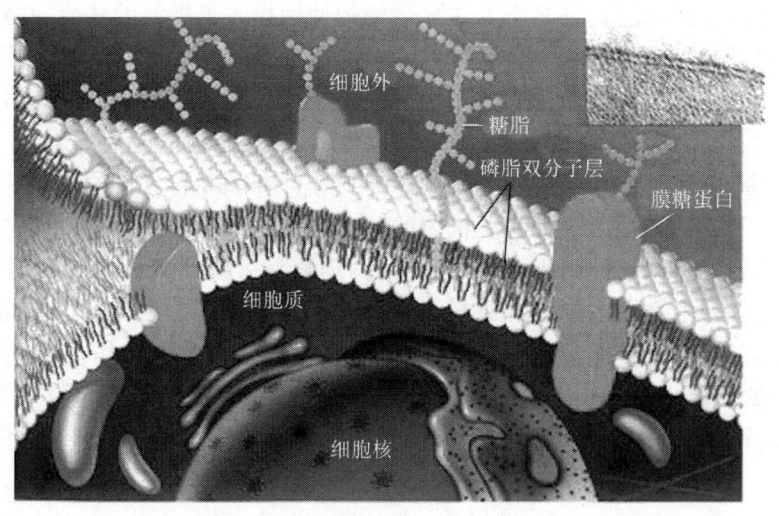

图 1-1 生物膜的分子结构示意

2. 细胞膜的功能 细胞膜具有多方面的功能:①维持细胞的一定构型;②构成细胞屏障;③选择性地进行物质交换;④构成细胞支架;⑤与细胞识别、细胞粘连和运动有关;⑥细胞膜内各种嵌入蛋白的功能也是细胞膜的功能。

（二）细胞质

细胞质（cytoplasm）为细胞膜与细胞核之间的结构，是细胞新陈代谢与物质合成的重要场所。生活状态为透明胶状物，在固定标本上常呈颗粒状、泡沫状或网络状，由基质、细胞器和内涵物组成。

1. 基质 为无定形的胶状物质。

2. 细胞器 为细胞质内有特定形态结构、执行一定生理功能的有形成分，观察其微细结构需在电镜下进行，光镜下通过特殊染色，可见线粒体、高尔基复合体、中心体等细胞器（图1-2）。

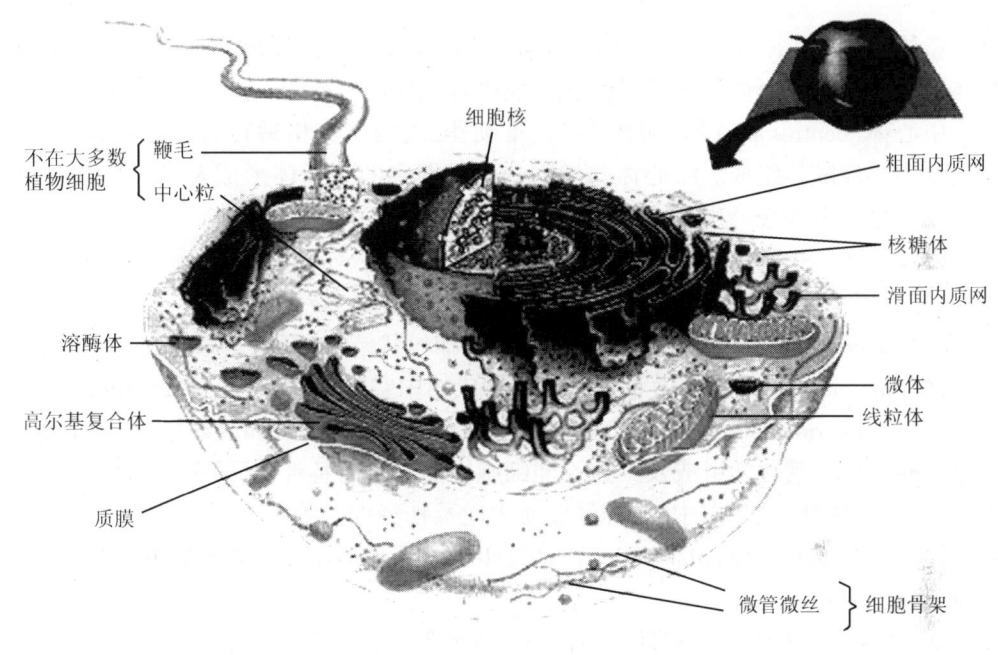

图1-2 细胞模式图

（1）线粒体（mitochondria）：为细胞的供能站。光镜下呈线状或颗粒状。电镜下为双层单位膜构成的椭圆形小体，外膜光滑，内膜向内折叠形成板状或管状的线粒体嵴。线粒体的主要功能是通过氧化磷酸化作用产生能量，并将能量储存于ATP中，以备细胞进行各种生命活动所用。

（2）核糖体（ribosome）：为细胞内合成蛋白的基地，由核糖核酸（RNA）和蛋白质构成。电镜下呈近似球形的致密颗粒，由大亚基和小亚基结合而成，有游离核糖体和附着核糖体两种存在形式。核糖体易被碱性染料着色，故光镜下细胞质中核糖体丰富的部位呈嗜碱性。

（3）内质网（endoplasmic reticulum）：为多功能的膜性小管系统，是由一层单位膜围成的囊状或小管状结构，根据其表面有无核糖体附着而分为粗面内质网和滑面内质网。

1) 粗面内质网(RER)：由平行排列的扁囊和附着在膜外表面的核糖体构成，是合成蛋白质的部位，易被碱性染料着色。

2) 滑面内质网(SER)：为表面光滑的管网状结构，无核糖体附着。SER 为一多功能的结构，参与类固醇的合成，脂类、糖类的代谢，激素灭活和离子调节等功能，多分布于肝细胞和类固醇激素细胞内。

(4) 高尔基复合体(Golgi complex)：为细胞的加工厂，由扁平囊泡、小泡和大泡构成，多位于细胞核附近，与细胞的分泌功能和溶酶体的形成有关。

(5) 溶酶体(lysosome)：为细胞内的消化器，是胞质内有膜包裹并含有多种水解酶的致密小体，具有极强的消化分解物质的能力。可分为初级溶酶体、次级溶酶体及残余体三种形式。

(6) 微体(microbody)：为细胞的防毒小体，是有膜包裹的卵圆形小体，中央常有一致密的核样体，微体中含有多种酶，可防止细胞的氧中毒，有保护作用。

(7) 中心体(centrosome)：为细胞分裂的推动器，由两个互相垂直的中心粒和周围特化的细胞质及中心粒随体组成。中心体与细胞分裂时期中的纺锤体形成及染色体移动有关，纤毛与鞭毛等也由中心粒产生，故中心粒也与细胞运动有关。

(8) 微丝、微管、中间丝和微梁网络系统：为细胞骨架(cytoskeleton)，是胞质内细丝状结构的总称，它构成了细胞的支架，参与细胞运动、分化、物质的转运等功能。

1) 微丝(microfilament)：是由肌动蛋白构成的细丝状结构，直径 5~6nm。

2) 微管(microtubule)：是由微管相关蛋白构成的中空圆柱状结构，直径 25nm。

3) 中间丝(intermediate filament)：由富含脯氨酸、甲硫丁氨酸和胱氨酸的蛋白质构成，直径 8~11nm。根据其化学组成及其在不同细胞中的分布与特性，又可分为角蛋白中丝、张力微丝、波形蛋白中丝、结蛋白中丝、神经胶质中丝及神经中丝等。

4) 微梁网络(microtrabecular lattice)：是近年来应用超高压电镜观察到的一种比微丝更细的纤维，直径 3~6nm。

3. 内涵物 是细胞质中一些有形的代谢产物或储备的营养物质，如糖原、脂滴、色素及分泌颗粒等。其数量随细胞生理状态不同而变化。

(三) 细胞核

细胞核(cell nucleus)是细胞遗传和代谢活动的控制中心，在细胞生命活动中起着决定性的作用。除成熟红细胞外，所有的细胞都具有一个或多个细胞核。细胞核的形态、大小一般与细胞的形态、大小相适应，核与胞质之比通常为 1∶3 或 1∶4。细胞核的结构由四部分组成(图 1-3)。

1. 核膜(nucleus membrane) 为使遗传物质区域化的膜，由双层单位膜构成，其间隙称为核周隙，外层核膜上附有核糖体，与粗面内质网相似，核膜上有核孔，是控制大分子物质出入细胞核的通道。

2. 核仁(nucleolus) 为合成核糖体的场所。核仁一般呈圆球形，无膜包被，其大小、数量及位置随细胞功能而变化。主要化学成分是 RNA 和蛋白质，主要功能是加工和部分装配核糖体亚单位，因此是合成核糖体的场所。

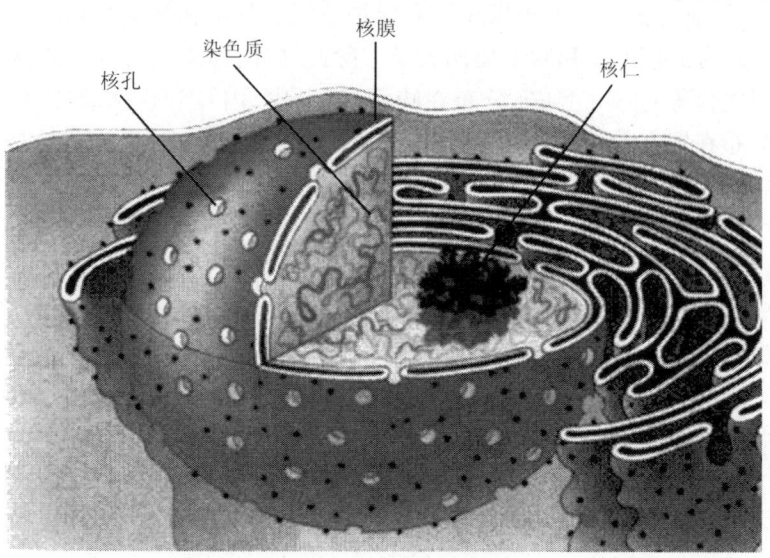

图 1-3 细胞核模式图

3. 染色质(chromatin)和染色体(chromosome) 为遗传物质的载体。染色质是指细胞间期核内易被碱性染料着色的物质,由蛋白质和 DNA 组成。DNA 双螺旋紧密的部分在光镜下着色深,称异染色质;DNA 双螺旋松散延长,着色浅淡的称为常染色质。在细胞进行有丝分裂时,染色质细丝盘曲缠绕为具有特定形态结构的染色体。染色质与染色体实际上是不同功能状态下的同一物质。

4. 核基质与核内骨架 为核内无定形的胶状物及酸性蛋白构成的骨架系统,为核内代谢活动提供适宜的环境。

第二节 组织概述

一、组织的基本概念

组织是由一群结构相似的细胞及其间的细胞外基质(extracellular matrix,ECM)共同构成。构成人体的组织归纳为四大基本组织,即上皮组织、结缔组织、肌肉组织和神经组织。

二、组织的分类及结构特点

(一) 上皮组织

上皮组织(epithelial tissue)简称上皮,由大量密集排列的细胞和极少量的细胞外基质组成。上皮细胞具有明显的极性,即细胞的不同表面在结构和功能上具有明显的差别。其朝向体表或体内各种管、腔、囊的一面称为游离面,与其相对的另一面则称为基底面。基底面通过基膜与深部的结缔组织相连。上皮组织内神经末梢丰富,一般没有血管,其所需营养由深部结缔组织中的血管提供。上皮组织具有保护、吸收、分泌和排泄等功能。按其结构和功能,上皮组织可分为被覆上皮和腺上皮两大类。除此之外,体内还有少量其他特殊类型的上皮,如可感受理化刺激的感觉上皮(分布在味蕾、嗅上皮、内耳和视网膜等处),可产生精子的生精上皮(分布在睾丸的生精小管)和具有舒缩功能的肌上皮(分布在大唾液腺、汗腺和乳腺的腺细胞与基膜之间)。

1. 被覆上皮 被覆上皮覆盖于体表或内衬于体内各种有腔器官的腔面。根据组成被覆上皮的细胞层数,可分为由一层细胞组成的单层上皮和两层或两层以上的细胞组成的复层上皮。按单层上皮细胞的形态或复层上皮的表层细胞形态,又可将其分为扁平上皮、立方上皮和柱状上皮(表1-1)。通常所说的上皮即指被覆上皮。

表1-1 被覆上皮的类型及主要分布

	上皮类型	主要分布
单层上皮	单层扁平上皮	内皮:心脏、血管和淋巴管
		间皮:胸膜、腹膜和心包膜
		其他:肺泡和肾小囊壁层
	单层立方上皮	肾小管、甲状腺滤泡等
	单层柱状上皮	胃、肠、胆囊、输卵管和子宫等
	假复层纤毛柱状上皮	呼吸管道等
复层上皮	复层扁平上皮	未角化的:口腔、食管和阴道
		角化的:皮肤的表皮
	复层柱状上皮	眼睑结膜和男性尿道等
	移行上皮	肾盏、肾盂、输尿管和膀胱等

2. 腺上皮和腺 以分泌功能为主的上皮称为腺上皮(glandular epithelium),以腺上皮为主构成的器官称为腺体(gland)。腺体的分泌物通过导管通达身体表面或有腔器官腔面的腺体,称有管腺或外分泌腺(exocrine gland),如汗腺、乳腺和唾液腺等;无导管,分泌物(主要是激素)直接进入腺细胞周围的毛细血管和毛细淋巴管,再被运送到其作用部位的腺体,称无管腺或内分泌腺(endocrine gland),如甲状腺、肾上腺和腺垂体等。

(二) 结缔组织

结缔组织(connective tissue)广泛分布于机体各部,由大量细胞外基质和各种结缔组织细胞构成。结缔组织的细胞外基质包括细丝状的纤维和无定形的基质。结缔组织细胞散在分布于细胞外基质中,细胞无极性,其数量相对较少,但种类较多,功能各异。

结缔组织来源于胚胎时期的间充质。间充质细胞是一种多潜能的干细胞,除分化成各种结缔组织细胞外,还分化成血管的内皮细胞和平滑肌细胞等。结缔组织根据其纤维的数量、排列及基质成分的不同,分为固有结缔组织、软骨组织、骨组织和血液等。通常所称的结缔组织多指固有结缔组织。固有结缔组织按其结构和功能不同又分为疏松结缔组织、致密结缔组织、脂肪组织和网状组织。

1. 固有结缔组织

(1) 疏松结缔组织(loose connective tissue):的纤维较少,排列疏松,细胞种类较多,结构呈蜂窝状,故又称蜂窝组织。它广泛分布于器官之间、组织之间及细胞之间,具有支持、连接、营养、防御和修复等功能。

疏松结缔组织内含有下列细胞:①成纤维细胞(fibroblast);②巨噬细胞(macrophage);③浆细胞(plasma cell);④肥大细胞(mast cell);⑤脂肪细胞(fat cell);⑥未分化的间充质细胞(undifferentiated mesenchymal cell);⑦白细胞(leukocyte)。

疏松结缔组织内的纤维有:①胶原纤维(collagenous fiber);②弹性纤维(elastic fiber);③网状纤维(reticular fiber)。

疏松结缔组织的基质含有:①蛋白多糖(proteoglycan),包括蛋白质和糖胺多糖,后者又包括透明质酸(hyaluronic acid)、硫酸软骨素(chondroitin sulfate)、硫酸角质素(reratin sulfate)和硫酸肝素(heparin sulfate)等,是构成基质分子筛结构的主要成分;②糖蛋白(glycoprotein),包括纤维粘连蛋白(fibronectin)、层粘连蛋白(laminin)和软骨粘连蛋白(chondronectin);③组织液(tissue fluid)。

(2)致密结缔组织(dense connective tissue):纤维成分丰富且排列密集,主要具有支持和连接等作用。根据致密结缔组织的纤维排列方式,可分为规则的和不规则的两种形式。其纤维成分可以是胶原纤维或弹性纤维。

(3)脂肪组织(adipose tissue):是由大量的脂肪细胞构成的固有结缔组织。脂肪细胞常聚集成群,并被疏松结缔组织分隔成小叶。根据脂肪组织的颜色、结构和功能的不同,可分为黄色脂肪组织和棕色脂肪组织两种类型。

(4)网状组织(reticular tissue):由网状细胞、网状纤维和基质构成。网状细胞呈星形,多突起,相邻细胞间借突起连接成网。网状纤维由网状细胞产生,纤维分支交错,互联成网。网状组织通常不单独存在,它是构成造血器官、淋巴组织和淋巴器官的基本成分,为血细胞发生及淋巴细胞的生长发育提供适宜的微环境。

2. 软骨与骨 软骨组织与骨组织是高度特化的结缔组织,它们主要构成软骨和骨,形成身体的支架。软骨组织和骨组织含有少量的细胞和大量固态的细胞外基质,人体99%以上的钙和85%的磷以羟磷灰石的形式储存于骨组织中,因而骨组织又是人体的钙、磷储存库。

(1)软骨组织与软骨:软骨组织(cartilage tissue)由软骨细胞、纤维和基质组成。软骨组织及其周围的软骨膜构成软骨。根据软骨组织所含纤维的不同,可将软骨分为透明软骨、纤维软骨和弹性软骨三种。

(2)骨组织与骨:骨组织是坚硬而有一定韧性的结缔组织,是构成骨的主要成分。

骨组织(osseous tissue)由大量钙化的细胞外基质及数种细胞组成。钙化的细胞外基质称为骨基质。骨基质含有机和无机两种成分。有机成分占成人骨重量的35%左右,其中主要成分为胶原纤维,少量是无定形基质凝胶,分布于胶原纤维之间,起黏合作用。无机成分称骨盐,占成人骨重量的65%左右,主要是羟磷灰石结晶,电镜下呈细针状,沿纤维长轴平行排列于胶原纤维内及胶原纤维之间。骨基质的胶原纤维平行排列成层,无定形基质将它们黏合到一起,并有钙盐沉积,形成薄板状结构,称骨板。同一层骨板内,纤维互相平行,相邻骨板的纤维走向交叉,这种排列方式有助于增强骨的坚固性和韧性。

骨的细胞包括骨祖细胞、成骨细胞、骨细胞及破骨细胞四种。骨细胞数量最多,位于骨基质内,其余三种细胞均位于骨组织的边缘。骨祖细胞是产生成骨细胞的干细胞,其他三种细胞除参与骨组织的结构、形成与改建外,在调节血钙浓度中起重要作用。

3. 血液、淋巴与血细胞发生

(1) 血液(blood):是在心血管系统内流动的液态组织,在成人约占体重的7%,总量约5L。血液由血浆(plasma)和血细胞(blood cell)组成。

1) 血浆:血浆约占血液容积的55%,相当于细胞外基质,为淡黄色液体,其中90%是水,其余为血浆蛋白(白蛋白、球蛋白、纤维蛋白原等)、脂蛋白、酶、激素、糖、维生素、无机盐和各种代谢产物等。血浆pH 7.3~7.4,有一定的黏滞性。血浆不仅是运载血细胞、营养物质和全身代谢产物的循环液体,而且参与机体免疫反应、体温调节、体液调节、酸碱平衡与渗透压的维持,具有保持机体内环境稳定的功能。血液在体外凝固时,溶解状态的纤维蛋白原转变为不溶状态的纤维蛋白,将细胞成分及大分子血浆蛋白包裹起来,形成血凝块,并析出淡黄色清明的液体,称血清(serum)。用ELISA方法可检测血清中各种因子的含量,在组织化学中的应用较为广泛。

2) 血细胞:血细胞约占血液容积的45%,包括红细胞、白细胞和血小板,它们悬浮于血浆中。血细胞形态、数量、比例和血红蛋白含量的测定称为血象。患病时,血象可能发生显著变化,临床上将其作为疾病诊断和治疗的重要依据之一(彩图1及表1-2)。

表1-2 血细胞分类及其正常值

血细胞类型	正常值	白细胞分类	正常值(%)
红细胞	男:$4.0\times10^{12}/L \sim 5.5\times10^{12}/L$	中性粒细胞	50~70
	女:$3.5\times10^{12}/L \sim 5.0\times10^{12}/L$	嗜酸粒细胞	0.5~3
白细胞	$4.0\times10^{9}/L \sim 10\times10^{9}/L$	嗜碱粒细胞	0~1
血小板	$100\times10^{9}/L \sim 300\times10^{9}/L$	单核细胞	3~8
		淋巴细胞	25~30

(2) 骨髓和血细胞发生:人的血细胞最早于胚胎第3周由卵黄囊壁的血岛生成。胚胎第6周,从卵黄囊迁入肝的造血干细胞开始造血,并持续至第5个月;继肝造血之后,脾也出现短暂的造血功能。从胚胎第4个月至终身,骨髓成为主要的造血器官。骨髓(bone marrow)位于骨髓腔中,分为红骨髓和黄骨髓。红骨髓是造血组织,主要由造血组织和血窦构成;黄骨髓为脂肪组织。造血组织以网状组织为支架,网孔中充满不同发育阶段的各种血细胞以及少量造血干细胞和基质细胞。基质细胞包括巨噬细胞、脂肪细胞和间充质细胞等。造血诱导微环境是造血细胞赖以生存、增殖与分化的内环境,主要由网状细胞、成纤维细胞、血窦内皮细胞、巨噬细胞等构成。它们不仅形成造血细胞生长的支架,并且分泌细胞因子,调节造血细胞的增殖与分化。血窦形状不规则,窦壁衬贴有孔内皮,其内皮基膜不完整。发育成熟的血细胞经血窦进入血循环。在骨髓中还存在造血干细胞(hematopoietic stem cell)和造血祖细胞(hematopoietic progenitor)。在造血诱导微环境的作用和某些因素的调节下,造血干细胞增殖、分化为各类造血祖细胞,祖细胞再定向增殖分化成为各种成熟的血细胞。

(3) 淋巴:淋巴(lymph)是流动在淋巴管内的液体,由组织液渗入毛细淋巴管而形成。它单向性地从毛细淋巴管流向淋巴导管,最终汇入静脉。在流经淋巴结时,其中的细菌等异物被清除,并添加了淋巴细胞和抗体,有时还有单核细胞和粒细胞等成分。淋巴是组织液回流的辅助渠道,在维持全身各部分组织液动态平衡中起重要作用。

(三) 肌组织

肌组织(muscle tissue)由具有收缩能力的肌细胞构成,肌细胞之间有少量的结缔组织,内含血管、淋巴管和神经等。由于肌细胞呈细长纤维状,故又称为肌纤维。肌细胞的细胞膜称肌膜,细胞质称肌质,肌质中的滑面内质网则称肌质网。肌质内与收缩有直接关系的丝状结构称为肌丝,并由它们构成肌原纤维。肌组织根据其肌纤维形态结构与功能的差异可分为三种类型:骨骼肌、心肌和平滑肌。前两种属横纹肌。骨骼肌的舒缩受躯体神经支配,为随意肌;而心肌和平滑肌的活动受自主神经支配,为不随意肌。

(四) 神经组织

神经组织(nervous tissue)是构成神经系统的最主要成分,由神经细胞和支持细胞构成。神经细胞又称神经元,是神经系统的结构和功能的基本单位,具有感受体内外刺激、传导冲动和整合信息的作用。支持细胞即三种神经胶质细胞,它们分布于神经细胞之间,对神经细胞起支持、营养、隔离和保护作用,为神经细胞提供适宜生存和发挥功能的微环境。

1. 神经元

(1) 神经元的结构:神经元结构包括胞体和突起。突起根据其形态和结构的不同分为树突(dendrite)和轴突(axon)两种(图1-4)。

1) 胞体(soma)是神经元的营养和代谢中心。细胞膜为可兴奋的单位膜,能接受刺激、处理信息、产生和传导神经冲动;细胞核大而圆,位于胞体中央,着色浅,核仁明显,神经元胞体部的细胞质又称核周质。核周质内含尼氏体和神经原纤维两种特征性结构。①尼氏体,在HE染色切片中呈强嗜碱性,为粗大斑块或细小颗粒,分布于核周质和树突内。电镜下,尼氏体由大量平行排列的粗面内质网和游离核糖体构成,表明细胞具有旺盛的合成蛋白质的功能。主要合成细胞膜和细胞器上所需的结构蛋白及合成神经递质所需的酶类等。②神经原纤维,在镀银切片中呈棕黑色细丝状,在胞体内相互交织成网,并伸入树突和轴突。电镜下由排列成束的神经丝和微管构成,是神经元的细胞骨架,并参与胞质内物质的运输。

2) 树突(dendrite)每个神经元有一至多个。树突内结构与核周质相似,含尼氏体和大量神经原纤维,表面常见多种形状的细小突起,称树突

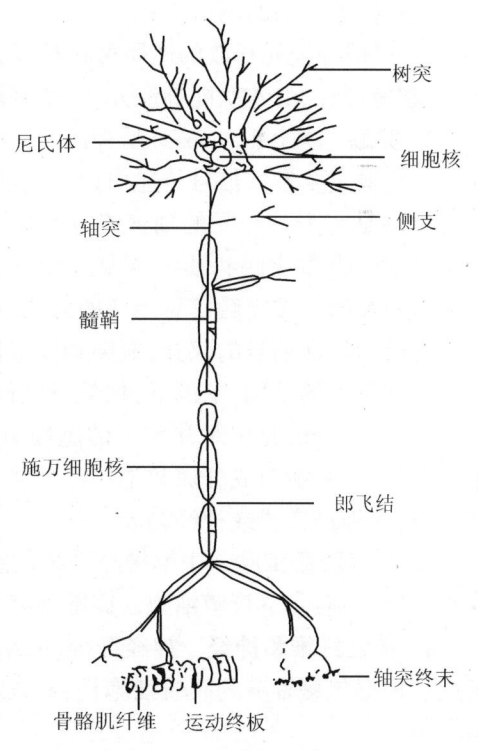

图1-4 运动神经元模式图

棘,是神经元间突触形成的主要部位。树突的功能是接受刺激,树突和树突棘大大增加了神经元接受刺激的面积。

3) 轴突(axon)每个神经元只有一条,细而均匀。轴突从胞体发出的部位常形成一个锥形隆起,称轴丘。轴突的细胞膜和细胞质分别称为轴膜和轴质。轴质内含大量神经原纤维和散在的滑面内质网、线粒体和小泡等。轴突的主要功能是传导神经冲动。胞体与轴突间的物质运输称轴突运输。轴突运输按转运的方向,分为胞体向终末的顺向运输和终末向胞体的逆向运输,按其转运的速度又分为快速运输和慢速运输。

(2) 神经元的分类

1) 根据突起的数量可将神经元分为三类:①多极神经元,有一个轴突和多个树突。②双极神经元,有树突和轴突各一个。③假单极神经元,从胞体发出一个突起,紧接着在离胞体不远处呈"T"形分为两支。一支进入中枢神经系统,称为中枢突,为轴突,传出冲动;另一支则分布到外周的组织器官,称为周围突,为树突,接受刺激。

2) 根据神经元轴突的长短分为两类:Golgi Ⅰ型细胞,具有长轴突,可延伸到胞体较远的区域,终止于神经系统的其他部分或分布于其他组织器官中;Golgi Ⅱ型细胞,轴突短,其延伸范围局限在胞体附近,甚至还不超过树突分布的区域。

3) 根据神经元的功能可将神经元分为三种:①感觉神经元,多为假单极神经元,接受刺激并将刺激传向中枢;②运动神经元,常为多极神经元,把神经冲动传给肌肉或腺体等,支配肌肉和腺体活动,产生效应;③中间神经元,常为多极神经元,介于前两种神经元之间,数量庞大,约占神经元总数的99%,在前两种神经元间起联系作用,沟通神经元间信息,构成中枢神经系统内复杂的网络。

4) 根据神经元释放的递质可将神经元分为:①胆碱能神经元;②去甲肾上腺素能神经元;③胺能神经元;④肽能神经元;⑤氨基酸能神经元。

2. 突触 突触(synapse)是神经元与神经元间、神经元与非神经元间的一种特化的细胞连接。突触主要发挥信号传递作用,实现细胞与细胞间的通信。突触连接的形式多种多样,最常见的是一个神经元的轴突终末与另一个神经元的树突、树突棘或胞体连接,分别构成轴-树突触、轴-棘突触和轴-体突触。此外,相邻神经元的各个部分(即胞体、轴突和树突)间均可形成突触。按突触信息传递的方式,可分为化学突触和电突触两类。化学突触以某种化学物质为传递信号的媒介,电突触以电流传递信息,亦即神经元之间的缝隙连接。

化学突触的结构:电镜下,化学突触包括突触前成分、突触间隙和突触后成分三个部分。突触前、后成分彼此相对并增厚的胞膜分别称为突触前膜、突触后膜。在银染的光镜标本中,神经元的突触前成分通常是一些轴突终末,呈棕黑色球状膨大或结节状结构,称为突触扣结,内含神经递质或神经调质。

3. 神经胶质细胞 中枢神经系统的胶质细胞包括:①星形胶质细胞;②少突胶质细胞;③小胶质细胞;④室管膜细胞。周围神经系统的胶质细胞包括:①施万细胞;②卫星细胞。

4. 神经纤维和神经 神经纤维(nerve fiber)由神经元的长轴突和外裹的神经胶质细胞组成。根据包裹轴突的胶质细胞是否形成髓鞘,可将其分为有髓神经纤维和无髓神经纤维两大类。

(1) 有髓神经纤维:周围神经系统的有髓神经纤维其轴突除起始段和终末外,均有施万细胞包裹并形成髓鞘。中枢神经系统有髓神经纤维结构与周围神经系统的相似，不同的是它的髓鞘由少突胶质细胞形成。少突胶质细胞突起末端形成扁平薄膜包卷轴突形成髓鞘。

（2）无髓神经纤维：周围神经系统的无髓神经纤维的轴突较细，由施万细胞包裹，不形成髓鞘。中枢神经系统的无髓神经纤维无胶质细胞包裹，轴突裸露，常和有髓神经纤维混杂在一起。有些部位的神经元轴突被星形胶质细胞所分隔，相互集合成束。

5. 神经末梢 周围神经纤维的终末部分止于全身各组织或器官内，形成各式各样的神经末梢（nerve ending）。

（1）感觉神经末梢：是感觉神经元（假单极神经元）周围突的终末，它与周围的组织结构共同构成感受器。它们能接受内外环境的各种刺激，并将其传向中枢，产生感觉。感觉神经末梢包括：①游离神经末梢；②触觉小体；③环层小体；④肌梭。

（2）运动神经末梢：是运动神经元的轴突终末，分布于肌组织和腺体内的结构，支配肌纤维的收缩和腺体分泌。运动神经末梢与其支配的组织共同构成效应器。运动神经末梢包括躯体运动神经末梢和内脏运动神经末梢。

第三节　显示细胞和组织成分、结构的方法

一、光学显微镜技术

（一）一般光学显微镜技术

一般光学显微镜技术又称普通光镜技术，石蜡切片术是最经典、最常用的技术，其基本程序为取材、固定、脱水、包埋、切片、染色、封片。石蜡切片最常用的染色法是苏木精-伊红染色法，简称 H-E 染色法。苏木精为碱性染液，主要使细胞核中的染色质与胞质中的核糖体染成紫蓝色；伊红为酸性染料，主要使细胞质和细胞外基质中的成分着红色。组织结构易与碱性染料亲和的染色特性称为嗜碱性；易与酸性染料亲和的染色特性称为嗜酸性；若与两种染料的亲和力都不强，则称中性。若用某种染料染色，染出来的颜色与染料本身的颜色不一致，则称为异染性。

除石蜡切片外，在制作较大组织块（如眼球、脑）的切片时，常用火棉胶包埋。对要进行组织化学或免疫组织化学反应的标本，常用冰冻切片，以保存蛋白质（包括酶）的结构和活性。此外，尚有将血液直接涂于玻片上的涂片法；将疏松结缔组织或肠系膜等撕成薄片铺在载玻片上的铺片法；将骨和牙等硬组织磨为薄片的磨片法。

为特异性地显示某种细胞、细胞外基质成分或细胞内的某种结构，常需采用特殊染色。如对神经组织与网状纤维的显示等常用硝酸银染色（银染）；对多糖类物质常用高碘酸-Schiff 夫反应染色等；对脂类物质常用苏丹类染料或四氧化锇进行脂肪染色；对弹性纤维常用醛品红等染色（弹性染色）。另外，可利用某些细胞的生物活性进行染色，如利用巨噬细胞有很强的吞噬能力而进行的活体染色。

（二）特殊光学显微镜技术

从研究对象的特性与研究目的出发，应用带特殊装置显微镜的技术，统称为特殊光学显

微镜技术。

1. 荧光显微镜 用于观察在组织化学与免疫组织化学中使用荧光素染色或作为标记物的标本以及某些有自发荧光的标本,使研究者通过观察荧光的分布与强弱来了解组织的情况。荧光显微镜用得最多的是在免疫组织化学中,首先用荧光素标记抗体,再利用抗原与抗体结合的性质,检测抗原的存在与分布。

2. 相差显微镜 用于观察组织培养中活细胞的形态结构,可将活细胞不同厚度及细胞内各种结构对光产生的不同折射转换为光密度差异(明暗差),从而使镜下结构反差明显,影像清晰。

3. 暗视野显微镜 用于观察微小颗粒的运动,如细胞胞质内的线粒体以及液体介质中的细菌、酵母、真菌等的运动。暗视野显微镜极大地提高了分辨率,普通光镜的最大分辨率为 $0.2\mu m$,暗视野显微镜可达 $0.004\mu m$。

4. 激光共聚焦扫描显微镜(CLSM) CLSM 是一种高光敏度与高分辨率的仪器,可对细胞的多种结构在亚细胞水平进行高效快速的定位与定性测定。配以微机图像处理系统,即可对细胞进行三维结构的图像分析。

二、电子显微镜技术

电镜是用电子束代替可见光,用电磁透镜代替光学透镜,用荧光屏将肉眼不可见的电子束呈像。

(一) 透射电镜术(TEM)

透射电镜术是用电子束穿透超薄切片(50~80nm),在荧光屏上产生物像进行观察和摄影。常用戊二醛与锇酸对微小组织块($1mm^3$ 以内)进行两次固定,脱水后用树脂包埋,用超薄切片机切片,再经乙酸铀和枸橼酸铅等重金属盐染色。密度大、吸附重金属多的结构呈暗像,电镜照片上呈黑或深灰色,称该结构电子密度高;反之呈浅灰色,称电子密度低。

(二) 扫描电镜术(SEM)

扫描电镜术用于观察组织表面的立体结构,用冷冻蚀刻法观察细胞断裂表面的微细结构,特别是质膜的结构。

三、组织化学技术

组织化学技术是应用化学、物理、免疫学等原理和技术,对组织或细胞内某种物质进行定性、定位、定量研究的技术。

(一) 普通组织化学技术

利用化学反应的基本原理,使试剂和组织中的待检物质发生反应,产生有色沉淀物或重金属沉淀后,用光镜或电镜观察。按待检物的分类简述如下:

1. 糖类 常用高碘酸-Schiff 反应(PAS 反应)显示多糖和糖蛋白的糖链。

2. 脂类 包括脂肪和类脂,常用脂肪染色法。用苏丹染料、油红 O、尼罗蓝等脂溶性染料染色,使脂类呈现相应的颜色。也可用锇酸固定兼染色,脂肪酸或胆碱可使四氧化锇还原为二氧化锇而呈黑色。

3. 酶类 体内有还原酶、水解酶、合成酶与转移酶等多种酶,酶细胞化学染色法有 100 多种,其基本原理都是通过显示酶的催化活性来表明酶的存在。现多采用免疫组织化学技术显示,也可用组织化学技术显示。

4. 核酸 显示核酸的传统方法是福尔根反应(Feulgen reaction),可进一步结合显微分光光度计或图像分析仪测定物质化学反应的强度,从而获得定量的信息。

(二) 免疫组织化学技术

免疫组织化学技术是根据抗原与抗体特异性结合的原理,检测组织中多肽或蛋白质(如各种膜蛋白)的技术,通过在显微镜下观察标记物而获知该肽或蛋白质在组织中的分布与数量。常用标记物有荧光素、酶(辣根过氧化物酶)、金属蛋白(胶体金和铁蛋白)。近年来,生物素-抗生物素蛋白等敏感度更高的新试剂的应用使免疫组织化学得到了更大的发展。主要方法有:①标记抗生物素蛋白-生物素法(LAB 法);②桥连抗生物素蛋白-生物素法(BAB 法);③抗生物素蛋白-生物素-过氧化物复合物法(ABC 法);④链霉抗生物素蛋白-过氧化物酶法(SP 法)。

(三) 原位杂交技术

原位杂交技术是通过核酸分子杂交来检测细胞内 mRNA 或 DNA 片段,原位研究细胞合成某种多肽或蛋白质的基因定位的实验技术。

四、放射自显影技术

放射自显影技术(ARG)通过研究活细胞对放射性核素标记物质的代谢过程来显示该细胞的功能状态。

五、细胞培养技术与组织工程

细胞培养技术是将离体的细胞在模拟体内的条件下进行培养的技术。细胞培养技术常与其他研究技术相结合,以研究细胞的增殖、分化、代谢与功能以及细胞的变异与逆转。

组织工程是用细胞培养技术在体外模拟构建机体组织或器官,将之用于临床治疗的技术。组织工程研究包括四个方面:①分离出生长旺盛的种子细胞,多为定向干细胞;②寻找适宜的细胞外基质,常用无毒、可被机体吸收的人工合成高分子材料或排斥反应低的生物材料(如牛胶原);③构建组织或器官,塑造生物模型,并在其上将细胞置于细胞外基质中进行三维培养,形成所需要的形状;④探索将构建物移植入机体的方法。

六、形态计量分析技术

形态计量技术与体视学是应用数学和统计学原理对组织切片提供的平面图像进行分析,从而获得立体的组织和细胞内各种有形成分的数量、体积、表面积等参数,再根据连续的组织切片,应用计算机进行三维重建,可以获得组织微细结构的立体模型。

(李力燕 王廷华 胡艳丽 Leong Seng Kee)

参 考 文 献

成令忠,钟翠平,蔡文琴. 2003. 现代组织学. 上海:上海科学技术文献出版社,1~422

邹仲之. 2001. 组织学与胚胎学. 北京:人民卫生出版社,1~80

第二章 组织细胞化学的免疫学与酶学基础

免疫的本质是机体识别和排除自己与非己抗原性异物的适应性生理反应,或被诱导而处于对该种抗原不发生应答的耐受状态。免疫学(immunology)是研究生物体对抗原应答的结构,免疫应答的现象、规律、机制及其应用的一门生物科学。它涉及自身和非己抗原的识别与应答、体内外的免疫现象及其本质等方面。在组织细胞化学中,为探究组织细胞中的一些成分,常常用到免疫学与酶学的一些知识。本节介绍了与组织细胞化学有关的免疫学与酶学基础。

第一节 抗体的发现及其特性

一、抗体的发现

在免疫学发展的早期,人们给动物注射细菌或其外毒素,经一定时期后用体外实验证明在其血清中存在一种能特异中和外毒素毒性的组分,称之为抗毒素;或能使细菌发生特异性凝集的组分,称之为凝集素。其后,将血清中这种具有特异性反应的组分称为抗体(antibody, Ab),而将能刺激机体产生抗体的物质称为抗原(antigen, Ag),由此建立了抗原与抗体的概念。1890年,德国学者Behring和日本学者北里用白喉杆菌外毒素免疫动物在血清中产生了抗毒素,这是在血清中发现的第一种抗体,而这种含有抗体的血清称为免疫血清。

抗体是由浆细胞合成和分泌的,并且每一种浆细胞克隆可以产生一种特异的抗体分子,所以血清中的抗体是多种抗体分子的混合物,它们的化学结构是不均一的,而且含量很少,不易纯化,是抗体分子结构分析困难的主要原因。

二、抗体的理化性质

1. 抗体与球蛋白 在20世纪40年代初期,Tiselius和Kabat就证实了抗体活性与血清丙种球蛋白组分相关,他们用肺炎球菌多糖免疫家兔,可获得高效价免疫血清,然后加入相应抗原吸收以去除抗体,将去除抗体的血清进行电泳图谱分析后,发现丙种球蛋白(γ-G)组分明显减少,从而证明了抗体的活性存在于丙种球蛋白内。其后,经过对不同免疫血清的电泳分析、超速离心分析和分子质量测定等方法(图2-1),发现大部分抗体的活性存在于γ球蛋白内,但有小部分抗体活性可存在于β球蛋白内。它们的离心常数分别为7S和9S,分子质量分别为16万Da和90万Da。因此它们分别被命名为7Sγ球蛋白分子(16万Da)、β_2巨球蛋白分子(β_2M,90万Da)和β_2A球蛋白分子,所以从早期对抗体性质的研究证明,抗体不是由均质性球蛋白组成,而是由异质性球蛋白组成。

2. 抗体性免疫球蛋白　为了准确描述抗体球蛋白的性质,在20世纪60年代初提出将具有抗体活性的球蛋白称为免疫球蛋白分子(immunoglobulin, Ig)。免疫球蛋白分子有多种,其中γ球蛋白称为IgG,$β_2$M称为IgM,而$β_2$A称为IgA。其后又相继发现两类Ig分子,分别称为IgE和IgD。故在血清中现已发现有五类免疫球蛋白分子(图2-2),它们的结构与功能是各不相同的。

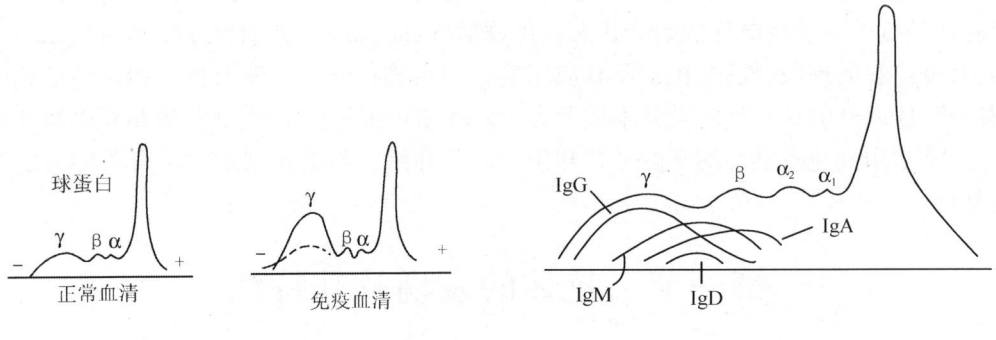

图2-1　兔血清电泳分离　　　　图2-2　不同类免疫球蛋白的电泳分离

三、抗体的生物学活性

1. 抗体与抗原的特异性结合　研究发现,抗体分子只能与其相应的抗原发生特异性结合。例如,白喉抗毒素只能中和白喉杆菌外毒素,而不能中和破伤风外毒素,反之亦然。故抗体是针对其抗原的特异性物质。

2. 抗体与补体的结合　在一定条件下,抗体分子可以与存在于血清中的补体分子相结合,使之活化,并产生多种生物学效应,称为抗体的补体结合现象。

3. 抗体的调理作用　抗体还有一种功能是可增强吞噬细胞的吞噬作用。这种作用也称抗体的调理作用,揭示了抗体分子与免疫细胞间的相互作用,为了解抗体分子的生物学功能,必须进一步了解抗体分子的结构与功能及其相互关系。

四、抗体的分类

1. 单克隆抗体　大多数抗原由大分子蛋白质组成,但只是抗原上有限部位的特殊分子结构能与其相应抗体结合,此部位称为抗原决定簇(又称表位)。一种天然抗原物质往往具有多种不同的抗原决定簇,而每一决定簇都可刺激机体产生一种特异性抗体。在机体淋巴组织内可存在千百种抗体形成细胞(即B细胞),每种抗体形成细胞只识别其相应的抗原决定簇,当受抗原刺激后可增殖分化为一种细胞群,这种由单一细胞增殖形成的细胞群体称为细胞克隆。同一克隆的细胞可合成和分泌在理化性质、分子结构、遗传标志及其生物学特性等方面都是完全相同的均一性抗体。针对抗原分子上某一单个抗原决定簇的特异性抗体称为单克隆抗体。

2. 多克隆抗体 由不同细胞产生,其免疫化学特性不同,它们能够识别抗原表面多种抗原决定簇。以抗原免疫动物后,从其血清中所提取的抗体具有多克隆性质,这是由于抗原分子具有多种抗原决定簇,故可刺激产生多种抗体形成细胞克隆,合成和分泌抗各种决定簇的抗体到血清或体液中。所以,在免疫动物的血清中实际上含多种抗体的混合物。这种用体内免疫法所获得的免疫血清含多种多克隆抗体,它是不均一的。

3. 基因工程抗体 目前绝大多数单克隆抗体是鼠源性的,临床重复给药时体内产生抗鼠抗体,可使临床疗效减弱或消失。因此,临床应用理想的单克隆抗体应是人源性的,但人-人细胞杂交瘤技术目前尚未突破,即使研制成功,也还存在人-人杂交瘤体外传代不稳定、抗体亲和力低及产量不高等问题。基因工程抗体则不存在这些问题,它已代替鼠源性单克隆抗体用于临床。基因工程抗体是在基因水平上对 Ig 分子进行切割、拼接或修饰,甚至是在人工全合成后导入受体细胞表达产生新型抗体。基因工程抗体包括嵌合抗体、重构抗体、单链抗体、单区抗体及抗体库,也称为第三代抗体,而多克隆抗体为第一代抗体,单克隆抗体为第二代抗体。

五、抗体的特性

1. 亲和力 指抗原决定簇和同源抗体结合位点间的反应力,即分子间吸引与排斥力的总和。抗体的亲和力越高,与抗原决定簇的结合就越牢固,所形成的抗原-抗体复合物就越不易解离。抗体亲和力也可从其固有性和功能性两方面来描述。亲和力的固有性是由该抗体重链可变区与其特异性有关的氨基酸序列所决定的,但仅认为抗体亲和力越强其特异性就越高则并不全面,因为抗原-抗体的结合包括了氢键、离子键和库仑作用力以及范德瓦尔斯力及空间吸引力或排斥力作用的总和,这是构成亲和力固有性的主要方面。此外,疏水键也具有稳定免疫复合物的效应,而抗原-抗体间并不产生共价键。抗体亲和力虽然部分地取决于其固有性,但也与其他因素有关,如抗体效价、抗原效价和与结合有关的其他非特异性因素,这些可被称为"功能性亲和力",也同样影响了抗原-抗体之间结合的牢固程度。抗原免疫动物后,抗体数量上的增长表现为效价增高,而质量的上升则表现为亲和力成熟。低剂量免疫原虽能提高亲和力成熟的效率,但会导致抗体的低效价;反之亦然。由于抗原-抗体之间的反应是可逆的,因此在免疫细胞化学实验中,组织表面所形成的简单抗原-抗体复合物可能会在漂洗过程中解离。低盐浓度和降低温度能减轻抗原-抗体复合物中由于两者的解离而引起的染色强度偏弱。由于多克隆抗体能识别不同抗原决定簇,造成其亲和力参差不齐,过度的漂洗并不会导致染色消失。但是,单克隆抗体仅识别专一的抗原决定簇,其亲和力较为均一,如果抗体亲和力较低,过度漂洗往往导致抗原抗体解离而失染。因此,选择高亲和力的单克隆抗体在免疫细胞化学实验中非常重要。在对切片标本漂洗过程中,应尽量避免高盐离子浓度、较高温度和较低 pH 等减弱抗原-抗体结合程度的因素。此外,影响抗体亲和力的因素还有多种,如免疫刺激物的性质、遗传因素、淋巴细胞在质和量方面的状况、营养与激素、单核-吞噬细胞系统的功能与游离抗体以及抗原-抗体复合物的影响等。

2. 抗体与抗原结合的专一性和交叉性

(1) 抗原-抗体反应的专一性:指针对抗原上特殊抗原决定簇的抗体不能与第二种抗原

决定簇互补,即一种抗体只能与一种抗原决定簇反应。这种专一性使机体产生的某种病原体的抗体可以对该病原体起反应并对其产生免疫力,但不能对无关的病原体起反应。由于一个抗原上存在有多个抗原决定簇,因此,分析抗体的特异性应从单一决定簇入手。抗体能否选择性地与特异抗原决定簇结合主要取决于两个因素,即抗体的亲和力及检测方法的敏感度。

(2) 抗原-抗体反应的交叉性:当抗原 A 的某些抗原决定簇和第二种抗原 B 中的某些抗原决定簇相同时,那么识别抗原 A 的抗体分子也将与抗原 B 反应。此外,如果抗 A 的血清对抗原 B 上的另一个决定簇也有很弱的识别,那么抗 A 血清对 B 抗原将产生反应,这就是抗原-抗体反应的交叉性。具体可分为两类:第一类是指抗原上的两个抗原决定簇均可与同一抗体分子的同一抗原结合部位结合,这与亲和力有所不同。第二类交叉反应性是指抗原决定簇分别与抗体中的不同抗体分子起反应而表现出的交叉反应性,这一类交叉反应的发生是由于不同的抗原有不同的抗原决定簇(配体),当两种抗原的抗原决定簇(配体)均分别与抗体中的不同亚类分子结合时,即可表现为交叉反应,这种情况仅见于多克隆抗体而非单克隆抗体。

3. 抗体效价 指抗体在保持其最佳特异性染色,并且具备最小背景染色条件下的最高稀释倍数。抗体效价代表参与抗原-抗体反应体系中抗体的绝对数量,而抗体质量的优劣则由抗体亲和力大小来表现。在多克隆血清中,抗体水平可以用每毫升抗体中所存在的使抗原沉淀的微克数量来表示,但对于免疫细胞化学的实际应用并无必要,因为免疫细胞化学实验中应用较多的为单克隆抗体,而单克隆抗体在其制备过程中已测定过特异性抗体的绝对浓度,并已稀释成实验所需求的基本浓度。此外,抗体效价也受到抗体亲和力的制约。如果保持某一抗体效价恒定,则亲和力较高的抗体与组织抗原的结合更为迅速,抗原-抗体的孵育时间更短,染色反应更为强烈。

4. 抗体的稳定性 在非冷冻条件下,处于分离状态下的抗体比与其他血清蛋白相混合的抗体更缺乏稳定性。此外,抗体的稳定性还受到纯化和储存方法的影响,若纯化时将抗体暴露于低 pH、极低或极高的盐浓度条件下,将严重影响其稳定性,尤以 IgG2b 和 IgM 特别敏感,如使用戊二醛可能会引起蛋白质凝集,与戊二醛发生凝集作用的部位包括赖氨酸的 ε-氨基部分和 N 端的 α-氨基部分。由于 IgG 分子中有多个戊二醛反应位点,故在其凝集过程中凝集的抗体疏水性增加,使已固定的组织中疏水性位点之间相互作用更为增强,而使用可溶性酶-抗酶免疫复合物(如 PAP、AP、AAP)则能避免这些问题。另外,如加入过量的抗原于抗原-抗体沉淀中,也同样能够部分或全部溶解免疫复合物。

第二节 免疫球蛋白分子

一、免疫球蛋白分子的基本结构

Porter 等对血清 IgG 抗体的研究证明,Ig 分子的基本结构是由四条肽链组成的,即由两条相同的分子质量较小的肽链(称为轻链)和两条相同的分子质量较大的肽链(称为重链)组成的。轻链与重链由二硫键连接成一个四肽链分子(称为 Ig 分子的单体),是构成免疫球蛋白分子的基本结构。Ig 单体中四条肽链两端游离的氨基或羧基的方向是一致的,分别命名为氨基端(N 端)和羧基端(C 端)(图 2-3)。

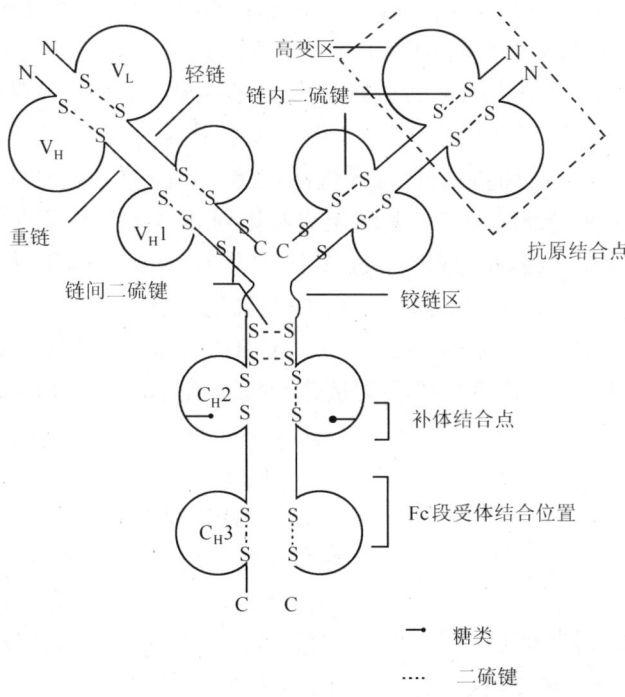

图 2-3　免疫球蛋白分子的基本结构示意图

(一) 轻链和重链

由于骨髓瘤蛋白(M 蛋白)是均一性球蛋白分子,并已证明本周(BJ)蛋白是 Ig 分子的轻链,很容易从患者血液和尿液中分离纯化这种蛋白,且可对来自不同患者的标本进行比较分析,从而为 Ig 分子氨基酸序列分析提供了良好的材料。

1. 轻链(light chain, L 链)　轻链大约由 214 个氨基酸残基组成,通常不含糖类,分子质量约为 24kDa。每条轻链含有两个由链内二硫键所组成的肽环。L 链共有两型:kappa(κ)与 lambda(λ),同一个天然 Ig 分子上 L 链的型别总是相同的。正常人血清中的 κ∶λ 约为 2∶1。

2. 重链(heavy chain, H 链)　重链大小约为轻链的两倍,含 450~550 个氨基酸残基,分子质量约为 55kDa 或 75kDa。每条 H 链含有 4~5 个链内二硫键所组成的肽环。不同的 H 链由于氨基酸组成的排列顺序,二硫键的数目、种类和数量不同,其抗原性也不相同。根据 H 链抗原性的差异可将其分为五类:μ 链、γ 链、α 链、δ 链和 ε 链,不同 H 链与 L 链(κ 或 λ 链)组成完整的 Ig 分子分别称为 IgM、IgG、IgA、IgD 和 IgE。γ、α 和 δ 链上含有四个环肽,μ 和 ε 链含有五个肽环。

(二) 可变区和恒定区

通过对不同骨髓瘤蛋白或本周蛋白 H 链或 L 链的氨基酸序列比较分析,发现其氨基末端(N端)氨基酸序列变化很大,称此区为可变区(V),而羧基末端(C端)则相对稳定,变化很小,称此区为恒定区。

1. 可变区(variable region, V区) 位于L链靠近N端的1/2(含108~111个氨基酸残基)和H链靠近N端的1/5或1/4(约含118个氨基酸残基)。每个V区中均有一个由链内二硫键连接形成的肽环,每个肽环含67~75个氨基酸残基。V区氨基酸的组成和排列随抗体结合抗原的特异性不同而有较大的变异。由于V区中氨基酸的种类和排列顺序千变万化,故可形成许多种具有不同抗原结合特异性的抗体。L链和H链的V区分别称为V_L和V_H。在V_L和V_H中某些局部区域的氨基酸组成和排列顺序具有更高的变化程度,这些区域称为高变区(hypervariable region, HVR)。在V区中非HVR部位的氨基酸组成和排列相对比较保守,称为骨架区(framework region)。V_L中的高变区有三个,通常分别位于第24~34、50~65、95~102位氨基酸。V_L和V_H的这三个HVR分别称为HVR1、HVR2和HVR3。经X线结晶衍射研究分析证明,高变区确实为抗体与抗原结合的位置,因而称为决定簇互补区(complementarity-determining region, CDR)。V_L和V_H的HVR1、HVR2和HVR3又可分别称为CDR1、CDR2和CDR3,一般CDR3具有更高的可变程度。高变区也是Ig分子独特型决定簇(idiotypic determinant)主要存在的部位。在大多数情况下,H链在与抗原结合中起更重要的作用(图2-4)。

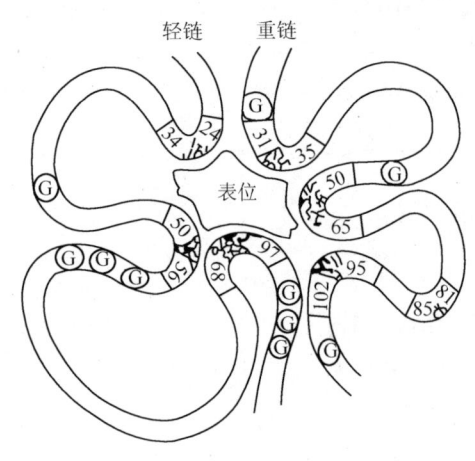

图2-4 与表位结合高变区示意图
(G表示相对保守的甘氨酸)

2. 恒定区(constant region, C区) 位于L链靠近C端的1/2(约含105个氨基酸残基)和H链靠近C端的3/4区域或4/5区域(约从第119位氨基酸至C端)。H链每个功能区含110多个氨基酸残基,含有一个由二硫键连接的50~60个氨基酸残基组成的肽环。这个区域氨基酸的组成和排列在同一种属动物Ig同型L链和同型H链中都比较恒定,如人抗白喉外毒素IgG与人抗破伤风外毒素的抗毒素IgG,它们的V区不相同,只能与相应的抗原发生特异性的结合,但其C区的结构是相同的,即具有相同的抗原性,应用马抗人IgG第二抗体(或称抗抗体)均能与这两种抗不同外毒素的抗体(IgG)发生结合反应。这是制备第二抗体,应用荧光素、酶、放射性核素等标记抗体的重要基础。

(三) 功能区

Ig分子的H链与L链可通过链内二硫键折叠成若干球形功能区,每一功能区(domain)约由110个氨基酸组成,在功能区中氨基酸序列有高度同源性。

1. L链功能区 分为L链可变区(V_L)和L链恒定区(C_L)两个功能区。

2. H链功能区 IgG、IgA和IgD的H链各有一个可变区(V_H)和三个恒定区(C_H1、C_H2和C_H3)共四个功能区。IgM和IgE的H链各有一个可变区(V_H)和四个恒定区(C_H1、C_H2、

C_H3 和 C_H4)共五个功能区。如要表示某一类免疫球蛋白 H 链恒定区,可在 C(表示恒定区)后加上相应重链名称(希腊字母)和恒定区的位置(阿拉伯数字),如 IgG 重链 C_H1、C_H2 和 C_H3 可分别用 $C\gamma1$、$C\gamma2$ 和 $C\gamma3$ 来表示。

Ig 的 L 链和 H 链中 V 区或 C 区每个功能区各形成一个免疫球蛋白折叠(immunoglobulin fold,Ig fold),每个 Ig 折叠含有两个大致平行、由二硫键连接的 β 片层结构(beta pleated sheet),每个 β 片层结构由 3~5 股反平行的多肽链组成。可变区中的高变区在 Ig 折叠的一侧形成高变区环(hypervariable loop),是与抗原结合的位置。

3. 功能区的作用

(1) V_L 和 V_H 是与抗原结合的部位,其中 HVR(CDR)是 V 区中与抗原决定簇(或表位)互补结合的部位。V_H 和 V_L 通过非共价相互作用,组成一个 F_V 区。单位 Ig 分子具有两个抗原结合位点(antigen-binding site),二聚体分泌型 IgA 具有 4 个抗原结合位点,五聚体 IgM 可有 10 个抗原结合位点。

(2) C_L 和 C_H 上具有部分同种异型的遗传标记。

(3) C_H2:IgG CH 具有补体 C1q 结合位点,能激活补体的经典活化途径。母体 IgG 借助 C_H2 部分可通过胎盘主动传递到胎体内。

(4) C_H3:IgG C_H3 具有结合单核细胞、巨噬细胞、粒细胞、B 细胞和 NK 细胞 Fc 段受体的功能。IgM C_H3(或 C_H3 因部分 C_H4)具有补体结合位点。IgE 的 Cε2 和 Cε3 功能区与结合肥大细胞和嗜碱粒细胞 FCεRI 有关。

4. 铰链区(hinge region) 铰链区不是一个独立的功能区,但与其客观存在的功能区有关。铰链区位于 C_H1 和 C_H2 之间。不同 H 链铰链区含氨基酸数目不等,α1、α2、γ1、γ2 和 γ4 链的铰链区较短,只有十多个氨基酸残基;γ3 和 δ 链的铰链区较长,含 60 多个氨基酸残基,其中 γ3 铰链区含有 14 个半胱氨酸残基。铰链区包括 H 链间二硫键,该区富含脯氨酸,不形成 α 螺旋,易发生伸展及一定程度的转动,当 V_L、V_H 与抗原结合时发生扭曲,使抗体分子上两个抗原结合点更好地与两个抗原决定簇发生互补。由于 C_H2 和 C_H3 构型变化,显示出活化补体、结合组织细胞等生物学活性。铰链区对木瓜蛋白酶、胃蛋白酶敏感,当用这些蛋白酶水解免疫球蛋白分子时发生裂解。IgM 和 IgE 缺乏铰链区。

(四) J 链和分泌成分

1. J 链(joining chain) 存在于二聚体分泌型 IgA 和五聚体 IgM 中。J 链分子质量约为 15kDa,是由 124 个氨基酸组成的酸性糖蛋白,含有 8 个半胱氨酸残基,通过二硫键连接到 μ 链或 α 链羧基端的半胱氨酸。J 链可能在 Ig 二聚体、五聚体或多聚体的组成以及在体内转运中具有一定的作用。

2. 分泌成分(secretory component,SC) 又称分泌片(secretory piece),是分泌型 IgA 上的一个辅助成分,是分子质量约为 75kDa 的糖蛋白,由上皮细胞合成,以共价形式结合到 Ig 分子上,并一起被分泌到黏膜表面。SC 的存在对于抵抗外分泌液中蛋白水解酶的降解具有重要作用。

(五) 单体、双体和五聚体

1. 单体 是由一对 L 链和一对 H 链组成的基本结构,如 IgG、IgD、IgE、血清型 IgA。

2. 双体 是由 J 链连接的两个单体,如分泌型 IgA(secretory IgA,SIgA)二聚体(或多聚体),其 IgA 结合抗原的亲和力(avidity)要比单体 IgA 高(图 2-5)。

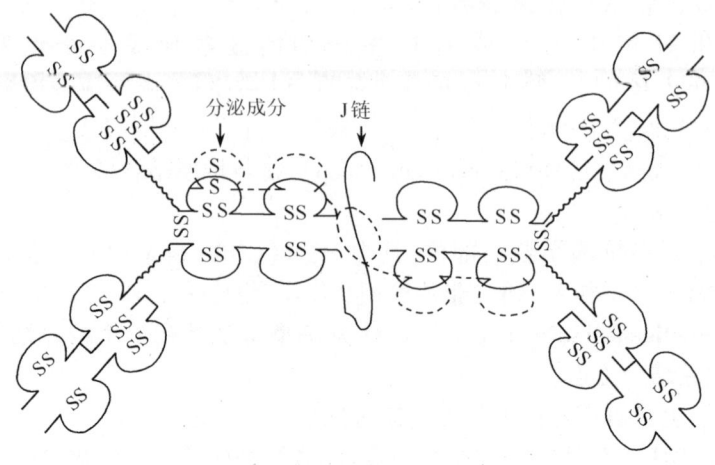

图 2-5 分泌型 IgA 结构示意图

3. 五聚体 由 J 链和二硫键连接的五个单体构成,如 IgM(图 2-6)。μ 链 Cys414(Cμ3)和 Cys575(C 端的尾部)对于 IgM 的多聚化极为重要。在 J 链存在下,五个单体通过两个邻近单体 IgM μ 链 Cys 之间以及 J 链与相邻 μ 链 Cys575 之间形成的二硫键组成五聚体。由黏膜下浆细胞所合成和分泌的 IgM 五聚体与黏膜上皮细胞表面的 pIgR(poly-Ig receptor,pIgR)结合,穿过黏膜上皮细胞到黏膜表面成为分泌型 IgM(secretory IgM)(图 2-7)。

(六)酶解片段

1. 木瓜蛋白酶的水解片段 Porter 等最早用木瓜蛋白酶(papain)水解兔 IgG,从而获知了 Ig 的基本结构和功能。

(1) 裂解部位:IgG 铰链区 H 链链间二硫键近 N 端侧切断。

(2) 裂解片段:共裂解为三个片段。①两个 Fab 段(抗原结合段,fragment of antigen binding),每个 Fab 段由一条完整的 L 链和一条约为 1/2 的 H 链组成,Fab 段分子质量为 54kDa。一个完整的 Fab 段可与抗原结合,表现为单价,但不能形成凝集或沉淀反应。Fab 中约 1/2H 链部分称为 Fd 段,约含 225 个氨基酸残基,包括 V_H、C_H1 和部分铰链区。②一个 Fc 段(可结晶段,fragment crystallizable),由连接 H 链二硫键和近羧基端两条约 1/2 的 H 链所组成,分子质量约为 50kDa。Ig 在异种间免疫所具有的抗原性主要存在于 Fc 段。

2. 胃蛋白酶的水解片段 Nisonoff 等最早用胃蛋白酶(pepsin)裂解免疫球蛋白。

(1) 裂解部位:铰链区 H 链链间二硫键近 C 端切断。

(2) 裂解片段(图 2-8)。

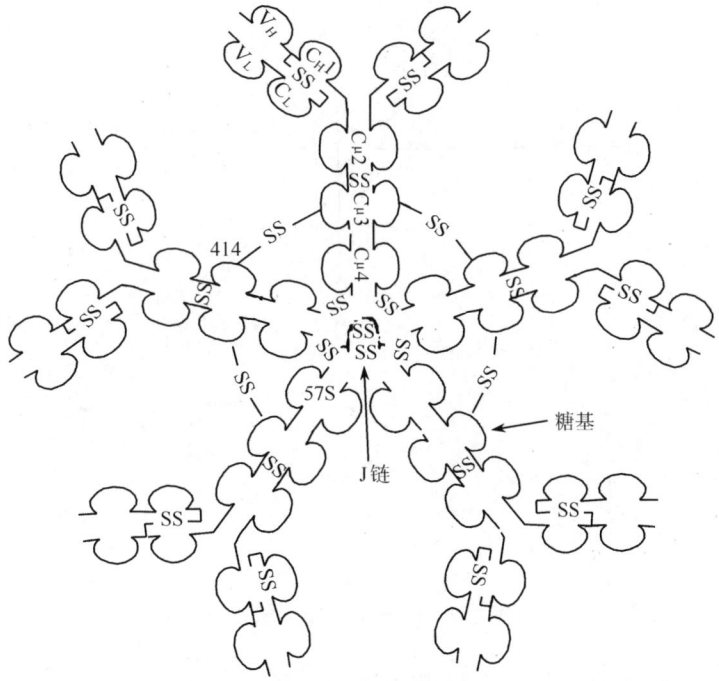

图 2-6　IgM 结构示意图

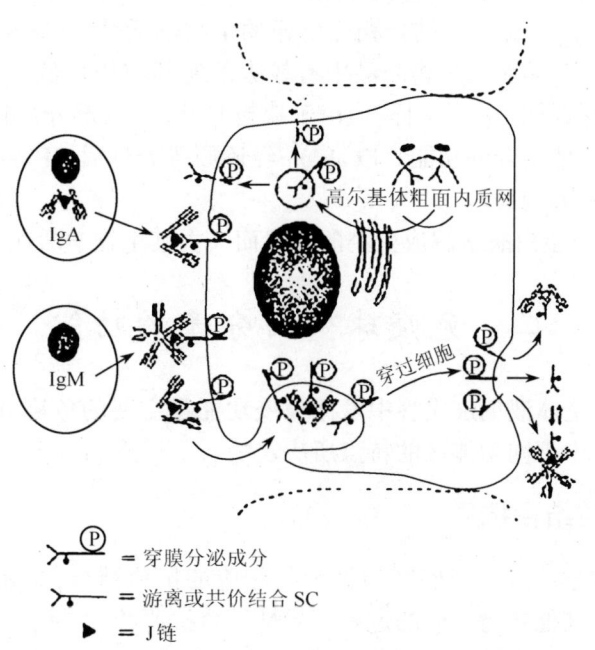

⊸ℙ = 穿膜分泌成分
⊸ = 游离或共价结合 SC
▶ = J 链

图 2-7　人分泌型 IgA 和分泌型 IgM 的局部产生示意图

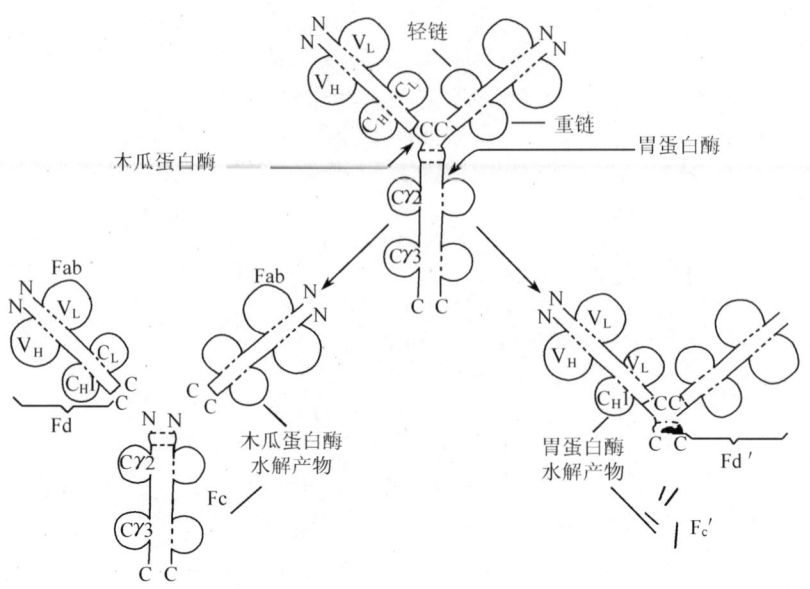

图 2-8 Ig 酶水解片段示意图

1) F(ab')₂：包括一对完整的 L 链和由链间二硫键相连的一对略大于 Fab 中 Fd 的 H 链，称为 Fd'，约含 235 个氨基酸残基，包括 V_H、V_H1 和铰链区。F(ab')₂ 具有双价抗体活性，与抗原结合可发生凝集和沉淀反应。双价的 F(ab')₂ 与抗原结合的亲和力要大于单价的 Fab。由于应用 F(ab')₂ 时保持了结合相应抗原的生物学活性，又减少或避免了 Fc 段抗原性可能引起的不良反应，因而在生物制品中有较大的实际应用价值。虽然 F(ab')₂ 在与抗原结合特性方面同完整的 Ig 分子一样，但由于缺乏 Ig 中的 Fc 部分，因此不具备固定补体以及与细胞膜表面 Fc 受体结合的功能。F(ab')₂ 经还原等处理后，H 链间的二硫键可发生断裂而形成两个相同的 Fab' 片段。

2) Fc' 可继续被胃蛋白酶水解成更小的片段而失去其生物学活性。

二、免疫球蛋白分子的功能

免疫球蛋白（Ig）是体液免疫应答中发挥免疫功能最主要的免疫分子，免疫球蛋白所具有的功能是由其分子中不同功能区的特点所决定的。

（一）能特异性结合抗原

Ig 最显著的生物学特点是能够特异性地与相应的抗原结合，如细菌、病毒、寄生虫、某些药物或侵入机体的其他异物。Ig 的这种特异性结合抗原特性是由其 V 区（尤其是 V 区中的高变区）的空间结构所决定的。Ig 的抗原结合点由 L 链和 H 链高变区组成，与相应抗原上的表位互补，借助静电力、氢键及范德华力等次级键相结合。这种结合是可逆的，并受到 pH、温度和电解质浓度的影响。

在某些情况下，不同抗原分子上有相同的抗原决定簇，或有相似的抗原决定簇，因此，一种抗体可与两种以上的抗原发生反应,称为交叉反应(cross reaction)。

抗体分子可有单体、双体和五聚体,因此结合抗原决定簇的数目(结合价)也不相同。Fab 段为单价,不能产生凝集反应和沉淀反应。F(ab')$_2$ 和单体 Ig(如 IgG、IgD、IgE)为双价。双体分泌型 IgA 有 4 价。五聚体 IgM 理论上应为 10 价,但实际上由于立体构型的空间位阻,一般只有五个结合点可结合抗原。

B 细胞表面 Ig(SmIg)是特异性识别抗原的受体,成熟 B 细胞主要表达 SmIgM 和 SmIgD,同一 B 细胞克隆表达的不同类 SmIg 识别抗原的特异性是相同的。

(二) 能活化补体

(1) IgM、IgG1、IgG2 和 IgG3 可通过经典途径活化补体。当抗体与相应抗原结合后,IgG 的 C_H2 和 IgM 的 C_H3 暴露出结合 C1q 的补体结合点,开始活化补体。由于 C1q 分子的 6 个亚单位中一般需要两个 C 端的球部与补体结合位点结合后才能依次活化 C1r 和 C1s,因此,IgG 活化补体需要一定的浓度,以保证两个相邻的 IgG 单体同时与一个 C1q 分子的两个亚单位结合。当 C1q 一个 C 端球部结合 IgG 时,亲和力很低;当 C1q 两个或两个以上球部结合两个或多个 IgG 分子时,亲和力增高。IgG 与 C1q 结合位点位于 C_H2 功能区中最后一个 β 折叠股 318~322 位氨基酸残基(Glu-x-Lys-x-Lys)。人类天然的抗 A 和抗 B 血型抗体为 IgM,血型不合引起的输血反应发生快而且严重。

(2) 凝聚的 IgA、IgG4 和 IgE 等可通过替代途径活化补体。

(三) 能结合 Fc 受体

不同细胞表面具有不同 Ig 的 Fc 受体,分别用 FcγR、FcεR、FcαR 等来表示。当 Ig 与相应抗原结合后,由于构型的改变,其 Fc 段可与具有相应受体的细胞结合。IgE 抗体由于其 Fc 段结构特点,可在游离情况下与有相应受体的细胞(如嗜碱粒细胞、肥大细胞)结合,称为亲细胞抗体(cytophilic antibody)。抗体与 Fc 受体结合可发挥不同的生物学作用。

1. 介导 I 型变态反应 变应原刺激机体产生的 IgE 可使嗜碱粒细胞、肥大细胞表面 IgE 高亲和力受体细胞脱颗粒,释放组胺。当相同的变应原再次进入机体时,可与已固定在细胞膜上的 IgE 结合,再次刺激细胞脱颗粒,释放组胺,合成源自细胞脂质的介质,如白三烯、前列腺素、血小板活化因子等,引起 I 型变态反应。

2. 调理吞噬作用 调理作用(opsonization)是指抗体、补体 C3b、C4b 等调理素(opsonin)促进吞噬细胞吞噬细菌等颗粒性抗原的作用。由于补体对热不稳定,因此又称为热不稳定调理素(heat-labile opsonin)。抗体又称热稳定调理素(heat-stable opsonin)。补体与抗体同时发挥调理吞噬作用,称为联合调理作用。中性粒细胞、单核细胞和巨噬细胞具有高亲和力或低亲和力的 FcγⅠ(CD64)和 FcγⅡ(CD32),IgG(尤其是人 IgG1 和 IgG3 亚类)对于调理吞噬起主要作用。嗜酸粒细胞具有高亲和力 FcγⅡ,IgE 与相应抗原结合后可促进嗜酸粒细胞的吞噬作用。抗体的调理机制一般认为是:①抗体在抗原颗粒和吞噬细胞之间"搭桥",从而加强了吞噬细胞的吞噬作用;②抗体与相应颗粒性抗原结合后,改变抗原表面电荷,降低吞噬细胞与抗原之间的静电斥力;③抗体可中和某些细菌表面的抗吞噬物质(如肺炎链球菌的荚膜),使吞噬细胞易于吞噬;④吞噬细胞 FcR 结合抗原-抗体复合物,吞噬细胞可被活化(图2-9)。

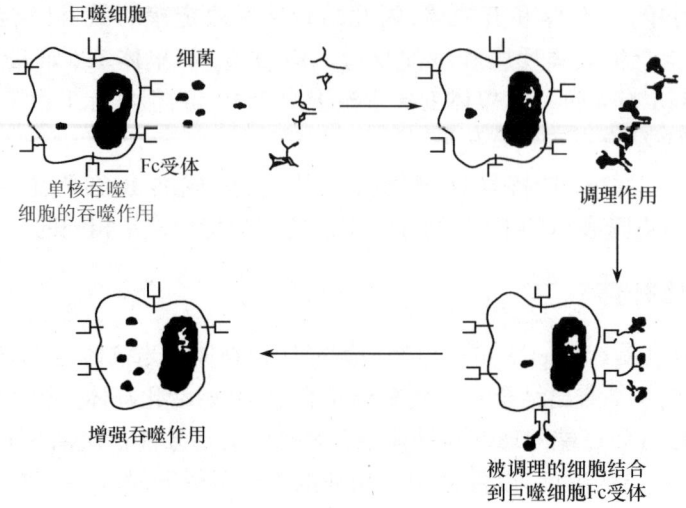

图2-9 抗体的调理吞噬作用

3. 发挥抗体依赖的细胞介导的细胞毒作用 当IgG抗体与带有相应抗原的靶细胞结合后,可与有FcγR的中性粒细胞、单核细胞、巨噬细胞、NK细胞等效应细胞结合,发挥抗体依赖的细胞介导的细胞毒作用(antibody dependent cell-mediated cytotoxicity,ADCC)。目前已知,NK细胞发挥ADCC效应主要是通过其膜表面低亲和力FcγRⅢ(CD16)介导的,IgG不仅起到连接靶细胞和效应细胞的作用,同时还刺激NK细胞合成和分泌肿瘤坏死因子和γ干扰素等细胞因子,并释放颗粒,溶解靶细胞。嗜酸粒细胞发挥ADCC作用是通过FcεRⅡ和FcαR介导的,嗜酸粒细胞可脱颗粒释放碱性蛋白等,在杀伤寄生虫(如蠕虫)中发挥重要作用(图2-10)。此外,人IgG Fc段能非特异地与葡萄球菌A蛋白(staphylococcus protein A,SPA)结合,应用SPA可纯化IgG等抗体,或代替第二抗体用于标记技术。

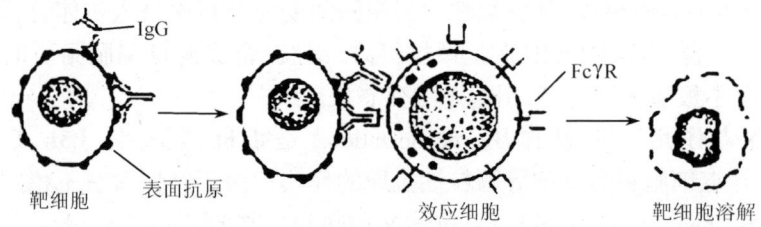

图2-10 抗体依赖的细胞介导的细胞毒作用

(四) 通过胎盘

在人类,IgG是唯一可通过胎盘从母体转移给胎儿的Ig。IgG能选择性地与胎盘母体一侧的滋养层细胞结合,转移到滋养层细胞的吞饮泡内,并主动外排到胎儿血循环中。IgG的这种功能与IgG Fc片段结构有关,如切除Fc段后所剩余的Fab并不能通过胎盘。IgG通过胎盘的作用是一种重要的天然被动免疫,对于新生儿抗感染有重要作用。

三、免疫球蛋白分子的抗原性

Ig 本身具有抗原性，将 Ig 作为免疫原免疫异种动物、同种异体或在自身体内可引起不同程度的免疫性。根据 Ig 不同抗原决定簇存在的不同部位以及在异种、同种异体或自体中产生免疫反应的差别，可把 Ig 的抗原性分为同种型、同种异型和独特型三种不同抗原决定簇。

（一）同种型

同种型（isotype）是指同一种属内所有个体共有的 Ig 抗原特异性的标记，在异种体内可诱导产生相应的抗体，换句话说，同种型抗原特异性因种属（species）而异。同种型的抗原性位于 CH 和 CLH，同种型主要包括 Ig 的类、亚类、型和亚型。

1. 免疫球蛋白分子的类和亚类（classes and subclasses）

（1）类：决定 Ig 不同类的抗原性差异存在于 H 链的恒定区（CH）。根据 CH 抗原性的差异（即氨基酸组成、排列、构型、二硫键等不同），H 链可分为 μ、γ、α、δ 和 ϵ 五类，不同 H 链与 L 链组成的完整 Ig 分子分别为 IgM、IgG、IgA、IgD 和 IgE。在基因水平上，不同类的 H 链恒定区由不同的恒定区基因片段所编码。不同类 Ig 在理化性质及生物学功能上可有较大差异。

（2）亚类：同一类 Ig 中由于铰链区氨基酸组成和二硫键数目的差异，可分为不同的亚类，亚类间抗原性的差异要小于不同类之间的差异。目前已发现人的 α 重链有 $\alpha 1$ 和 $\alpha 2$ 两个亚类，分别与 L 链组成 IgA1 和 IgA2。γ 重链有 4 个亚类，命名为 IgG1、IgG2a、IgG2b 和 IgG3。目前尚未发现 IgM、IgD 和 IgE 存在不同的亚类。Ig 不同亚类也是由不同的恒定区基因片段编码。

2. 免疫球蛋白分子的型和亚型（types and subtypes）

（1）型：决定 Ig 型的抗原性差异存在于 L 链的恒定区（CL），根据 CL 抗原性的差异（氨基酸的组成、排列和构型的不同）分为 κ 和 λ 两型，人类 κ 和 λ 型轻链之比约为 2：1；而在小鼠，97% 轻链为 κ 型，λ 型只占 3% 左右。

（2）亚型：根据 λ 轻链恒定区（C2）个别氨基酸的差异又可分 $\lambda 1$、$\lambda 2$、$\lambda 3$ 和 $\lambda 4$ 四个亚型。$\lambda 1$ 和 $\lambda 2$ 在 λ 轻链第 190 位的氨基酸分别为亮氨酸和精氨酸，$\lambda 3$ 和 $\lambda 4$ 在第 154 位的氨基酸分别为甘氨酸和丝氨酸。

（二）同种异型

同种异型（allotype）是指同一种属不同个体间的 Ig 分子抗原性的不同，在同种异体间免疫可诱导免疫反应。同种异型抗原性的差别往往只有一个或几个氨基酸残基的不同，可能是由于编码 Ig 的结构基因发生点突变所致，并被稳定地遗传下来。因此，Ig 同种异型可作为一种遗传标记（genetic marker，GM），这种标记主要分布在 C_H 和 C_L 上。

1. γ 链上的同种异型 $\gamma 1$、$\gamma 2$、$\gamma 3$ 和 $\lambda 4$ 重链上均存在有同种异型标记，目前已发现 G1ma、x、f、z，G2mn，G3mg1、g5、b0、b1、b3、b4、b5、c3、c5、s、t、u、v，G4m4a、4b 共 20 种左右。

其中 G 表示 γ 链,1、2、3 或 4 表示亚类 γ1、γ2、γ3 和 γ4,m 代表标记(marker)。

除 G1mf 和 z 位于 IgG1 分子的 Cγ1 区外,其余的 Gm 均位于 Fc 部位。一条 γ 链可能同时具有一个以上的 Gm 标记,如白种人常常在 γ1H 链 Cγ1 区有 G1mz,Fc 部位有 G1ma。由于人第 14 号染色体编码四种 IgG 亚类的 C 区基因 Cγ1、Cγ2、Cγ3 和 Cγ4 是密切连锁的,因此 IgG H 链各亚类 Gm 标记可作为单倍体(haplotype)遗传给子代。

2. α 链上的同种异型 已发现 α2H 链有 A2m1 和 A2m2 两种。A2m1 在第 411、428、458 和 467 位氨基酸上分别为苯丙氨酸、天冬氨酸、亮氨酸、缬氨酸;A2m2 则分别为苏氨酸、谷氨酸、异亮氨酸和丙氨酸。α1H 链上尚未发现有同种异型存在。

3. ε 链上的同种异型 目前只发现 Em1 一种同种异型。

4. κ 链上的同种异型 旧称为 Inv,现分为 Km1、2 和 3。Km1 在第 153 位和 191 位氨基酸上分别为缬氨酸和亮氨酸,Km2 分别为丙氨酸和亮氨酸,Km3 分别为丙氨酸和缬氨酸。λ 轻链上尚未发现有同种异型。

(三)独特型

独特型(idiotype)为每一种特异性 Ig V 区上的抗原特异性。不同抗体形成细胞克隆所产生的 Ig V 区具有与其他抗体 V 区不同的抗原性,这是在可变区中由超变区的氨基酸组成、排列和构型所决定的。所以,在单一个体内存在的独特型数量很大,其抗原可在异种、同种异体以及自身体内诱导产生相应的抗体,称为抗独特型抗体(antiidiotypic antibody,αId),独特型和抗独特型抗体在复杂的免疫调节中占有重要地位(表 2-1)。

表 2-1 人免疫球蛋白分子上抗原决定簇的分类

分类		抗原性存在部位	举例
同种型	类	CH	IgM、IgG、IgA、IgD、IgE
	亚类	CH	IgG1~4,IgA1、2
	型	CL	κ、λ
	亚型	CL(λ)	λ1、λ2、λ3、λ4
同种异型		CH(γ1)	G1ma(1)、x(2)、f(3)、z(17)
		(γ2)	G2m n(23)
		(γ3)	G3mb1(5)、c3(6)、b5(10)、b0(11)、b3(13)
		(γ4)	b4(14)、s(15)、t(16)、g1(21)、c5(24)、u(26)
		CH(α2)	v(27)、g1(28)
		CH(ε)	G4m 4a(1)、4b(1)
		CL(κ)	A2m1、2
			Em1
			Km1、2、3
独特型		VHVL	极多

注:γ1~4 同种异型的命名中,WHO 1976 年建议采用阿拉伯数字代号,但目前许多专业实验室仍沿用小写英文字母,在本表中将 γ 链同种异型阿拉伯数字代号列于相应英文字母代号后的括号中。

四、免疫球蛋白分子超家族的特点

应用 DNA 序列分析和 X 线晶体衍射分析等研究表明,许多细胞膜表面和机体某些蛋白质分子,其多肽链折叠方式与 Ig 折叠相似,在 DNA 水平和氨基酸序列上与 Ig V 区或 C 区有较高的同源性,它们可能从同一原始祖先基因(primodial ancestral gene)经复制和突变衍生而来。编码这些多肽链的基因称为免疫球蛋白基因超家族(immunoglobulin gene superfamily),这一基因超家族所编码的产物称为免疫球蛋白超家族(immunoglobulin superfamily,IGSF)。

(一)免疫球蛋白分子超家族的构成

得益于细胞表面标记、单克隆抗体及基因工程研究的进展,近年来研究人员发现属于 IGSF 的成员已达近百种,主要包括 T 细胞、B 细胞抗原识别受体和信号转导分子,MHC 及相关分子,Ig 受体,某些细胞因子受体,神经系统功能相关分子以及部分白细胞分化抗原(CD)(表 2-2)。

表 2-2　免疫球蛋白超家族的构成(成员举例)

主要功能	成　员
抗原识别受体和信号转导分子	Ig H 链:μ、γ、δ、ε 和 α 链
	Ig L 链:κ 和 λ 链
	SmIg 复合物成分:MG-1(Ig-α,CD79a)、B29(Ig-β,CD79b)
	TCR:α、β、γ 和 δ 链
	CD3:γ、δ 和 ε 链
MHC 及其相关分子	MHC I 类抗原:α 链、β2M
	MHC II 类抗原:α、β 链
	β_2M 相关分子:CD1、Qa、TL
免疫球蛋白受体	polyIgR(pIgR)
	IgG Fc 段受体:FcγR I (CD64)、FcγR II、FcγR III(CD16)
	IgE Fc 段受体:FcεR I α 链
	IgA Fc 段受体:FcαR
细胞因子受体	IL-1R(CDw121a)、IL-6R(CD126)、M-CSFR(CD115)、G-CSFR、SCFR(CD117)、PDGFR
白细胞分化抗原	CD2、LFA-3(CD58)、ICAM-1(CD54)、ICAM-2(CD102)、
	ICAM-3(CD50)、CD4、CD8α、β 链、CD28、B7/BB1(CD80)、
	CD7、CD22、CD33、CD48、CEA(CD66e)、
	Thy-1(CDw90)、PECAM-1(CD31)、VCAM-1(CD106)

(二) 免疫球蛋白分子超家族的特点

1. IGSF 的结构特点 IGSF 的成员均含有 1~7 个 Ig 样功能区,第 1 个 Ig 样功能区约含 100(70~110)个氨基酸残基。功能区的二级结构是由 3~5 个 β 折叠股各自形成两个平行 β 片层的平面(anti-paralle β-pleated sheet),每个反平行 β 折叠股由 5~10 个氨基酸残基组成,β 片层内侧的疏水性氨基酸起到稳定 Ig 折叠的作用。大多数功能区内有一个二硫键,垂直连接两个 β 片层,形成二硫键的两个半胱氨酸间有 55~75 个氨基酸残基,使之成为一个球形结构,肽链的这种折叠方式称为免疫球蛋白折叠。

根据 IGSF 功能区中 Ig 折叠方式、两个半胱氨酸之间氨基酸残基的数目以及与 Ig V 区或 C 区同源性的程度,IGSF 功能区可分为 V 组、C1 组和 C2 组。

(1) V 组:V 组功能区的两个半胱氨酸之间含 65~75 个氨基酸残基,有 9 个反平行 β 折叠股,如 Ig H 链和 L 链 V 区,TCRα、β、γ、δ 链 V 区,CD4V 区,CD8α、β 链 V 区,Thy-1,pIgR 和分泌成分(SC)N 端四个功能区,CEA N 端第一个功能区,PDGFR 靠近胞膜的功能区等。

(2) C1 组:又称 C 组。C1 组功能区两个半胱氨酸之间含 50~60 个氨基酸残基,有 7 个 β 折叠股,如 Ig H 链和 L 链 C 区(γ、δ 和 α 链的 C_H1~C_H3 或 μ 和 ε 链的 C_H1~C_H4),TCRα、β、γ、δ 链 C 区,MHC I 类分子重链 α3 功能区,β2M,MHC II 类分子 α2 和 β2 功能区,CD1、Qa 和 TL 靠近胞膜功能区等。

(3) C2 组:又称 H 组。C2 组功能区的氨基酸排列的顺序类似 V 组,但形成二硫键的两个半胱氨酸之间所含氨基酸残基数为 50~60,有 7 个 β 折叠股,这种结构介于 V 组和 C1 组之间,如 CD3γ、δ 和 ε 链,CD2 和 LFA-3(CD58),pIgR 靠近胞膜功能区,FcγR I、FcγR II、FcγR III、FcεR I α 链,FcαR,ICAM-1,CEA 第 2~7 个功能区,IL-6R、M-CSFR、G-CSFR、SCFR。PDGFR 第 1 至 4 功能区,以及 N-CAM、CD22、CD48 分子等。

2. IGSF 的功能特点 IGSF 的功能是以识别为基础,因此又称为识别球蛋白超家族(cognoglobulin superfamily)。IGSF 很可能最初起源于原始的具有黏附功能的基因,通过复制和突变衍生形成了能识别抗原、细胞因子受体、Ig Fc 段受体、细胞间黏附分子以及病毒受体等的不同功能区。IGSF 识别的基本方式有以下几种:

(1) IGSF 和 IGSF 的相互识别:①同嗜性相互作用(homophilic interaction),如相同神经细胞黏附分子(N-CAM)之间的相互识别,血小板内皮细胞黏附分子-1(PECAM-1,CD31)的相互识别。②异嗜性相互作用(heterophilic interaction),如 CD2 与 LFA-3,CD4 与 MHC II 类分子的单态部分(α2 和 β2),CD8 与 MHC I 类分子的单态部分(α3),poly IgR 与多聚 Ig,FcγR I(CD64)、FcγR II(CD32)、FcγR III(CD16)与 IgG Fc 段,FcγR I 与 IgE Fc 段,FcαR(CD89)与 IgA Fc 段,CD28 与 B7/BB1(CD80)等之间的相互识别。

(2) IGSF 和结合素(integrin)的相互识别:如 ICAM-1(CD54)、ICAM-2(CD102)与 LFA-1(CD11a/CD18),VCAM-1(CD106)与 VLA-4(CD49d/CD29)之间的相互作用。

(3) IGSF 和其他分子的相互识别:包括 TCR 识别 MHC I 类或 II 类分子与抗原复合物,细胞因子受体识别细胞因子等。

第三节 组织细胞化学的酶学基础

一、酶的概念及本质

酶是由活细胞产生的一类具有催化作用的蛋白质。酶除具有一般催化剂的特征外,还具有以下特点:①酶蛋白是大分子,而一般催化剂为小分子。②酶具有高效催化能力,其催化效能比一般催化剂高 $10^6 \sim 10^{14}$ 倍。③酶催化反应的条件温和,在近中性和常温下即可催化反应。④酶对催化的底物具有高度专一性。⑤酶分子结构多种多样,其活性受体内多种因素调控。

二、酶的分类及特性

已知的酶有几千种,尚有许多酶待发现。目前采用的是 1961 年由国际酶学委员会(IEC)制订的分类法。按该法每种酶用四个数字表示,第一个数字表示类别,第二个数字为亚类,第三个为亚亚类,第四个为序数。总共可将酶分为六大类:氧化还原酶类、转移酶类、水解酶类、裂合酶类、异构酶类及合成酶类。氧化还原酶类催化氧化还原反应;转移酶类催化一个基团从一个化合物转移至另一个化合物;水解酶类催化水解;裂合酶类催化从双键上去掉一个基团或加一个基团至双键上;异构酶类催化分子内基团重排;合成酶类使两分子结合。

三、酶促反应的影响因素

(一) 酶浓度对酶促反应速度的影响

酶促反应一般是可逆的,其反应速度受底物浓度和产物浓度的制约,当底物浓度远大于酶浓度时,酶促反应速度与酶浓度成正比(图 2-11)。

(二) 底物浓度对酶促反应速度的影响

当底物浓度较低时,随着底物浓度的增加,反应速度急剧增加,反应速度与底物浓度成正比。当底物浓度达到一定程度时,再增加其浓度,则反应速度随之增加的程度不如先前那样明显,此时的反应速度不再与底物浓度成正比。随着底物浓度继续增加,最后反应速度趋于恒定,不再随底物浓度增加而增大,此时的底物浓度即达到饱和(图 2-12)。

(三) 激活剂浓度和抑制剂浓度对酶促反应速度的影响

1. 激活剂的影响 凡能提高酶活性的物质称为激活剂。激活剂主要分为以下三类:①无机离子,又可分为阳离子和阴离子,如 K^+、Na^+、Mg^{2+}、Zn^{2+}、Ca^{2+} 等阳离子和 Cl^- 等阴离子。某些阳离子可互相取代,作用相似,而有些则彼此有拮抗作用。②小分子有机化合物,某些含巯基的化合物(如半胱氨酸、谷胱甘肽和二硫苏糖醇)对腺苷酸酶与磷酸肌酸激酶有强大的激活作用。③蛋白质性质的大分子,一些蛋白质和某种酶结合后可提高酶的活性,而某些蛋白质还可使无活性的酶原转变为有活性的酶。

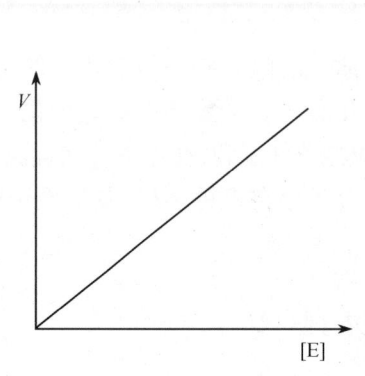

图 2-11 酶促反应速度与酶浓度的关系

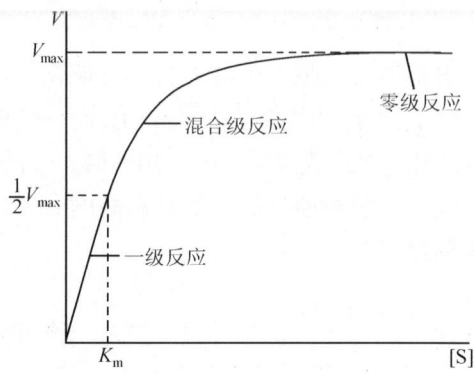

图 2-12 酶促反应速度与底物浓度的关系

2. 抑制剂的影响 凡能降低酶的活性甚至使酶完全丧失活性的物质称为抑制剂。根据抑制剂对酶的抑制作用不同,可分为可逆性抑制剂和不可逆性抑制剂,而可逆性抑制作用又分为竞争性抑制、非竞争性抑制和反竞争性抑制。

(1) 不可逆性抑制作用:这类抑制剂与酶的结合很牢固,物理方法(如透析)不能去除抑制剂,但在某些情况下可用特殊化学方法去除抑制剂,使酶恢复活性。

(2) 可逆性抑制作用:可逆性抑制剂与酶蛋白的结合不牢固,可用透析、超滤等物理方法将抑制剂去除而恢复酶的活性。可逆性抑制有三种类型,即竞争性抑制、非竞争性抑制和反竞争性抑制。

1) 竞争性抑制:这类抑制剂的结构与底物相似,能与底物竞争酶的活性中心而降低酶的有效反应浓度,从而抑制酶反应速度。但这类抑制剂与酶活性中心的结合是可逆的,其结合作用可被高浓度的底物所解除。竞争性抑制的反应式如图2-13所示。竞争性抑制时,其动力学特征是最大反应速度不变,而米氏常数值 K_m 增大。

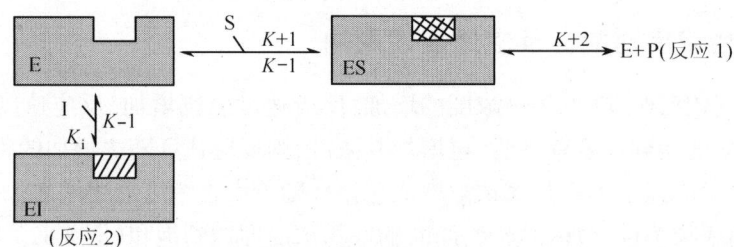

图 2-13 竞争性可逆抑制

E 为酶分子;S 为底物分子;P 为产物;I 为竞争性抑制剂;ES 为酶底物复合物;
EI 为结合后的复合物;K_i 为 EI 的解离常数

2) 非竞争性抑制:非竞争性抑制剂不能抑制酶与底物的结合,但生成酶-抑制剂-底物三者复合体(EIS),生成的 EIS 不能分解为产物或分解速度比 ES 分解为产物和酶的速度慢得多(图 2-14)。非竞争性抑制时,其动力学特征是最大反应速度下降而米氏常数值不变。

3) 反竞争性抑制:这类抑制剂的特点是抑制剂不能直接与酶结合,一定要在底物与酶结合的基础上,抑制剂才能与底物-酶复合物结合(图 2-14)。反竞争性抑制时,其动力学特征是最大反应速度和米氏常数值均降低。

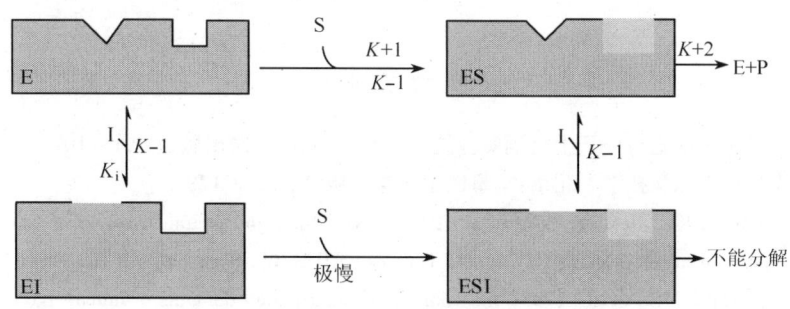

图 2-14　非竞争性与反竞争性可逆抑制

E 为酶分子;S 为底物分子;P 为产物;I 为竞争性抑制剂;ES 为酶底物复合物;
EI 为结合后的复合物;K_i 为 EI 的解离常数

(四) pH 对酶促反应速度的影响

通常情况下,酶仅能在一定的 pH 范围内才保持其活性,并且常有一个最适 pH,在最适 pH 时,酶的催化活性最大。但酶的最适 pH 有时随其他因素(如底物或温度)而改变。因此,规定酶实验条件的首要前提是确定酶的最适 pH (图 2-15)。最适 pH 常表现于三个方面:一是对最大反应速度的影响,二是对米氏常数或对底物与酶的亲和性的影响,三是对酶稳定性的影响。pH 对酶活性的影响有时是可逆的,有时是不可逆的,偏离最适 pH 的程度往往与酶活力的降低成正比。因此测定酶活性时,需选择适当缓冲液以维持 pH 的恒定。

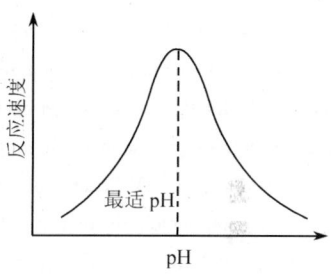

图 2-15　pH 对酶促反应速度的影响

(五) 温度对酶促反应速度的影响

酶的作用有一个最适温度,温度过高或过低都会对酶分子或酶促反应速度带来一定影响(图 2-16)。与其他作用条件相比,温度对酶反应的影响更为复杂,这不仅因为温度能影响酶分子结构的稳定性及其与底物分子的亲和性,而且能影响酶-底物复合体分解速度和酶与激活剂或抑制剂的亲和性等许多因素。在低温条件下,酶分子一般不会被破坏,但酶的催化活性很弱。当温度回升时,酶活性又可恢复。温度升

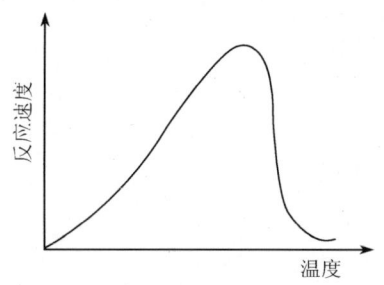

图 2-16　温度对酶促反应速度的影响

高虽可使酶反应加快,但是过高温度将会使酶失去活性。仅有一小部分酶[如 DNA 聚合酶(Taq 酶)]可在 90℃ 以上温度的条件下仍能保持其活性,但对大多数酶而言,超过 60℃ 将很容易变性。酶的最适温度并不是一个常数,它与酶反应时间有关。若反应时间短,酶的最适温度可提高。因此,只有确定了酶反应时间,才能确定最适温度。

(巴迎春　王廷华)

参 考 文 献

蔡文琴. 2003. 现代实用细胞与分子生物学实验技术. 北京:人民军医出版社,91~109

李成文. 1990. 现代免疫化学技术. 北京:军事医学科学出版社,127~128

Allaway GP, Davis-Bruno KL, Beaudry GA, et al. 1995. Expression and characterization of CD4-IgG2, a novel heterotetramer that neutralizes primary HIV type 1 isolates. AIDS Res Hum Retroviruses,11(5):533~539

Batra JK, Kasturi S, Gallo MG, et al. 1993. Insertion of constant region domains of human IgG1 into CD4-PE40 increases its plasma half-life. Mol Immunol,30(4):379~386

Biancone L, Andres G, Ahn H, et al. 1995. Inhibition of the CD40-CD40 ligand pathway prevents murine membranous glomerulonephritis. Kidney Int,48:458~468

Chamow SM, Duliege AM, Ammann A, et al. 1992. CD4 immunoadhesins in anti-HIV therapy:new developments. Int J Cancer (Suppl),7:69

Denis M, Guojian L, Widmer M, et al. 1994. A mouse model of lung injury induced by microbial products: implication of tumor necrosis factor. Am J Respir Cell Mol Biol,10(6):658~664

Gater PR, Wasserman MA, Paciorek PM, et al. 1996. Inhibition of Sephadex-induced lung injury in the rat by Ro 45-2081, a tumor necrosis factor receptor fusion protein. Am J Respir Cell Mol Biol,14(5):454~460

Krauss S, Kufer P, Federle C, et al. 1995. Recombinant CD4-IgE, a novel hybrid molecule, inducing basophils to respond to human immunodeficiency virus (HIV) and HIV-infected target cells. Eur J Immunol,25:192~199

Martin S, Casanovas JM, Staunton DE, et al. 1993. Successful prevention of rhinovirus infections with chimeric ICAM-1 immunoglobulin in vitro. Med Klin,88(4):193~197

van Zee KJ, Moldawer LL, Oldenburg HS, et al. 1996. Protection against lethal Escherichia coli bacteremia in baboons (Papio anubis) by pretreatment with a 55-kDaTNF receptor (CD120a)-Ig fusion protein, Ro 45-2081. J Immunol,156:2221~2230

Zheng XX, Steele AW, Nickerson PW, et al. 1995. Administration of noncytolytic IL-10/Fc in murine models of lipopolysaccharide-induced septic shock and allogeneic islet transplantation. J Immunol,154(10):5590~5600

第三章 免疫组织化学基本理论

第一节 免疫组织化学的基本原理、发展及展望

一、免疫组织化学的基本原理

组织化学是以组织学为基础,应用物理和化学的技术方法显示细胞组织结构中的各种化学成分,并对这些物质进行定性、定量和定位,从而分析研究生物体在生理或病理状态下细胞和组织的代谢、功能及形态变化规律的科学。免疫组织化学是免疫学与组织化学相结合的一个分支学科,以免疫学的抗原-抗体反应为其理论基础。简要概括其步骤为:多克隆和单克隆抗体制备,用酶、生物素或荧光素等作为抗体的标记物;在适宜的条件下,让此标记抗体与组织中的待检物质共同孵育,以使它们发生专一性的结合;最后通过染色使标记抗体上的酶、生物素等显示出来。这样就可以在显微镜下观察待检物质在细胞组织中的分布特点,对待检物质进行定位及定量的测定等。待检物质可以是抗原,也可以是半抗原,如蛋白质、多肽、核酸、酶、激素、磷脂、多糖、受体及病原体等。广义上而言,当一种化学反应理论上是建立在免疫化学的基础上,而其免疫反应产物可在原位用光学显微镜或电子显微镜观察到,那么,这种技术就属于免疫组织化学。综上所述,免疫组织化学的全过程包括三步。①抗体的制备:抗原的提取和纯化;免疫动物或细胞融合(单克隆抗体);抗体效价检测和提取;标记抗体。②抗原的检测:细胞和组织切片的制备;免疫组织化学反应和显色。③观察和记录结果。因此,免疫组织化学的基本理论包括抗原-抗体反应、标记化学反应及呈色化学反应。

1. 抗原-抗体反应 是指由抗原物质刺激机体产生相应的特异性抗体后,抗原和其刺激产生的特异性抗体在体内或体外发生结合反应的过程。抗原、抗体多为蛋白质,由于其带有的羧基、氨基及肽链等极性基团,当两者之间的极性基团由于物理和化学特性相吻合时,就会互相吸引和结合。再者,抗原、抗体之间立体结构的互相吻合和分子之间所带电荷的互相吸引则为更重要的因素。这些分子之间的引力包括库伦或静电引力、范德瓦尔斯引力、氢键及疏水作用。抗原-抗体反应具有特异性、可逆性、最适比例性等特点。抗原抗体的反应分为特异性结合阶段和反应的可见阶段。首先抗原决定簇与相应抗体 IgG Fab 段的高变区相互吸引而特异性结合,大多在几秒钟至数分钟完成。在此基础上,可以发生颗粒性抗原与相应抗体结合所发生的凝集反应,或者可溶性抗原与相应抗体结合所发生的沉淀反应,或者抗原抗体结合后激活补体所发生的补体结合和细胞溶解反应,或者细菌外毒素或病毒与相应抗体结合所致的中和反应等经典的抗原-抗体反应,此阶段需要较长的时间,并受到电解质、温度、pH 等因素的影响,称为反应的可见阶段。体内的抗原-抗体反应具有一定的保护

效应,如杀菌、溶菌、中和毒素等。但在某些病理情况下,可以引起超敏反应或其他自身免疫性疾病,对机体造成损伤。利用抗原抗体在体外可以发生特异性结合反应的特点,可将其应用到组织/细胞化学中,对各种抗原或生物活性物进行分离及检测等。

2. 免疫标记化学反应　是指用荧光素、放射性核素等发光剂或酶等呈色物作为示踪物标记抗体,在适宜的条件下(即适宜的温度、pH 等),使标记抗体与抗原发生特异性的结合。

3. 呈色化学反应　是指酶、荧光素等呈色物与一定的底物结合后可以形成具有特定颜色的化合物,由此通过酶与底物的反应,即可知道呈色物标记的抗体与相应抗原形成的复合物的存在情况。荧光素可以在高压汞灯的激发下发出特定颜色的荧光,因此可以在荧光显微镜下被观察到。放射性核素则可以使胶片感光,然后胶片经显影定影后就可以知道标记抗体与抗原反应的情况。

二、免疫组织化学技术的发展与应用

1. 免疫组织化学技术发展的历史回顾　免疫组织化学作为一门技术也经历了一个发展并日臻完善的过程。

Coons 等于 1941 年利用荧光色素标记抗体,首先建立了免疫荧光技术,这一技术是用荧光色素标记抗体来孵育含有相应抗原的标本,而后在荧光显微镜下直接观察结果。经过几十年的发展,已广泛应用于病理学、肿瘤学和临床检验学等生物医学及其他科学研究中。

Nakane 等于 1966 年成功引入酶来标记抗体,开创了免疫酶标组织化学之路。

Faulk 和 Taylor 于 1971 年报道了免疫金染色(immunogold staining, IGS)对细胞表面抗原分布的电镜观察的研究。1981 年,Danscher 建立了用银显影液增强光镜下金颗粒可见性的免疫金-银染色法(immunogold-silver staining, IGSS)。

20 世纪 70 年代以来,一些具有双价或多价结合力的物质[如植物凝集素(lectin),生物素(biotin, B)和葡萄球菌 A 蛋白(staphylococcal protein A, SPA)等]被应用于免疫组织化学技术,从而建立了 SPA 法、ABC 法(avidin-biotin complex, ABC)和 LSAB 法(labelled streptavidin biotin method, LSAB)等,这一类方法可统称为亲和免疫组织化学法。其特点为通过桥抗体,将特异的第一抗体与可以显色的复合物连接,使被检物信号得以放大,因此大大提高了敏感度,而且避免了由于抗体与酶共价连接后造成对抗体和酶活性的损害。

由于抗体是作用于抗原决定簇上,而不是与整个抗原分子起反应的,并且一个抗原往往有若干个决定簇,因此,制备出的是可以作用于多个抗原决定簇的抗体,并且不同的抗原可能具有相同的或类似的决定簇,所以可能存在交叉反应。随着免疫学技术的发展,利用单克隆技术可以制备出针对特定抗原决定簇的特异性单克隆抗体,大大提高了免疫组织化学方法的特异性。1975 年,Kohler 和 Milstein 发现将小鼠的一个骨髓瘤细胞(可以无限繁殖)与用绵羊红细胞免疫的小鼠的一个脾细胞(可以产生抗体)进行融合,形成杂交瘤细胞,此细胞既可以产生抗体,又可以无限繁殖,从而创立了单克隆抗体杂交瘤技术。单克隆抗体是杂交瘤细胞经无性繁殖而来的细胞群所产生的,所以它的免疫球蛋白属同一类别,性质均一,亲和性一致而且它是针对待检物质(抗原)决定簇的,所以特异性强。制备单克隆抗体的技术为提高免疫组织化学的特异性做出了突出的贡献。

同时,由于一系列仪器在制造技术及功能上的开发和日益完善,不断为免疫组化技术提供了先进的技术支持。从普通的光学显微镜到电子显微镜以及激光共聚焦扫描显微镜(confocal laser scanning microcope,CLSM),使免疫组织化学的应用扩展到观察对象的各个层面、各个角度。例如,CLSM 不但可以准确地检测和识别组织结构中的微细结构,而且可以从三维甚至四维角度生动地观察被测物质的运动变化情况。而电子显微镜的发明和使用,对观察对象的分辨率达到 0.2nm,所见的结构称为超微结构。从 20 世纪 80 年代以来,流式细胞仪(flow cytometer,FCM)已广泛应用于基础和临床医学研究,成为一项切实有效的研究方法。以往,免疫组织化学技术多被应用在研究对象的标本上,而免疫组织化学和 FCM 的联合应用,则使科学工作者实现了对单个细胞及活体细胞的研究。

随着检测方法和检测仪器的日益改进和更新,当今的免疫组织化学技术已具有如下特点:

(1) 特异性高:抗原-抗体反应是特异性最强的反应之一。

(2) 敏感性高:采用各种方法保存细胞组织中待检物质的抗原性,采用高亲和力的抗体和标记复合物,并通过多步放大的免疫反应和先进的检测设备,可以从细胞、分子甚至基因水平检测出微量的抗原成分。

(3) 多个层面和多个角度的检测技术:电镜和激光共聚焦扫描显微镜的发展实现了在超微结构上从各个层面和角度观测待检物质,不仅可以对离体标本进行观察,还可对活体细胞组织进行动态观察,使人们在一定时间段观察到某一现象或物质发生发展的变化情况。流式细胞术在免疫细胞化学中的应用使对单个细胞的分离和鉴别成为可能。

2. 免疫细胞化学的应用 鉴于免疫组织化学的突出优点,其已被广泛应用于基础科学研究和临床诊断中。例如,在神经科学研究中,可用于确定神经递质及其受体的分布、追踪神经纤维的分布和投射等;淋巴细胞亚群之间的比例异常是某些疾病的特征之一,在临床疾病的诊断中,定性、定量淋巴细胞的表面特异性抗原,通过观测淋巴细胞及其亚群之间的比例,可以鉴别诊断自身免疫性疾病及肿瘤等相关的疾病,如抗核抗体、双链 DNA 抗体的检测可以作为类风湿关节炎、硬皮病、混合性结缔组织病及红斑狼疮等疾病的诊断指标之一,CD4 和 CD8 的比值可以作为淋巴系统功能状态的指标。

此外,在临床疾病的诊断中,通过对不同抗原的检测和细胞组织形态的观察,还可以鉴别多种组织系统的疾病。例如,对各种皮肤病、肝脏和肾脏疾病的诊断,以及对消化系统、神经系统疾病的诊断。乙型肝炎病毒可以产生各种抗原,通过免疫组织化学反应可以观察到这些抗原的分布。采用免疫酶或免疫荧光标记法检测肾脏内免疫复合物及补体成分的分布,可以鉴别诊断发病部位和肾脏疾病的分型。通过对皮肤的角质细胞、黑色素细胞、Merkel 细胞等细胞中抗原抗体的鉴别和测定,可以诊断皮肤病中的多种自身免疫性疾病。

应用免疫组织化学技术,还能将快速检查多种病原体应用于细菌学、病毒学、寄生虫学和真菌学中。例如对炭疽杆菌和致病性大肠杆菌的检查,对肝炎病毒和狂犬病病毒的检查,对血吸虫等其他寄生虫的检查,对白色假丝酵母菌等其他真菌的检查。

免疫组织化学是免疫学和组织学的交叉学科,随着免疫学和组织化学的日益发展,其概念及应用范围也日益扩大。不仅可以用相应的特异性抗体在组织内检测抗原分子,而且可以在细胞、染色体或亚细胞水平,甚至在基因和分子水平原位检测抗原分子,因此免疫组织化学又可以称为免疫细胞化学,是其他任何生物技术难以代替的,为生物学、医学和各个领域分子水平的研究和临床诊断开拓了广阔的前景。

以上只是通过几个方面对免疫组织化学技术做一个简要的说明,相信随着各方面技术的交叉和互补,免疫组织化学将会更加完善,其应用也将会更加广泛。

第二节 免疫组织化学技术的分类

免疫组织化学方法有多种分类方法。根据标记物是否直接与待检物质(抗原)的特异性抗体结合,分为直接法和间接法。而根据标记物或呈色物的不同又分为免疫荧光法、免疫酶法、免疫金-银法和抗生物素蛋白-生物素免疫细胞化学法等。下面就各种方法做详细介绍。

一、根据标记物是否与特异性第一抗体结合分类

1. 直接法(图3-1)　将标记物与第一抗体(一抗)结合后,直接加到细胞或组织上,在适当的条件下,抗体就与相应抗原反应。该法只需一次孵育即可完成,操作方便,是最早被应用的方法。由于在染色过程中只引入一种抗体,所以非特异性反应低、特异性高,效果可靠。但由于抗体被标记后,降低了与抗原的结合力,因此敏感性差。并且,由于一种标记抗体只能检测一种抗原,所以每一种待检抗原均需制备一种标记抗体,工作烦琐,不利于大批量生产以适应实验的需求,故目前较少应用。现一般多在双重或三重免疫荧光染色法中应用,即将两种或三种一抗用不同颜色的荧光染

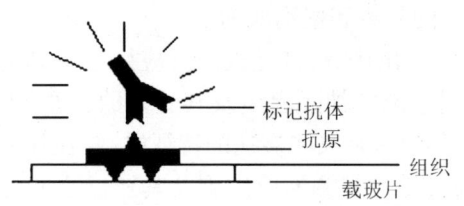

图3-1　直接法模式图

料标记后,同时检测两种或三种抗原的存在,常用于观察几种抗原共存的情况。借助激光共聚焦显微镜,经三维重建后,可以观察到抗原-抗体复合物在某一组织中的立体分布。如果还记录下不同时间的变化,则可以得到动态变化的影视图。

2. 间接法(图3-2)　与(待检物)抗原特异性结合的第一抗体未被标记,而第二抗体(二抗与一抗结合)以荧光素、酶或胶体金等标记。其基本步骤为:首先加一抗于组织上,使之与组织内相应的抗原结合;然后以缓冲液洗去未与抗原结合的抗体,再加标记的第二抗体,则在抗原存在处形成抗原-特异性抗体-标记抗体的复合物;再次清洗,除去未结合的标记二抗;如果标记物是荧光,则可以在荧光显微镜下观察;如果标记物是酶,则加入酶的底物,使标记抗体上的酶与底物形成不溶于水的有色复合物,在普通显微镜下观察。由此可见,间接法与直接法相比的一个优点是每个一抗分子上至少结合两个二抗分子,可以使抗原处标记物数量增加,通过给出更强的信号,检出较小量的抗原,从而提高了敏感性。间接法的第二个优点是,只要被标记的二抗与一抗具有同种属的对应结合能力(如二抗是羊抗兔的抗体,可以和任一免疫兔得到的特异性一抗结合,以检测与特异性一抗相应的抗原),就

可免去每检测一种抗原就要标记一种特异性一抗的烦琐工作,提高了标记抗体的通用性。间接法广泛应用于免疫荧光和免疫金染色。

然而,不足的是由于标记物和抗体间的共价连接可部分损害抗体和酶的活性,降低敏感性和特异性,因此,间接法又发展出了非标记抗体法。此外,由于抗血清中的非特异性抗体也可能被标记,从而增加背景染色。因此,在免疫酶化学中,间接法渐被非标记抗体酶法取代。

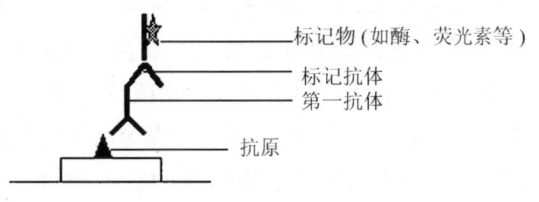

图3-2 间接法模式图

二、根据标记物或呈色物的不同分类

(一)免疫荧光标记法

采用荧光素标记已知抗体,在适合的情况下,与组织细胞中的靶抗原(或抗体)反应,由于形成的抗原-抗体复合物带有荧光素,故可在荧光显微镜下观察。荧光显微镜是以高压汞灯释放出的紫外光为光源,激发荧光物质发出荧光。常用的荧光素有异硫氰酸荧光素(FITC)和罗达明B200(RB200)。不同的荧光素/荧光物质在紫外光下可呈现不同的颜色,因此,利用不同的荧光素标记不同的待检抗原或抗体就可以同时检测不同的物质,这就是免疫荧光双重甚至多重标记法。免疫荧光标记法借助流式细胞仪,还可以对单个活细胞进行分析。借助激光共聚焦分析系统还可以对细胞或组织的三维图像进行动态的分析,因此,大大扩展了这一技术的应用范围,分析也更加精确。

免疫荧光标记法要求对标本的处理要迅速,温度要低,因此恒冷箱切片和涂片较为理想。免疫荧光法也可以分为直接法和间接法。在应用直接法进行首次实验时,需做以下对照染色:标本加正常未免疫的同种标记的球蛋白溶液,结果应该呈阴性反应。而间接法需以下面的实验为对照:标本直接滴加第二抗体(荧光标记的抗体),结果阴性。

免疫荧光法由于其简便快速,常常用于临床检验中。例如,用于检查患者血清中的自身抗体(如抗核抗体、抗双链DNA抗体)。方法是将病人的血清稀释成不同的滴度,滴加到预先制备好的抗原切片上反应,以比较病人血清中特异性抗体的相对高低值。而在神经生物学的科学研究中,免疫荧光标记法常用于研究递质共存现象及它们在神经组织中的立体分布,即观察它们在多个层面的分布。此外,免疫荧光标记法还可以对离子的活动情况进行动态的观测(如对脑缺血后脑组织中Ca^{2+}活动进行观测),以研究某些生理或病理现象。

(二)免疫酶组织化学法

免疫酶组织化学法是利用抗原抗体的特异性与酶的高效催化作用相结合的一种免疫标记法。简单说,即用酶标记抗原或抗体,以酶与底物的呈色反应进行抗原或抗体的示踪,对呈色反应后形成的有色化合物进行积分光密度的测定,则可以对免疫阳性产物做半定量的分析。最先采用的是用酶标记在第一抗体上,与组织细胞中的抗原反应,最后加酶底物显色。随后又发展出抗原-抗体-酶标抗体的方法，从而既增加了酶标抗体的通用性，又增加了敏感性。酶与抗体的共价连接会损害两者的活性，为此，Stemberger 等在此基础上发展出非标记抗体酶法（后将详细介绍）。此项技术既综合了免疫荧光和放射免疫测定法的敏感、特异和精确等优点，又弥补了两者的某些不足，因此成为最常用的一项免疫组织化学实验技术，被广泛应用于医学和生物科学的各个领域。

1. 常用的标记酶

（1）辣根过氧化物酶（horseradish peroxidase，HRP）：HRP 广泛分布于植物界，因辣根中含量最高而得名，由无色的酶和深棕色铁卟啉（辅基）组成。其特点有：分子质量较小，标记物易穿透入细胞内部；作用底物为 H_2O_2，以二氨基联苯胺（DAB）为供氢体的反应产物为不溶性的棕色物，在普通光镜下即可观察；在 pH3.5~12 范围内稳定、溶解性好；氰化物、硫化物、氟化物及叠氮化物等对 HRP 的活性有抑制作用。

（2）碱性磷酸酶（alkaline phosphatase，ALP）：ALP 是一种磷酸酯的水解酶。由于 ALP 较难获得高纯度的制品，价格比 HRP 高 20 倍，其标记物常为高度聚合的大分子，穿透细胞膜的性能较差等因素，故较少用于定位研究。

水解酶可以和不同的底物反应形成不溶于水的有色终产物，其化学反应显示方法有以下几种：

1）偶氮染料法：以含萘酚的化合物为底物，酶活性使一部分萘酚释放，同时（同时偶联）或稍后（后孵育偶联）与某种重氮盐结合。重氮盐是原发性芳香族胺与亚硝酸的反应产物经重氮作用过程所形成。重氮盐与某芳香化合物（如萘酚）形成的反应产物成为不可溶性偶氮染料，其显示处即为酶活性所在。

2）金属盐法：酶活性可使孵育底物分解，其生成的基团与金属离子结合而沉淀，使酶的活性所在处形成不溶性的有色盐，如碱性磷酸酶的钙-钴显示法。

例如，NBT（硝基蓝四氮唑）+BCIP（5-溴-4-氯-3-吲哚磷酸盐）是碱性磷酸酶的最佳底物组合之一，显色反应产物为不溶于水、乙醇及二甲苯的蓝紫色沉淀物。

（3）葡萄糖氧化酶（glucose oxidase，GOD）：GOD 是一种来源于黑曲霉的酶。GOD 的底物为葡萄糖，供体氢是对硝基蓝四氮唑，终产物较稳定，为不溶性的蓝色沉淀。由于 GOD 的分子质量为 15kDa，比 HRP 大 3 倍以上，并具有较多的氨基，在标记时易形成广泛的聚合，影响酶的活性故多用于双标记染色。

利用不同的酶与底物反应后能产生不同颜色的产物，可以用不同的酶作为不同抗体的标记物，来同时检测相应抗原的存在。例如，抗体 A 的标记物是 HRP，抗体 B 的标记物是 ALP，在完成抗体 A 的相应反应及显色后，再进行抗体 B 的反应及显色，棕色和蓝色同时存在的细胞就同时具有两种抗体的免疫阳性。这就是酶免疫组织化学的双标法。

2. 非标记抗体免疫酶法 该法的特点是所用抗体均未标记，利用二抗作为桥，将一抗和终抗体连接起来，而终抗体为抗酶抗体，来自与一抗相同的动物种属，为将酶免疫动物后得到。由于所用抗体未标记，避免了由于共价结合后造成的对抗体和酶活性的损害，使其敏感性有所增强。最初使用的酶桥法是将抗酶抗体、酶顺次加到切片上，但抗酶抗体活性很低，与酶结合较弱，在染色过程中易解离而使大部分酶（约 75%）丢失。经过改进后，采用下面的方法，即首先通过酶免疫动物制备抗酶抗体，抗酶抗体通过桥抗体与特异性第一抗体连接。第一抗体与抗酶抗体是同一种属来源的抗体,过量的桥抗体与第一抗体连接后,能保证剩余一个游离的 Fab 段与抗酶抗体连接。抗酶抗体与对应的酶结合后,即可以通过呈色反应显示出待检物质的存在情况。这一方法又称为酶桥法。

目前最常用的未标记抗体酶法是将桥抗体与一抗和标记的检测试剂复合物连接起来。后者包括过氧化物酶-抗过氧化物酶复合物(PAP)、碱性磷酸酶-抗碱性磷酸酶(alkaline phosphatase anti-alkaline phosphstase,APAAP)复合物以及抗生物素蛋白-生物素-过氧化物酶复合物(ABC)等,下面逐一加以介绍。

(1) PAP 法(peroxidase-anti-peroxidase complex method,PAP):酶桥法中的抗酶抗体有低亲和力和高亲和力两种,降低了与桥抗体的结合力。抗酶抗体血清中也有一部分非特异性的抗体,影响了与酶结合的比例。因此,酶桥法的敏感性和特异性均受到一定的影响。为此,Stemberger 建立了 PAP 法,并加以改良。PAP 法的主要特点是提前将过氧化物酶与抗酶抗体制成复合物。PAP 复合物分子质量为 400~430kDa,含两个抗体分子和三个酶分子,构成稳定的五角形环状结构,三个角为酶,两个角为抗体。在染色过程中,第一步加一抗(如兔 IgG),第二步加未标记的二抗(如羊抗兔 IgG),第三步加 PAP 复合物(如兔抗 PAP 复合物)。其中第二步羊抗兔 IgG 必须过量,这样才能使它只用一个 Fab 段与一抗结合,而空下另一个 Fab 段与第三步 PAP 复合物结合。由于 PAP 复合物只与第二步抗兔 IgG 结合,所以如果第二步抗血清不含与组织成分非特异性结合的抗体,则该法特异性很好,背景染色很低(图 3-3)。

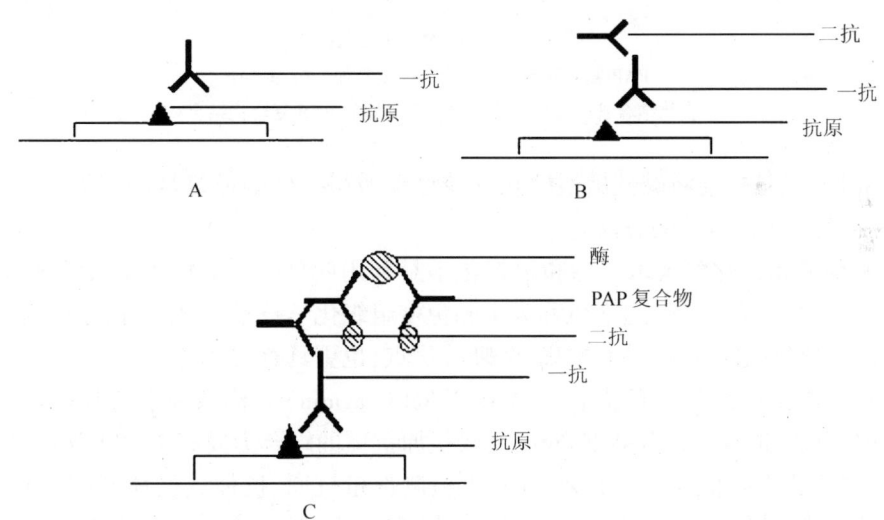

图 3-3 PAP 法模式图

A. 特异性第一抗体与抗原结合;B. 第二抗体与第一抗体结合;C. PAP 复合物与二抗结合

(2) 双桥 PAP 法:在 PAP 法中重复使用第二抗体和 PAP 复合物,通过双桥可结合更多的 PAP 复合物于抗原分子上,使该方法的敏感性增强。因此,对抗原的检测有明显的放大作用(图 3-4)。

(3) APAAP 法(alkaline phosphatase anti-alkaline phosphatase,APAAP):基本原理与上

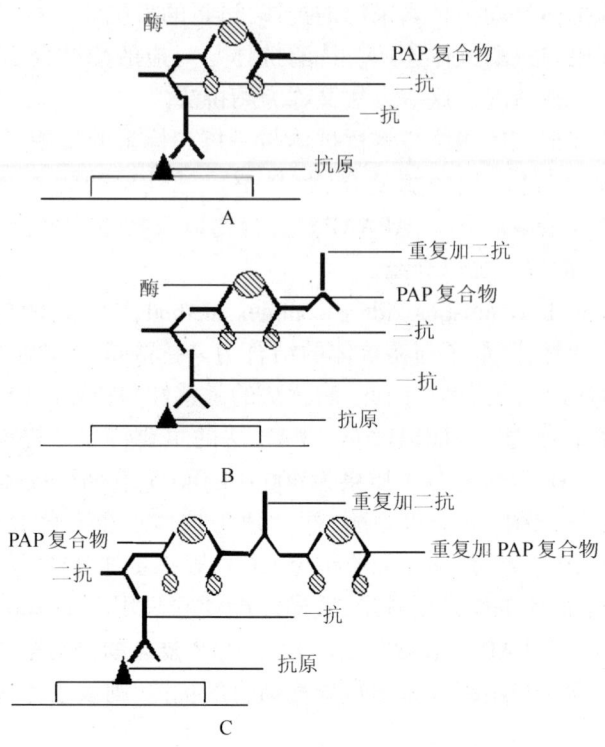

图 3-4 双 PAP 法模式图
A. PAP 复合物与二抗结合；B. 重复加二抗与 PAP
复合物结合；C. 重复加的二抗与重复加的 PAP 复合物结合

述 PAP 法相同，只是提前将碱性磷酸酶和抗碱性磷酸酶抗体制成复合物（即 APAAP）作为第三步，因而也是非常敏感的方法之一。

3. 亲和免疫组织化学技术 亲和组织化学是利用两种物质之间的高度亲和力而建立的一种方法，与免疫反应结合起来就称为亲和免疫组织化学技术，可使对抗原识别的敏感性进一步提高，对抗原定性定位具有准确、清晰等优点，也更具有实用性。

(1) 抗生物素蛋白-生物素技术：抗生物素蛋白（avidin）又称亲和素、卵白素，是一种碱性蛋白，与生物素（biotin）具有高度亲和力，较抗原抗体的结合力要高出 100 万倍，且并不影响彼此的生物学活性，大大提高了灵敏度，为检测微量抗原、抗体或受体开辟了新的途径。抗生物素蛋白是由卵蛋白中提取的一种糖蛋白，而生物素是由卵黄或肝中提取的一种维生素。每个抗生物素蛋白上有四个与生物素结合的位点。

1) 桥连抗生物素蛋白-生物素技术（bridged avidin-biotin technique，BRAB）：是利用抗生物素蛋白作为桥将生物素标记的抗体与生物素化的酶结合起来。操作步骤为：生物素化的一抗孵育；PBS 洗，加抗生物素蛋白孵育；PBS 洗，加酶标记生物素孵育；PBS 洗，DAB 显色（图 3-5）。

2) 抗生物素蛋白-生物素-过氧化酶复合物法（avidin-biotin-peroxidase complex，ABC）：由美籍华人 Hsu 于 1981 年首先报道的。该法是将抗生物素蛋白作为桥，把生物素化的抗体

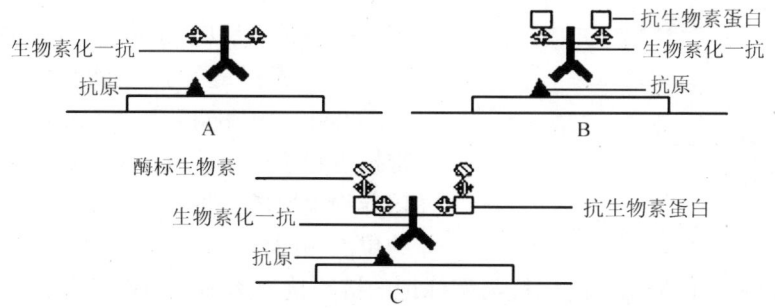

图 3-5 桥连抗生物素蛋白-生物素法模式图
A. 生物素化的一抗与抗原结合;B. 加入抗生物素蛋白与一抗结合;C. 加入酶标的生物素

与生物素结合的酶(HRP)连接起来。首先将抗生物素蛋白与过氧化物酶标记的生物素按一定比例混合,使抗生物素蛋白分子上的三个生物素结合位点被酶标记的生物素所占据,空下一个结合位点,这样形成的复合物即称为 ABC 复合物。首先,以一抗与组织切片共孵育,使特异性一抗与组织中的相应抗原结合,之后加上生物素标记的二抗,二抗与一抗通过抗原-抗体反应结合,最后加入 ABC 复合物,二抗上的生物素则与 ABC 复合物中的抗生物素蛋白上空下的位点结合。由于 ABC 法在抗原处引入的酶分子数增加,所以敏感性较 PAP 法提高 20~40 倍。又由于 ABC 法中的桥抗体(即第二抗体)不必过剩,所以一抗和二抗可高度稀释,使背景染色下降,信噪比明显提高(图 3-6)。

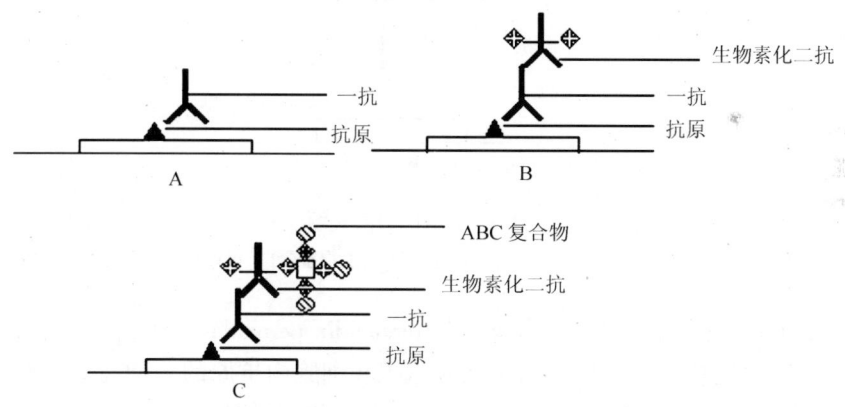

图 3-6 ABC 法模式图
A. 特异性一抗与抗原结合;B. 生物素化二抗与一抗结合;C. ABC 复合物与二抗结合

(2) 葡萄球菌 A 蛋白的应用:葡萄球菌 A 蛋白(staphylocal protein A,SPA)能与某些动物 IgG 的 Fc 段非特异性结合,将 SPA 替代桥抗体,把酶、荧光素等标记在 SPA 上,标记的 SPA 就可直接检测组织细胞内的 IgG 成分或免疫复合物(图 3-7)。

(3) 凝集素(lectin):是一种提纯的糖蛋白或结合糖的蛋白质,可以使红细胞凝集,因此称为凝集素。凝集素具有与特定糖基专一结合的特性。用酶、胶体金等标记凝集素,利用其能与细胞糖基发生亲和反应的特性,来研究细胞上的糖基和细胞膜上的微小结构。用凝集

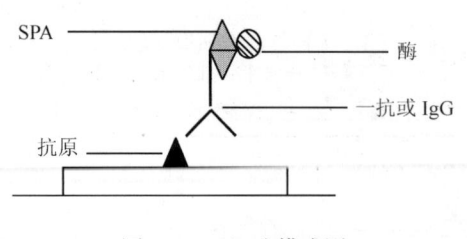

图 3-7 SPA 法模式图

素免疫动物制备抗凝集素抗体,与结合在细胞膜上的凝聚素反应,也可做一些相应的研究。

(4)酶标链霉抗生物素蛋白-生物素法(labelled streptavidin biotin method,LSAB):链霉抗生物素蛋白(streptavidin,SA)是从链霉菌培养物提取的一种纯蛋白,有四个生物素结合的位点,并且有高度的亲和力,其功能类似抗生物素蛋白。利用生物素结合的二抗与酶标记的链霉抗生物素蛋白就组合成酶标链霉抗生物素蛋白-生物素法。由于酶直接标记在链霉抗生物素蛋白上,它与生物素结合的所有位点都呈游离状态,与 ABC 法比,可以结合更多的生物素化的二抗,放大效果远大于 ABC 法。另外,链霉抗生物素蛋白分子质量小,易穿透组织,可增强敏感性;而且其等电点低,所带负电荷少,可以减少由于静电吸引导致的非特异性着色(图 3-8)。

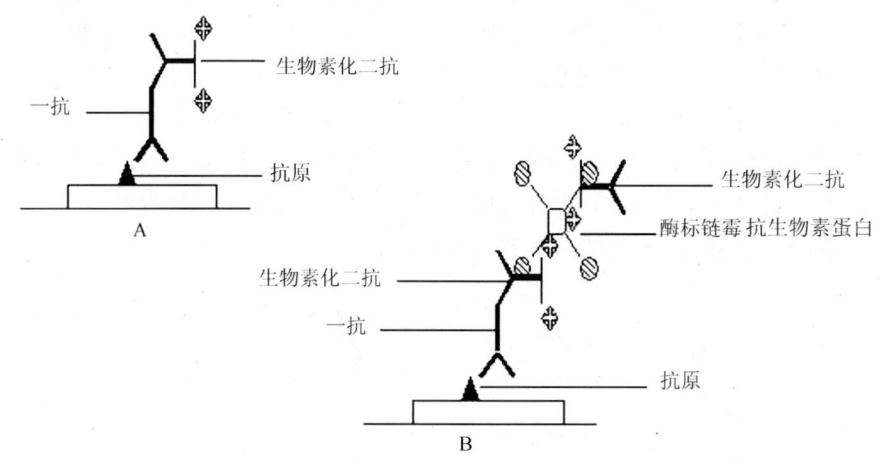

图 3-8 LSAB 法模式图

A. 加入一抗,然后加入生物素化二抗;B. 加入酶标链霉抗生物素蛋白,可以结合更多生物素化的二抗

(5)链霉抗生物素蛋白-过氧化物酶法(streptavidin-peroxidase,SP):是根据链霉抗生物素蛋白-过氧化物酶连接系统设计的用于检测组织和细胞内抗原的一种高敏方法。

链霉抗生物素蛋白是从链霉菌中分离得到的不含糖基链的蛋白质,分子质量为 60kDa,它含有四个亚基,每个亚基都具有与生物素连接的部位,且两者间有极强的亲和力。与 ABC 复合物不同,它仅标记过氧化物酶而本身并没有与生物素连接,生物素是直接连接在第二抗体上,故分子质量较 ABC 复合物小,渗透组织的能力更强,反应速度更快,敏感性更高。此外,因 SA 不含糖基链,其等电点为 6.5,接近中性,而抗生物素蛋白为 10,因此 SA 几乎不与组织内的内源性凝集样物质发生非特异性结合,从而产生了低背景高放大的效果。

4. 放射自显影标记法 本技术是用放射性核素标记抗体,其他方法同一般的免疫组织化学。标本内的放射性核素所产生的射线可使乳胶中的卤化银晶体感光而产生潜影,经过显影、定影处理后,凡是放射性核素存在的部位就有黑色的银颗粒。因此,通过对颗粒计数法和光密度测定法就可以进行相对的定量分析。

5. 胶体金法 此方法是用胶体金颗粒作为示踪物或探针标记抗体,利用抗原-抗体的特异性反应,从而对细胞内外或细胞表面的多糖、糖蛋白、蛋白质、多肽、激素和核酸等生物大分子予以精确定位。虽然此技术的稳定性受到电解质浓度、温度差等因素的影响,但其特异性强,灵敏度高并且定位准确,故可以在光镜或电镜下观察,用于标记单克隆抗体,更适合双标记或多标记染色。

三、标记抗原法

先将标记物(酶、胶体金、放射性核素等)标记抗原,然后与一定量的特异性抗体混合制成复合物,使抗体的其中一个 Fab 段与抗原结合,空下一个 Fab 段。将此复合物加到组织上,使空下的 Fab 段与组织抗原结合。由于只有特异性抗体被标记抗原所结合,故该法特异性很高。但由于抗原比较昂贵,高纯度的抗原也较难获得,而且每一个抗原都得标记,因此标记抗原法尚未得到广泛应用。

第三节 免疫组织化学技术常用仪器设备、器皿准备及试剂配制

一、实验仪器

(1) 37℃恒温箱。
(2) 恒冷切片机或者半导体制冷切片机。
(3) 冰箱及低温冰箱。
(4) 显微镜。
(5) 200μl、100μl 及 20μl 可调微量加样枪。
(6) Leica Q500IW 图像分析系统(Leica 公司)。

二、器皿准备

(1) 量筒(量取液体)。
(2) 烧杯(混匀及溶解)。
(3) 三角烧瓶(加热溶解,特别用于易挥发的液体)。
(4) 容量瓶(测定溶液体积用)。
(5) 广口瓶(可用于盛梯度乙醇及二甲苯)。
(6) 玻棒(搅拌用)。
(7) pH 计或试纸。
(8) 载玻片。

（9）盖玻片。
（10）有机玻璃凹板（免疫组织化学反应用，主要用于漂片法）。
（11）白瓷凹板（标记物的显色用，如 DAB 显示 HRP）。

三、器皿的清洗

（1）肥皂水清洗。
（2）自来水充分冲洗，至少 5 遍。
（3）60℃烤干。
（4）硫酸洗剂浸泡，过夜。
（5）自来水充分冲洗，至少 20 遍。
（6）60℃烤干，备用。

四、玻片的处理

（1）肥皂水清洗，沸水煮 20 分钟。
（2）自来水充分冲洗。
（3）60℃烤干。
（4）硫酸洗剂浸泡，过夜。
（5）自来水充分冲洗（20 遍）。
（6）75% 乙醇溶液浸泡过夜。
（7）绸布擦干。
（8）将玻片包被并将组织贴附于包埋过的玻片，经室温晾干或 37℃烤干后，再进行脱水、透明的处理，可以防止脱片。玻片包被的方法有以下几种：

1）APES 包被法：将配制的 APES-丙酮黏附剂（APES 1 份；丙酮 49 份，现用现配）倒于染缸中，将擦干的玻片放于染缸中 30 秒，再放入纯丙酮或蒸馏水中涮去未结合的 APES；37℃烤干，把处理过的切片放于切片盒中备用。

2）铬矾明胶包被法：配制铬矾明胶溶液（1% 明胶+0.1% 铬矾，用 60℃左右蒸馏水先溶解明胶后，再加入铬矾，待完全溶解后定容、过滤），将玻片浸入溶液中 30 分钟，取出后 37℃烤干备用。

3）多聚赖氨酸包被法：配制 0.1mg/ml 多聚赖氨酸溶液，均匀涂抹于载玻片上，自然晾干后即可使用。

五、主要试剂及配制

1. 硫酸清洗液

成分	配方 I	配方 II
重铬酸钾	80g	100g

| 自来水 | 1000ml | 750ml |
| 工业用粗浓硫酸 | 120ml | 250ml |

配制方法:先将重铬酸钾在水中溶解,然后顺玻棒缓慢加入浓硫酸,边加边搅拌,防止过度发热。

2. 常用缓冲液

(1) PB 和 PBS 缓冲盐液

PB 母液的配制:

1) A 液(酸性):0.2mol/L $NaH_2PO_4 \cdot 2H_2O$(分子质量 138.01Da)27.6g,溶解后倒入 1000ml 容量瓶中,加双蒸水到终刻度。

2) B 液(碱性):0.2mol/L $Na_2HPO_4 \cdot 12H_2O$(分子质量 358.14Da)71.632g,溶解后倒入 1000ml 容量瓶中,加双蒸水到终刻度。

3) 0.2mol/L pH7.4 的 PB 的配制

| A 液 | 19ml |
| B 液 | 81ml |

0.1mol/L PBS 缓冲液的配制:

1) 称取 NaCl 9g 置于 1000ml 大烧杯中。

2) 将 0.2mol/L pH 7.4 的 PB 500ml 加入大烧杯中,搅拌,使 NaCl 完全溶解。

3) 再加入双蒸水,使大烧杯中的溶液体积达 900ml 左右。

4) 测 pH,加滴 A 液或 B 液调整至 pH 为 7.3。

5) 将溶液倒入容量瓶,定容至 1000ml,充分混匀。

注:配制 0.01mol/L PBS 缓冲液则 PB 母液为 50ml,NaCl 及双蒸水含量不变。
　　配制 0.05mol/L PBS 缓冲液则 PB 母液为 250ml,NaCl 及双蒸水含量不变。

(2) 枸橼酸盐缓冲液

1) 储存液

A 液(0.1mol/L 枸橼酸溶液):称取 21.01g 枸橼酸($C_6H_8O_7 \cdot H_2O$)溶于 1000ml 蒸馏水中。

B 液(0.1mol/L 枸橼酸钠溶液):称取 29.41g 枸橼酸钠($C_6H_5Na_3O_7 \cdot 2H_2O$)溶于 1000ml 蒸馏水中。

2) 工作液:取 A 液 9ml 和 B 液 41ml 加入 450ml 蒸馏水中,溶液 pH 应为 6.0±0.1。

(3) TB 和 TBS 缓冲液

1) 储备液(1mol/L TB,pH7.6)

Tris(三羟甲基氨基甲烷)	60.57g
1mol/L HCl	210ml
双蒸水	加至 500ml

先以 200ml 双蒸水溶解 Tris,然后加 HCl,用 1mol/L HCl 或 1mol/L NaOH 将 pH 调至 7.6,最后加双蒸水至 500ml,4℃冰箱保存。

2) 0.1mol/L,pH7.6 的 TB:取储备液 10ml,加双蒸水 90ml,重新调试 pH 为 7.6。此液主要用于免疫酶法中显色液的配制。

3) 0.1mol/L, pH7.6 的 TBS 100ml

  1mol/L TB   10ml

  NaCl   0.9g

  双蒸水   加至100ml

先配好 TB,再加 NaCl 溶解,重调 pH 为 7.6。此液广泛用于免疫酶组织化学,可用于稀释抗体及其他试剂,也可用于漂洗。浓度也可用 0.05mol/L 或 0.2mol/L。

3. 常用固定液

4% 多聚甲醛溶液-0.1mol/L PBS 缓冲液(pH7.3)1000ml:

1) 成分

  多聚甲醛   40g

  0.1mol/L PBS 缓冲液   加至1000ml

2) 配制方法:称取 40g 多聚甲醛,置于三角烧瓶中,加入 500~800ml 0.1mol/L PBS,加热至60℃左右,持续搅拌,加少许 1mol/L NaOH 使溶液清亮,补足 0.1mol/L PBS 至 1000ml,充分混匀,调 pH 至 7.2,4℃冰箱内保存备用。

4. 去污剂(100ml 0.3% PBS-Triton 溶液)

  TritonX-100 原液   0.3ml

  0.01mol/L PBS(pH7.4)   99.7ml

配制方法:

(1) TritonX-100 原液 (100%) 放入孵箱中升温,有利于溶解混匀。

(2) 0.01mol/L PBS (pH7.4) 加入 100ml 容量瓶中到终刻度。

(3) 1ml 吸管插入大瓶 PBS 中蘸一下,使尖端留下衡量液体备用。

(4) 从 100ml 容量瓶中吸出 0.3ml PBS。

(5) 用经过(3)处理过的 1ml 吸管吸取已升温的 TritonX-100 原液 0.3ml,加入经过(4)处理过的 100ml 容量瓶中;倒置,振荡,混匀(如果不溶,则放入孵箱中,振荡,混匀,冷却至室温)。

5. 蔗糖溶液(常用 5%~30%,以 PB 或 TBS 配制)

  蔗糖   5~30g

  0.1mol/L PB 缓冲液(pH7.4)   100ml

混合溶剂后,可置4℃冰箱储存1个月,用于标本脱水,标本沉底为最佳判断标准。

6. DAB 显色液配制

(1) 成分

  DAB   5mg

  0.05mol/L Tris-HCl   10ml

  30% H_2O_2 溶液   10μl

(2) 配制方法:将称好的 DAB 溶于 0.05mol/L Tris-HCl 10ml 中,待显色前加入 30% H_2O_2 溶液,现配现用。

7. 甲醇-H_2O_2 液

(1) 成分

  30% H_2O_2 溶液   0.1ml

纯甲醇   100ml

（2）配制方法：吸取 30% H_2O_2 溶液 0.1ml，加入纯甲醇 100ml，充分混匀即可，使 H_2O_2 终浓度为 0.3%（也有的用 0.03%、0.5% 等）。

第四节 免疫组织化学标本的获取及处理

一、冰冻切片标本的获取与处理

（一）灌注固定后取材及处理

左心室插管，将右心房剪开，首先用生理盐水冲洗，至液体变清（具体用量视动物大小而定，大鼠一般为 250ml，猫为 500ml），然后用 4% 多聚甲醛（PBS 缓冲液配制，具体用量视动物大小而定，大鼠一般为 200ml，猫为 500ml）灌注，先稍快、后缓慢，至少 30 分钟（见动物出现全身抖动为佳），待僵硬后取出组织，置于 4% 多聚甲醛（PBS 缓冲液配制）中固定 4 小时（根据标本的后续检测方法可以进行相应的调整），然后置于 10%→20%→30% 浓度梯底的蔗糖 PBS 溶液中脱水，待组织沉底后即可进行冰冻切片。

（二）新鲜组织取材后的处理

1. 新鲜组织取材后固定 置于 10%~20% 蔗糖（4% 多聚甲醛溶液配制）固定液中过夜沉底，再于 30% 蔗糖（PBS 缓冲液配制）液中至沉底，以脱去组织中的水分，避免冷冻时产生冰晶，损害细胞形态。然后即可做冰冻切片。

2. 低温冷冻后组织的冰冻切片 将组织块置于包埋盒中，用 OCT 包埋剂包埋后，于恒冷箱切片机中做冰冻切片。

3. 冻存 取材后用铝箔纸包好，置于液氮中或者超低温冰箱中（-70℃ 以下）冻存。

二、石蜡切片标本的获取与处理

（一）取材

（1）所取材料越新鲜越好，最好在心脏还在跳动时立即取材，马上投入固定液。

（2）切取组织的刀剪必须锋利，切分组织块时不可来回切割，夹取组织时尽量不要损伤组织。

（3）组织块尽量小而薄，厚度以不超过 0.5cm 为宜。

（4）取材时应注意清洁，组织块上如有血液、污物及黏液黏着，应先用生理盐水迅速洗涤后再入固定液。

（二）固定

1. 固定的目的

（1）能迅速阻止死后变化，防止组织的自溶与腐败。

(2) 使细胞内物质(如蛋白质、脂肪、糖、酶等各种成分)凝固成不溶性物质,尽可能与生活时的形态相仿。

(3) 能使组织硬化,为制作薄片奠定良好的基础。

(4) 使组织内各种物质成分产生不同的折光率,以达到染色后易于鉴别和观察各种不同结构的目的。

2. 固定时注意事项

(1) 组织块不宜太大,柔软组织在新鲜时不易切成小块,往往采用重新固定法处理:取下较大的组织先投入固定液,经2~3小时后,组织基本硬化,重新修成小块再投入新配制的固定液中。

(2) 固定液的量一般以组织块大小的30倍为宜,最好在固定组织的瓶底垫上脱脂棉或几层纱布,以使固定液从上下左右前后各方都能渗入组织块。

(3) 必须选择对组织渗透力强,同时又不至于使组织过度收缩或膨胀的试剂作为固定液。

(4) 固定时间一般以24小时为宜。但由于气温及组织块大小以及固定液的渗透性等诸方面因素的影响,固定时间可按具体情况增减,有的几小时,有的长达数日。

3. 常用固定液

(1) 单纯固定液

1) 乙醇(alcohol):是一种还原剂,不能与氧化剂铬酸、重铬酸钾及锇酸等混合配成固定液。乙醇具有固定、硬化、脱水等多种作用,但其渗透力较弱,组织收缩较大。

2) 甲醛(formadehyde):是一种还原剂,极易挥发,有强烈的刺激气味。甲醛的渗透力较强,对组织收缩较少,多用于神经组织的固定。但固定时间较长的组织则需经24~48小时的流水冲洗,否则会因甲酸的沉淀而影响染色的效果。甲醛久存则产生白色的"三聚甲醛"(即副醛),一经氧化便成为甲酸而使溶液呈酸性。这样就会使固定的组织嗜酸性,影响嗜碱性染色,因此可以在备用甲醛液中投入大理石或粉笔作为中和剂,一般用中性甲醛(加入磷酸盐使pH保持中性)。

中性甲醛的配制:

甲醛(37%~40%)	100ml
磷酸氢二钠	6.5g
磷酸二氢钾(钠)	4g
双蒸水	900ml

3) 苦味酸(picric acid):为黄色结晶,干燥时易燃烧,有爆炸性。为使用安全和便利起见,通常加入蒸馏水制作成饱和液储存。苦味酸对组织有显著的收缩作用,它的渗透力较弱,一般很少单独使用。经它固定的组织往往为黄色,一般用70%乙醇溶液或0.13%的碳酸锂水溶液或者在70%乙醇溶液内加少许碳酸锂饱和水溶液,换洗几次则褪色。

4) 丙酮(acetone):能使蛋白质沉淀,其渗透力强,但对组织收缩作用明显。在组织化学中(特别是在酶的保存方面)多采用冷丙酮固定法。丙酮主要用于磷酸酶及氧化酶的固定,有时也应用于混合固定液中。

5) 重铬酸钾(potassium bichromate):为橘红色结晶,水溶液呈弱酸性,固定时多采用

0.5%~1%的浓度。它为强氧化剂，不能与乙醇等还原剂混合，与甲醛混合时也不能久存，一般12~24小时后即失去作用。重铬酸钾穿透速度快，收缩小，对组织稍有膨胀作用。

凡经重铬酸钾、铬酸、铬酸盐等固定的组织必须流水冲洗后方能入脱水剂。

6）锇酸（osmic acid）：又名四氧化锇，它并不是酸，而实际上是一种金属氧化物，其水溶液呈中性反应，为淡黄色结晶，价格昂贵。经它固定的组织硬而脆，渗透力弱，用于固定的组织块必须小而薄，它目前被广泛用做电子显微镜制片的固定液。

(2) 混合固定液

1) Bouin液

苦味酸饱和水溶液	15份
甲醛	5份
冰乙酸	1份

此液为实验室中常用之固定液，现配现用，其中苦味酸对组织有显著的收缩作用，而冰乙酸对组织有膨胀作用，甲醛对这两种试剂的作用有调节作用，故此固定液渗透力强，对组织固定均匀，而且收缩较小，为较佳组合的固定液。一般固定时间为12~24小时。

2) Carnoy液

无水乙醇	6份
氯仿	3份
冰乙酸	1份

此液现配现用。本液对组织穿透速度快，小块组织固定1~2小时，一般固定时间不超过12~18小时。为减少组织收缩，常采用低温固定，即将Carnoy液置4℃冰箱中固定组织。多用于糖原、脱氧核糖核酸及核糖核酸的固定，经此固定液固定的组织可直接入95%乙醇溶液中脱水。

3) Zenker液

重铬酸钾	2.5g
升汞	5g
双蒸水	100ml
冰乙酸	5ml（此液临用时加入）

将重铬酸钾、升汞和蒸馏水混合后加温溶解，冷却后过滤，置于棕色玻璃瓶中避光储存。这样配制的液体称为Zenker干液，也叫储存液。此液较稳定，即使配制1~2年仍有固定作用。待取材时，则在Zenker干液100ml中加入5ml冰乙酸即可使用，但加入冰乙酸后须立即使用，否则将失去作用。

此固定液中含有升汞，固定组织后往往留有许多汞盐沉淀沉积于组织中，须进行脱汞处理。

组织块脱汞法：组织块固定后经流水冲洗24小时后逐级转入70%~80%乙醇溶液中，可在这级乙醇中加入少许碘酒，直到乙醇颜色呈浅棕黄色不变为止。

切片脱汞法：切片脱蜡后，置入由70%乙醇溶液配制的1%碘酒中10分钟去汞，再放入5%硫代硫酸钠（海波）水溶液中去碘。

4) Helly 液

重铬酸钾	2.5g
升汞	5g
双蒸水	100ml
甲醛	5ml

此液与 Zenker 液相比只是将甲醛代替冰乙酸,因此也将此液称为 Zenker-formalin 液。加入的甲醛以中性或略偏碱性为好,其固定后处理与 Zenker 液相同。

注:无论是 Zenker 液还是 Helly 液,一般均不适于组织化学工作。

5) Susa 液

升汞	4.5g
氯化钠	0.5g
三氯乙酸	2g
双蒸水	80ml
冰乙酸	4ml(临用时加入)
甲醛	20ml(临用时加入)

由升汞、氯化钠、三氯乙酸和蒸馏水混合组成 Susa 干液,临用时加入冰乙酸及甲醛,固定后不经水洗,直接入 80% 乙醇溶液中脱水。切片在染色前最好还要经碘-硫代硫酸钠处理,以除去可能出现的"汞色素"。此固定液渗透力强,对组织的收缩作用较小,多用于内耳等较难渗透的组织固定。

6) Zamboni(stefaninis)液

多聚甲醛	20g
饱和苦味酸	150ml
PB(磷酸缓冲液)	加至1000ml

配制方法:称取多聚甲醛 20g,加入饱和苦味酸 150ml,加热至 60℃ 左右,持续搅拌使其充分溶解,过滤、冷却后加 PB 至 1000ml 充分混合。

(三) 脱水

固定后的组织内仍充满水分。由于石蜡为非水溶性物质,不能与水融合,所以浸蜡前必须用脱水剂除去组织内的水分,这一过程称作脱水。

1. 脱水注意事项

(1) 脱水必须从低浓度开始逐级转入高浓度脱水剂(称为梯度脱水),才能达到将水分逐步置换的目的。

(2) 脱水必须彻底,否则导致脱水不足,给浸蜡带来困难。

(3) 脱水剂必须是与水能按任何比例混合的液体,这样才能使组织内的水分全部为脱水剂所替代。

(4) 脱水剂也必须能与透明剂混合,这样才能使透明剂完全替代组织内的脱水剂。

2. 脱水剂 脱水剂很多,但价廉易购、广为应用的是乙醇溶液。

(1) 乙醇溶液:用于脱水的梯度乙醇溶液一般从 70% 开始,但要视具体情况而定,如系胚胎组织或较为柔软的组织,则可从更低的浓度开始,如30%、50%的乙醇溶液。相应地,在冰冻切片脱水时也要根据组织切片厚薄确定,如厚5μm的切片脱水时间可为5分钟,但厚20μm的切片可能需要10分钟。

操作步骤:

组织依次经过梯度乙醇溶液:30% →50% →70% →80% →90% →95% →无水乙醇Ⅰ(100% Ⅰ)→无水乙醇Ⅱ(100% Ⅱ)。

80%以下各级乙醇溶液各3~24小时;90%~95%乙醇溶液3~12小时;无水乙醇1~5小时。

其中关键是掌握好在无水乙醇中浸泡的时间,过短则脱水不足,过长则脱水过度,组织变脆。如果初做无经验,要判断是否脱水完全,可在无水乙醇内放入少量的无水硫酸铜(白色),观察其是否变色(蓝色)来判断。

80%的乙醇溶液除用作脱水剂外,还用作组织块保存液。

(2) 丙酮(acetone):脱水作用比乙醇强,对组织块收缩较厉害,价格较贵,故不宜用于一般组织脱水,主要用于快速脱水或起固定兼有脱水作用的方法中。脱水时间为1~3小时。

(3) 正丁醇(n-butanol):为无色液体,其脱水能力弱,对组织收缩较少,能与水、乙醇及石蜡混合,故经它脱水的组织块可直接浸蜡包埋,一般组织经50%→70%→80%乙醇溶液脱水后转入正丁醇12~24小时,然后再浸蜡。浸蜡前应在石蜡:正丁醇=1:1中1~3小时再浸蜡包埋。

(4) 二氧六环(dioxane):为无色液体,易挥发,是有毒试剂,具致癌性。二氧六环也是脱水剂和透明剂,可与乙醇、水、二甲苯及石蜡混溶。一般脱水时间为3~6小时,脱水后可直接浸蜡包埋。其脱水作用较酒精快,收缩性较乙醇小,有累积毒性。售价远比乙醇高,而且每次用量大,故应用较少。

(四) 透明

组织块经酒精脱水后还不能直接用石蜡包埋,因为乙醇与石蜡不相溶,还必须用"石蜡诱导剂"过渡,"石蜡诱导剂"又称透明剂,能够同时溶解于脱水剂及包埋剂石蜡中。将"石蜡诱导剂"逐渐渗入组织,将脱水剂完全排出的过程称作透明。此时组织块往往呈现透明状态。透明剂有如下几种:

1. 二甲苯(xylol)　易挥发,透明组织的能力强,但易使组织收缩和变脆,故在二甲苯中不宜搁置太久,小组织块以30分钟至1小时为宜,较大的组织块可以适当延长时间。如遇组织块局部不能透明而呈白色混浊状态时,则为脱水不彻底之故,必须退回脱水剂,彻底脱水后再进行透明。

2. 甲苯(toluol)　性质与二甲苯基本相似,其透明力较差,故组织可在甲苯中透明12~24小时,不会变脆。

3. 香柏油(cedarwood oil)　不是供油镜使用的香柏油,而是粗制的稀释品。对组织有很好的透明作用,而且比起二甲苯、苯、氯仿等,其收缩和硬化作用均要小些。主要缺点是透明速度慢,一般要经过12小时以上,而且还要经苯或二甲苯浸洗后才能浸蜡。

4. 氯仿(chloroform) 浸透性好,硬化组织程度小,不易过度而变脆。透明时间可延长至 24 小时,故有利于厚组织块透明。目前广泛用于双重包埋的火棉胶块透明中。氯仿易于挥发,而且有毒性,也易吸收空气中的水蒸气,故操作时的容器要密封。

(五)浸蜡

浸蜡是为包埋做准备,因二甲苯或其他透明剂具有与石蜡相溶的性质,所以将已透明的组织块放入熔化的石蜡内,石蜡即浸入组织并替换出透明剂,使组织内部硬度均匀,以助切出光整的切片。

操作步骤:将透明好的组织块置入在温箱内熔化并过滤的 56~58℃ 石蜡内。蜡杯共四个,依次浸入:Ⅰ杯、Ⅱ杯、Ⅲ杯、Ⅳ杯,每个蜡杯半小时,使之逐步排出组织中的透明剂,让石蜡易于渗入。注意:Ⅰ杯二甲苯较多,蜡杯的号码和顺序切勿颠倒,到一定时间重新换新蜡。

(六)包埋

包埋是将组织埋入熔化的石蜡中,待其凝固后使它成为含有组织的蜡块。包埋器有金属包埋框、纸制的小长形盒等。

操作步骤:包埋蜡和浸蜡应分开,将过滤好的新蜡倾入包埋器内,尽快将浸透蜡的组织块放到里面。注意镊子上的凝蜡要在酒精灯上烧掉。将组织块的切面朝下,组织与蜡之间不能留有空隙,组织力求摆正摆平,尽量与包埋器底板接触,最后放上标管。

(七)切片

切片机上有切片刀固定台、标本固定台、切片厚薄度调节装置、机轮等部件。切片时将修整过的组织蜡块固定于载物台,将磨好的切片刀固定于切片刀固定台,调好蜡块与刀的距离,调整切片厚度调节装置,一般切 5~6μm 厚。右手转动机轮,即可得到标本切片。如需连续切片,则连续不断摇动轮盘,可形成均匀蜡带。左手用毛笔托起蜡带的起始端,右手用小镊子取下蜡带放入木质托盘内以备贴片。

(八)贴片

在经过清洗处理的玻片上涂上黏附剂(一般 HE 染色涂蛋白甘油,免疫组化最好用多聚赖氨酸)。将蜡带背面朝下,先漂浮在冷水上,用眼科小镊子压平皱折后,在蜡片两片交界处轻轻使之分离,用一张未包被过的载玻片将分离的蜡片捞至 45~50℃ 的温水中,使其完全伸平,然后捞至包被过的载玻片上,用小镊子调整好位置,在湿润下及时进入烤箱烤片。一般组织切片烤片温度在 50~54℃,烤片时间不得少于 24 小时。烤片是关系到组织切片在染色过程中是否从玻片上剥离的重要步骤,另一剥离原因是玻片的清洁度。

(九)石蜡切片 HE 染色

因染色液为水溶性,故切片经烤干,必须脱蜡完全后方能进行染色。

操作步骤:

(1)把烤好的切片置入二甲苯两次脱蜡,每次 10~30 分钟或更久无妨。因切片中充满透入的石蜡,任何染料均无法浸入,所以脱蜡必须彻底。

(2) 切片移入无水乙醇两次,每次 5～10 分钟,把残留的二甲苯洗净。由于二甲苯不溶于低浓度的乙醇,必须在无水乙醇中洗净。

(3) 切片逐级移入降级乙醇溶液:95%→90%→80%→70%,每级 2～5 分钟,再移入蒸馏水。

(4) 用苏木精染液染色 5～10 分钟。

(5) 分色:用自来水洗去玻片上多余染液,浸入盐酸乙醇溶液(1ml 盐酸加 70% 乙醇溶液 100ml)分色几秒钟,使不应上色部分的浮色被盐酸乙醇溶液分化掉,并使应着色的部分深浅适宜,直至细胞核及核内染色质清晰为止,最好在镜下观察进行。

(6) 返蓝:分色后切片呈浅红色,必须返蓝,有三种方法可以返蓝:
1) 自来水冲洗 30 分钟以上。
2) 1% 稀氨溶液中处理后再用自来水冲洗。
3) 2% 饱和碳酸锂液浸泡 10～30 分钟,再用水洗。必须看到切片由红紫色转变为鲜艳的蓝色。自来水洗后才能往下进行。

(7) 返蓝的切片经过蒸馏水后进入 70%→80%→90% 的乙醇溶液,各 5 分钟。

(8) 切片入 1% 伊红(用 95% 乙醇溶液配制)染色 5～10 分钟,这样可以保证伊红不会在低浓度乙醇溶液中脱色变浅。

(9) 切片入无水乙醇Ⅰ、Ⅱ、Ⅲ,各 10 分钟。

(10) 二甲苯Ⅰ、Ⅱ各 10 分钟。

(11) 封片:从二甲苯中取出切片后,在组织上滴加适量树胶,上面再加一盖玻片封固。

结果:细胞核内染色质及胞质内核糖体等染成蓝紫色,细胞质染成粉红色。

(十) 石蜡切片免疫组织化学技术要领

石蜡切片的优点是组织结构保存良好,在病理和回顾性研究中有较大的实用价值,能切连续薄片,组织结构清晰,抗原定位准确。用于免疫组化技术的石蜡切片制备与常规制片略有不同:

(1) 标本在固定液中的时间不宜过长,否则会影响抗原活性,特别是多聚甲醛对神经营养因子类物质的影响大,因此,在检测该类因子时,固定时间不宜过长。

(2) 固定液的配制方法有多种,多聚甲醛加苦味酸的处理效果很好。

(3) 固定时间应视标本大小,并经预试验后确定。标准以组织较硬而且不影响抗原的免疫活性为准。

(4) 脱水、透明等过程应在 4℃ 下进行,以尽量减少组织抗原的损失。

(5) 组织块大小应限于 1cm×1.5cm×0.2cm,以便组织充分脱水、透明、浸蜡。

(6) 在浸蜡、包埋过程中,石蜡应保持在 60℃ 以下。

(7) 抗原修复:石蜡切片经过一系列处理后会影响抗原活性,特别是用甲醛固定后,由于抗原性物质形成醛键、羧甲键等原因而封闭了部分抗原决定簇,或由于蛋白之间发生交联而使抗原决定簇隐蔽,因此在染色时,有些抗原需要先进行抗原修复或暴露,即将固定时分子之间所形成的交联破坏而恢复抗原的原有空间构型。恢复抗原活性的方法有两种:

1) 化学方法:主要是通过一些酶的作用使抗原决定簇暴露。常用的酶有胰蛋白酶、胃蛋白酶、尿素、皂素等。

2) 加热方法:抗原热修复可选用各种缓冲液,如 TBS、PBS、重金属盐溶液等,但实验证明,以 0.01mol/L 枸橼酸缓冲液(pH6.0)和 1mmol/L EDTA 抗原修复液(pH8.0)效果最好。

A. 水浴加热法:切片彻底脱蜡,封闭内源性过氧化物酶后,放入盛有抗原修复液的容器中,并将此容器置于盛有一定数量自来水的大器皿中,电炉上加热煮沸。从小浴器的温度升至 92~98℃ 起开始计时 15~20 分钟,然后端离电炉,室温冷却 20~30 分钟,双蒸水冲洗,PBS 洗,下接免疫组化染色步骤。此方法操作简单,但对封闭牢固的抗原决定簇暴露不理想。

B. 微波方法:开始步骤同上,切片放入盛有抗原修复液的容器内,置微波炉内加热,使容器内液体温度保持在 92~98℃ 并持续 10~15 分钟,取出容器,室温冷却 20~30 分钟,再往下进行。此方法不仅利用热效应,而且可通过微波的直接作用打开蛋白之间的交联链,将已被封闭的抗原决定簇暴露和修复。

C. 高压方法:开始步骤同上,将切片标本放入装有抗原修复液的高压锅中,高压锅置电炉上加热至喷气,压阀喷气计时 1~2 分钟,将高压锅端离热源冷水冲至室温后取下气阀,打开锅盖取出切片再往下进行。

注意:不可将切片从抗原修复液中取出冷却,以便使蛋白能够恢复原有的空间构型。

三、细胞标本的获取与处理

(一) 培养细胞的处理

将培养液吸去后,用 PBS 缓冲液洗两次,然后用 4% 多聚甲醛固定液固定 30 分钟,倒去液体,加入 PBS 缓冲液洗两次,进行免疫组织化学检测,或者置于 4℃ 冰箱,可保存 1 周。

(二) 血液细胞

如果需要白细胞或淋巴细胞,则一定要抗凝,如在试管中加入肝素,然后再抽血,并立刻混匀,加入细胞分离液,离心,使细胞分层,吸取所需要的细胞,再进行下面的处理。最常用的是免疫荧光标记法,可以在试管中完成免疫荧光染色后,将高浓度的细胞悬液滴在载玻片上进行观察。如果只需要血清部分,则不需要抗凝,静置半小时后,血清可以自然析出,或者 500r/min 离心 15 分钟,以使血清析出。

(三) 细胞的涂片法

血液细胞可以直接制成细胞涂片。骨髓液中的纤维蛋白原含量较高,易于凝固,可先在骨髓液内加 5~10 倍的血清,充分摇匀后再涂片,但推片要快并迅速使之干燥。穿刺得到的细胞,如果细胞量少,一般需要离心后制成细胞悬液,再做成涂片,经固定后或直接进行染色。

第五节　免疫组织化学染色后的观测

一、观察仪器设备

1. 普通光学显微镜、酶标检测仪　用于观察免疫酶组织化学技术和亲和免疫组织化学技术等处理的样品。

2. 荧光显微镜、流式细胞仪、激光共聚焦显微镜等　用于观察免疫荧光组织化学技术等处理的样品。

3. 电子显微镜　包括透射电子显微镜,可以观察样品的超微形态结构(小于 $0.2\mu m$),对照光学显微镜的基本原理,其成像的原理可以描述为:以电子束为光源,以轴对称的电场或磁场为透镜。用扫描电镜对样品的表面形态进行观察和研究,其原理为利用一个具有适当能量的聚焦电子束在样品上扫描,将得到的各种信息经电子电路整理放大,在荧光屏上形成图像。样品需经过特殊的处理。

二、检 测 方 法

1. 对免疫阳性细胞的计数　在相同视野下,对一定部位的阳性细胞计数,以三次的平均值为准。

2. 测量免疫阳性细胞或免疫阳性物的平均光密度　经获取图像至计算机后,通过图像分析系统进行,如 Leica Q500IW 图像分析系统。

3. 其他方法　如测定放射性、吸光度等,样品多为细胞悬液或组织匀浆液。

第六节　常用免疫组织化学技术的注意事项

一、常规注意事项

(1) 反复冻融会降低抗体的效价,将新购买的抗体分装成小包装,使用时取一份,溶解后于4℃冰箱保存,其余可于-70℃下长期保存。

(2) 为避免抗体间的相互污染,微量注射器或移液头不能混用。

(3) 器皿等洗净,并用双蒸水冲净。新的玻璃器皿最好先泡酸,再按常规方法洗净(见本章第三节)。

(4) 以漂片法孵育的效果最佳,因切片两面均可以充分与反应物接触。

(5) TritonX-100 的使用可以使抗体易于穿入细胞,其作用是增加细胞膜的通透性,但使用浓度不宜过高、时间不宜过长,否则对细胞膜的损害较大,细胞易破损。

二、免疫荧光化学技术的注意事项

与靶抗原-抗体反应无关的荧光统称为非特异性荧光。造成非特异性荧光的原因有:组织细胞成分的自发荧光;由于结缔组织、衰老细胞的非特异性吸附;蛋白质中带有过多的负电荷;或者由于技术原因所造成,如抗体不纯所出现的交叉反应;或由于标记用的荧光素质量差等。消除非特异性荧光的方法有:

(1) 用于标记的抗体应该特异性强并且效价高,标记后通过层析或透析的方法去除游离的荧光素。

(2) 载玻片、盖玻片应清洁,无自发荧光。

(3) 用非免疫血清如10%牛血清白蛋白先孵育切片,再进行荧光抗体的反应。如条件允许,可采用与二抗同种属的动物血清预先孵育。

(4) 将抗体的浓度调整到高度稀释,并且是相应抗原-抗体反应的适合浓度,如1:1000和1:2000均有免疫阳性,则应采用1:2000的浓度。

(5) 观察标本时,必须用无自发荧光的镜油。

三、免疫酶化学技术的注意事项

免疫酶化学技术的操作不当或技术原因也会产生与靶抗原-抗体无关的非特异性着色,因此应该注意以下几点:

(1) 固定液或其他保护液中取出的组织、切片,首先用实验中使用的缓冲液(如PBS、TBS等)充分清洗(3~5次),每次5分钟。

(2) 非免疫的正常血清(最好与二抗同种属动物的血清)孵育切片,并且不能清洗,直接进行下面的反应。

(3) 在酶显色反应中应注意避光,并要注意控制时间,如辣根过氧化物酶的显色时间随温度升高而减少。

(4) 在PAP法中,一抗的浓度不能过高,但二抗(桥抗体)却需过量。在ABC法中,二抗则不必过量。

(吴林艳)

参 考 文 献

蔡文琴,王伯沄. 1994. 实用免疫细胞化学与核酸分子杂交技术. 第2版. 成都:四川科学技术出版社
杜卓民. 1998. 实用组织学技术. 北京:人民卫生出版社
吕国蔚. 2002. 实验神经生物学. 北京:科学出版社,231~247

第四章 酶组织化学

组织化学(histochemistry)是以组织学方法研究细胞和组织的化学成分与活性的一门学科。组织学方法即是利用制片的方法在显微镜下观察机体的微细结构。组织化学是在这种微细结构上显示它们的化学成分和活性,从而进行定性、定位和定量研究。而酶组织化学技术是利用组织化学的基本理论显示组织细胞内酶分布的方法。本章在介绍一般组织化学(显示核酸、糖类、脂类)的基础上,对酶组织化学做一介绍。

第一节 福尔根显示 DNA 的方法

1. 原理 福尔根(Feulgen)显示 DNA 的方法是在 HCl 水解的基础上破坏嘌呤-脱氧核糖键释放活性醛基,再与 Schiff 试剂(无色品红、亚硫酸品红)结合,重现双键而使核染色质呈紫红色。反应式如下:

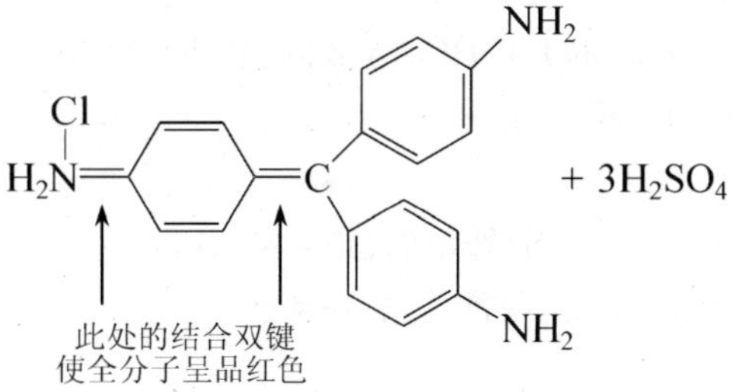

碱性品红的主要成分:对品红分子加亚硫酸(H_2SO_3)反应后,失去双键而成无色品红(leucofuchsin),即 Schiff 试剂。

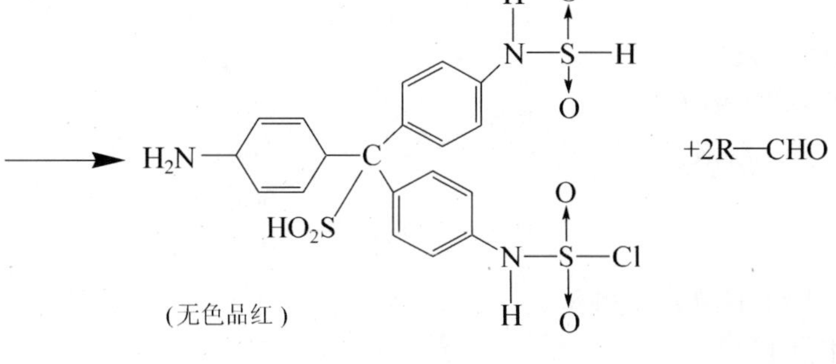

再与醛基(2R—CHO)作用,又结合成双键结构而成品红色。

$$\xrightarrow{} \text{结构式（重现双键）}$$

2. 试剂 10% $NaHSO_3$ 溶液、1mol/L HCl 溶液、Schiff 试剂、双蒸水。

3. 标本 Carnoy 固定的石蜡切片较好,而 Bouin 固定液不适用,因 Bouin 固定液可致过度水解(氧化)。冰冻切片也可以。

4. 方法

(1) 冰冻切片先用冰乙酸 1 份、无水乙醇 3 份固定 10 分钟。

(2) 由无水乙醇→逐级下行→双蒸水。

(3) 石蜡切片脱蜡入双蒸水。

(4) 用室温 1mol/L HCl 溶液浸洗一下。

(5) 放入已预热到 60℃ 的 1mol/L HCl 溶液内,留 8 分钟。

(6) 放入室温 1mol/L HCl 略加涮洗。

(7) 双蒸水中洗净。

(8) 放入 Schiff 试剂内,于室温暗处留置 30~60 分钟。

(9) 新鲜配制的 SO_2 水洗 3 次,每次 1.5 分钟。

(10) 双蒸水中洗净。

(11) 脱水,透明,封固。

5. 结果 细胞核内 DNA 染成红紫色。

6. 对照 将同样切片经上述步骤,唯有第(5)步改为放入 1mol/L HCl 溶液,室温 15 分钟。结果:核 DNA 为阴性。

7. 附

(1) SO_2 水配制法

  10% $NaHSO_3$ 溶液　　　　　　　5ml

  1mol/L HCl 溶液　　　　　　　　5ml

  双蒸水　　　　　　　　　　　　90ml

  　　　　　　　　　　　　　　共 100ml

(2) 1mol/L HCl 溶液的配制

  HCl(比重 1.18)　　　　　　　　44.5ml

  双蒸水　　　　　　　　　　　　455.5ml

  　　　　　　　　　　　　　　共 500ml

注意:将酸加入水内!

(3) Schiff 试剂配制方法

1)原理:此试剂为 Schiff 于 1866 年发现的一种有效的醛试剂,用于检测—CHO。制备 Schiff 试剂所用染料为碱性品红(basic fuchsin),其主要成分是副品红碱,为三氨基三苯甲烷的氯化物,其中的醌基正是品红显色的原因。在酸化的品红液中加入亚硫酸或亚硫酸盐,品红被还原为品红-亚硫酸(或称白亚磺酸),即 Schiff 试剂。

2)试剂:碱性品红、亚硫酸氢钠、活性炭、1mol/L HCl 溶液、双蒸水。

3)方法

A. 碱性品红 0.5g+双蒸水 100ml 煮沸(应先加热双蒸水,沸腾后停止加热,将碱性品红慢慢倒入沸水中,边放边搅拌至完全溶解,此时呈紫红色)。

B. 待温度降至 60~70℃,过滤至锥形瓶中。

C. 加 1mol/L HCl 溶液 10ml,摇匀,此时呈黑紫红色。

D. 加 $NaHSO_3$ 1g 于瓶中(塞紧瓶口,振荡至 $NaHSO_3$ 完全溶解,用黑纸将瓶包严,置阴暗处过夜后应由浅红色变为黄色)。

E. 变成黄色后加 0.5g 活性炭,摇匀后迅速过滤于棕色瓶内。若滤液仍有黄色,可再用活性炭吸附至滤液无色,保存于 4℃冰箱备用(棕色瓶子不能太大,100ml 滤液大小瓶子装 100ml,滤液否则 SO_2 溢出)。

8. Feulgen 反应的关键

(1)严格控制水解时间,既使 DNA 分子中的醛基暴露得最多,又不使 DNA 分子完全被破坏而溶于水内。如果水解时间过长,DNA 完全溶于水内会使反应呈阴性。不同的固定液,水解时间不一样:甲醛固定液 10~15 分钟,Helly 固定液 8 分钟,Susa 固定液 18 分钟,Carnoy 固定液 8 分钟。

(2)注意 Schiff 试剂的纯净程度,若变红,则不能用。

(3)去除切片上多余 Schiff 试剂的方法应以 SO_2 水洗法为好。

(4)应做对照实验。

第二节 高碘酸-Schiff 反应显示糖原和其他多糖

1. 原理 高碘酸为强氧化剂,它可氧化多糖分子内 1,2-乙二醇基(顺式和反式)而产生两个醛基,此醛基再与 Schiff 试剂结合即产生红紫色。由于高碘酸还可氧化细胞内其他物质,使用时应注意选择好高碘酸浓度和氧化时间,使氧化控制在既使糖类中的乙二醇基氧化成醛基、又不至于过氧化,这是关键。

2. 试剂 0.5% 高碘酸溶液、Schiff 试剂、双蒸水、亚硫酸水、中性树胶。

3. 标本 石蜡切片和冰冻切片均可。若系石蜡切片,组织固定于 Carnoy 液中较好,为避免极化,可在 4℃下固定。固定时间:小块组织 2~3 小时,大块组织可以延长,但最多不超过 18 小时。固定后的组织可直接用 95% 乙醇溶液浸洗几次,然后入无水乙醇脱水,再透明包埋。

4. 方法

(1) 石蜡切片脱蜡入双蒸水；冰冻切片入双蒸水。

(2) 入 0.5% 高碘酸水溶液，室温，2~5 分钟。

(3) 双蒸水换洗三次。

(4) 入 Schiff 试剂，37℃，冰冻切片 10~15 分钟，石蜡切片可延长。

(5) 入亚硫酸水洗 3 次，每次 2 分钟。

(6) 自来水冲 5~10 分钟，换双蒸水。

(7) 先入 95% 乙醇溶液、再入无水乙醇两次脱水，透明封片。

5. 结果 PAS 阳性物质（多糖或糖原）呈红色或紫红色颗粒，其颜色深浅决定于浸入高碘酸及 Schiff 试剂中时间的长短。

6. 对照 有三种方法：

(1) 对照片用唾液（过滤后用）处理 30 分钟至 1 小时后与其他切片共同入高碘酸。

(2) 淀粉酶：淀粉酶 1g 溶于双蒸水 100ml，或 PB pH 5.3 100ml，处理 30 分钟至 1 小时后与其他切片共同入高碘酸。

(3) 对照片不经高碘酸这一步，直接入 Schiff 液，染色结果：对照片呈阴性反应，无紫红色颗粒。

7. 亚硫酸液的配制

亚硫酸钠	1.25g
双蒸水	237.5ml
1mol/L HCl 溶液	62.5ml
	共 300ml

第三节 异丙醇油红 O 法

1. 原理 显示中性脂类的"染色方法"是用易溶于脂的染料，使之溶于所检查的脂滴中。常用苏丹染料，近年来添用了油红 O。油红 O 属于偶氮染料，油红 O 的分子结构如下：

油红 O 是很强的脂溶剂和染脂剂，较易与真脂（三酰甘油）结合（呈小脂滴状），而与磷脂结合稍差。阳性染色结果呈橘黄至红色，视脂质浓度而定。常用油红 O 异丙醇饱和液，用前稀释即可。

2. 试剂 0.4% 油红 O 异丙醇饱和液（可长期保存）、60% 异丙醇溶液、甘油明胶、10% 甲醛溶液。

3. 标本 冰冻切片，不固定，或 10% 甲醛溶液固定 10 分钟后水洗。

4. 方法

（1）配制油红 O 染液

0.4% 油红 O 异丙醇饱和液(0.4g 油红 O+100ml 异丙醇)	2ml
双蒸水	8ml
	共 10ml

混匀，过滤即可使用。

注意：2~4 小时内使用，时间过长会有沉淀。

（2）切片入双蒸水洗。

（3）于 60% 异丙醇溶液内浸洗。

（4）入油红 O 染液，染 10~15 分钟，瓶塞封严。

（5）入 60% 异丙醇溶液浸洗(分色)。

（6）双蒸水浸洗。

（7）自来水冲洗 5~10 分钟。

（8）入双蒸水。

（9）甘油明胶封固。

5. 结果 脂滴呈橘红色。

注意：①此法缺点为配制油红 O 染液时过滤慢，不够稳定，常出现沉淀。改良方法：可用 1% 糊精代替双蒸水。②在油红染液中可加入 1~2 滴糨糊，这样可以使染液悬浮，不至于沉淀，染色效果较好，但也可以不加。

第四节 碱性磷酸酶显示法

碱性磷酸酶(alkaline phosphatase，简称 ALP 或 AKP)为一类磷酸酯酶，广泛分布于哺乳动物组织内，其活性所需最适 pH 为 9.2~9.8，它可催化下述反应：

$$R-O-\overset{O}{\underset{OH}{\overset{\|}{P}}}-OH + 2H_2O \underset{}{\overset{酶}{\rightleftharpoons}} ROH + HO-\overset{O}{\underset{OH}{\overset{\|}{P}}}-OH$$

正磷酸单酯 　　　　　　　　　　　正磷酸

Mg^{2+}、Mn^{2+}、Zn^{2+}、Co^{2+} 为激活剂。磷酸、胂酸、各种醇类、L-半胱氨酸和 L-tetramisol 为抑制剂。

此酶主要存在于物质交换活跃之处(细胞膜)，如肠上皮和肾近曲小管的刷状缘、附睾上皮之静纤毛、肝的毛细胆管膜以及微动脉和毛细血管动脉部之内皮。此酶还见于内质网、高尔基复合体、吞饮小泡、肠上皮之溶酶体、中性粒细胞之中性颗粒、平滑肌之细胞膜及吞饮小泡。

现分别用金属沉淀法和偶氮偶联法来显示碱性磷酸酶活性。

（一）钙-钴法显示碱性磷酸酶

1. 原理 此法以天然存在的 β-甘油磷酸钠为底物，经酶水解释放出磷酸，立即被钙离

子沉淀为磷酸钙,再依次被置换为磷酸钴和硫化钴。最终产物为黑色硫化钴沉淀。其反应如下:

$$\begin{array}{c} H_2C-OH \\ CH-O-P=O \\ H_2C-OH \end{array} \begin{array}{c} ONa \\ ONa \end{array} + H_2O \xrightarrow[Ca^{2+}]{酶} \begin{array}{c} H_2C-OH \\ CH-OH \\ H_2C-OH \end{array} + Ca_3(PO_4)_2 \downarrow$$

白色沉淀 $\downarrow +Co^{2+}$

$CoS \downarrow \xleftarrow{S^{2-}} Co_3(PO_4)_2 \downarrow$
黑色沉淀

2. 试剂 2%(0.1mol/L)巴比妥钠溶液、3% β-甘油磷酸钠溶液、2% 无水氯化钙、2% 硫酸镁溶液、2% 硝酸钴溶液、1%~2% 硫化铵溶液、甘油明胶。

3. 标本 冰冻切片、石蜡切片均可。

4. 方法

(1) 石蜡切片脱蜡入双蒸水。

(2) 冰冻切片在丙酮-氯仿等量混合液内固定,4℃、2~5 分钟。

(3) 切片入下述孵育液,37℃,冰冻切片 5~15 分钟,石蜡切片 2~12 小时。

孵育液:

3% β-甘油磷酸钠溶液	6ml
2% 巴比妥钠溶液	6ml
2%(无水)氯化钙溶液	9ml
2% 硫酸镁溶液	6ml
双蒸水	3ml
	共 30ml

混匀,若混浊可过滤。调 pH 至 9.4。

(4) 流水洗 2 分钟后入双蒸水。注意:水不能直接冲在切片上,否则切片会受损或脱落。

(5) 入 2% 硝酸钴溶液,37℃、5 分钟。

(6) 流水洗 5 分钟后入双蒸水。

(7) 入 1%~2% 硫化铵溶液,2 分钟。

(8) 流水洗 10 分钟后入双蒸水。

(9) 冰冻切片用甘油明胶封片;石蜡切片脱水、透明,树胶封片。

5. 结果 酶所在阳性部位呈黑色硫化钴沉淀。

6. 对照 方法有两种:

(1) 去底物(孵育液中以双蒸水代替 3% β-甘油磷酸钠溶液)结果阴性。

(2) 切片进入孵育液前,可先经碘及大苏打液(5% 硫代硫酸钠溶液)各 3 分钟,充分水洗后再进行孵育等步骤。因碘有抑制酶反应作用,故可用此法作对照。

（二）偶氮偶联法显示碱性磷酸酶

1. 原理 此法以人工合成的 α-萘酚磷酸钠为底物，经酶水解释放出 α-萘酚，立即与重氮盐偶联生成偶氮染料，用以代表该酶活性。因动物（特别是人）无萘酚，而捕捉的是萘酚，所以不考虑体内假阳性。一般讲，偶联法较金属沉淀法操作简便，定位较好，不易扩散。

2. 试剂 α-萘酚磷酸钠、0.05mol/L Tris-HCl 缓冲液 pH 9.4、丙酮、坚牢蓝 B 盐、甘油明胶、中性树胶。

3. 标本 冰冻切片及石蜡切片均可。

4. 方法

（1）石蜡切片脱蜡入水。

（2）冰冻切片在丙酮-氯仿等量混合液内固定 2~5 分钟。

（3）切片入下述孵育液，冰冻切片室温或 37℃、6~30 分钟，石蜡切片可延长孵育时间至 12 小时。

孵育液：

α-萘酚磷酸钠溶于 0.5 ml 丙酮内	20mg
0.05mol/L Tris-HCl 缓冲液 pH9.4	30ml
坚牢蓝 B 盐	20mg

（4）流水洗 2~3 分钟后入双蒸水。

（5）冰冻切片甘油明胶封片，石蜡切片脱水、透明后用中性树胶封片。

5. 结果 酶活性部位与钙钴法显示相同。

6. 对照 去底物（孵育液中用双蒸水代替 α-萘酚磷酸钠）结果阴性。

第五节　碱性磷酸酶与 PAS 反应合并染色法

1. 试剂 前述钙-钴法孵育液、Schiff 液、0.5% 过碘酸液、亚硫酸水、2% 硝酸钴溶液、1%~2% 硫化胺溶液、甘油明胶、中性树胶。

2. 标本 冰冻切片及石蜡切片均可。

3. 方法

（1）石蜡切片脱蜡入双蒸水。

（2）冰冻切片在丙酮–氯仿等量混合液内固定 2~5 分钟。

（3）切片入前述钙钴法孵育液，37℃，冰冻切片 5~15 分钟，石蜡切片 2~12 小时。

（4）流水洗 2 分钟入双蒸水。

（5）入 2% 硝酸钴，37℃、5 分钟。

（6）流水洗 5 分钟后入双蒸水。

（7）入 1%~2% 硫化胺 2 分钟。

（8）流水冲 10 分钟后入双蒸水。

（9）5% 高碘酸水溶液，室温 2~5 分钟。

（10）双蒸水换洗三次。

(11) 入 Schiff 试剂,37℃、10~30 分钟。

(12) 亚硫酸水洗三次,每次 2 分钟后入双蒸水。

(13) 冰冻切片用甘油明胶封片,石蜡切片常规脱水透明,中性树胶封片。

4. 结果 碱性磷酸酶活性部位呈黑色,PAS 阳性物质呈紫红色。

5. 对照 同前述钙钴法及 PAS 法。

注意:碱性磷酸酶显色后,经高碘酸处理应特别小心,严格控制时间,否则会褪色。

第六节 酸性磷酸酶显示法

酸性磷酸酶(acid phosphatase,ACP)分布极广泛,遍布于各种组织,主要存在于细胞的溶酶体内,所以常作为溶酶体标志酶。溶酶体外的酸性磷酸酶存在于内质网和胞质内。各种动物中的酸性磷酸酶各有不同。酸性磷酸酶的适宜 pH 为 4.5~5.5。现分别用金属沉淀法和偶氮偶联法来显示酸性磷酸酶。

(一) 铅法显示酸性磷酸酶

1. 原理 此法以 β-甘油磷酸钠为底物,在酸性 pH 下被酸性磷酸酶水解释放出磷酸盐,遇铅离子则生成磷酸铅沉淀,再被 S^{2-} 置换,最终生成硫化铅棕色沉淀。

酸性磷酸酶的一般抑制剂为氟化物、磷酸根离子。对某些酸性磷酸酶来讲,Cu^{2+}、酒石酸根离子、四氯化碳及醛类也都是抑制剂。Mn^{2+} 为该酶的激活剂。

其反应如下:

$$\begin{array}{c} H_2C-OH \\ | \\ CH-O-P(=O)(ONa)_2 \\ | \\ H_2C-OH \end{array} + H_2O \xrightarrow[Pb^{2+}]{\text{酶}} \begin{array}{c} H_2C-OH \\ | \\ CH-OH \\ | \\ H_2C-OH \end{array} + Pb_3(PO_4)_2 \downarrow$$
白色

$$Pb_3(PO_4)_2 + 2S^{2-} \longrightarrow 3PbS \downarrow$$
棕黑色

2. 试剂 0.1mol/L 乙酸缓冲液 pH5.2、0.24% 硝酸铅溶液、3% β-甘油磷酸钠溶液、1%~2% 硫化铵溶液、甘油明胶、中性树胶。

3. 标本 冰冻切片和石蜡切片均可,但多用冰冻切片。

4. 方法

(1) 冰冻切片不需固定,石蜡切片脱蜡入双蒸水。

(2) 切片标本放入下述孵育液内,37℃,冰冻切片 10~15 分钟,石蜡切片 4~12 小时,可延长至 24 小时。

孵育液:

0.1mol/L 乙酸缓冲液,pH5.2	15ml
0.24% 硝酸铅溶液	15ml
3% β-甘油磷酸钠溶液	3ml

共 33ml

混匀,置 37℃水浴内,15~30 分钟后过滤。

(3) 于 37℃双蒸水内洗两次,每次 1 分钟。

(4) 入 1%~2% 硫化铵溶液,1~2 分钟。

(5) 流水冲洗 3~5 分钟后换双蒸水。

(6) 冰冻切片用甘油明胶封片,石蜡切片经脱水、透明后用中性树胶封片。

5. 结果 酶活性部位显示棕黑色硫化铅沉淀。

6. 对照

(1) 去底物。

(2) 用 8.4mg NaF 溶于 20ml 双蒸水中,将切片置入其中,室温 1~2 小时,再孵育,结果阴性。

(3) 孵育液内加 0.01mol/L NaF (13.9mg/33ml) 亦呈阴性反应。

(二) 偶氮偶联法显示酸性磷酸酶

1. 原理 此法与显示碱性磷酸酶所用偶联法相似。以萘酚衍生物磷酸酯(即 naphthol AS-BI phosphate)为底物,唯在酸性条件下(pH 5.2)经酸性磷酸酶水解释放出 naphthol AS-BI,立即与六氯化对品红偶联,生成红色偶氮染料,用以代表酸性磷酸酶活性。其反应如下:

磷酸萘酚 AS-BI　　　　　　　　萘酚 AS-BI

六氯化对品红

红色偶氮染料 ↓

2. 试剂 naphthol AS-BI phosphate(磷酸萘酚 AS-BI)、二甲基亚砜(dimethylsultoxide,DMSO)、4% 对品红盐酸溶液、4% 亚硝酸钠溶液、2.72% 乙酸钠(3H$_2$O)溶液(0.2mol/L)、1mol/L NaOH、甘油明胶。

3. 标本 同上法。

4. 方法

(1) 标本入下述孵育液,37℃、30~60分钟。

孵育液：

磷酸萘酚 AS-BI	15mg
溶于二甲基亚砜	0.6ml
六氮化对品红缓冲液	30ml
	共 30.6ml

充分混匀并过滤。

(2) 双蒸水洗。

(3) 流水小心冲洗5分钟后入双蒸水。

(4) 冰冻切片用甘油明胶封固。石蜡切片脱水、透明,中性树胶封固。

5. 结果　酶活性部位呈红色。

(1) 1% 对品红盐酸溶液

对品红	0.4g
HCl	2ml
双蒸水	8ml

对品红先加 HCl 调成糊状再加双蒸水溶液后过滤,4℃可保存数月。

(2) 六氮化对品红缓冲液 30ml 配制:1ml 4% 对品红盐酸溶液和 1ml 4% 亚硝酸钠溶液混匀,盖严并于室温静置1分钟,待混合液变为淡黄色后,倒入 28ml 2.72% 乙酸钠溶液,用 1mol/L NaOH 调 pH 至 5~5.5 即成。

6. 对照　同上法。

第七节　三磷酸腺苷酶显示法

原理:三磷酸腺苷酶(adenosin triphosphatase,ATPase)也属于磷酸酶,此酶只作用于磷酸与磷酸之间的高能键,因而释放大量能量。其催化下列反应:

$$A\text{-}P\text{-}P\text{-}P + H_2O \xrightarrow{ATP酶} A\text{-}P\text{-}P + H_3PO_4 + 能量$$

　　　三磷酸腺苷　　　　　二磷酸腺苷
　　(含高能磷酸键)

根据此酶在细胞内分布、对激活剂和抑制剂的反应可分为三类(表4-1)。

表 4-1　细胞内不同部位 ATP 酶的分布、最适 pH、激活剂、抑制剂与显示法

酶名	分布	最适 pH	激活剂	抑制剂	显示法
肌球蛋白 ATP 酶	横纹肌	9.0	Ca^{2+}		钙-钴法
细胞膜 ATP 酶	离子泵 (Na^+-K^+泵)	7.5	Na^+、K^+ Mg^{2+} 根皮苷	乌本苷 根皮苷 Ca^{2+}	铅法
线粒体 ATP 酶	心肌、肝	7.2	Mg^{2+} Ca^{2+}	PCMB N-乙基马来酰亚胺	铅法

（一）钙-钴法显示三磷酸腺苷酶

1. 试剂 三磷酸腺苷（ATP）、2%（0.1mol/L）巴比妥钠溶液、2% 无水氯化钙、1mol/L NaOH、0.1mol/L NaOH 溶液、2% 硝酸钴溶液、1%~2% 硫化铵溶液、1% 氯化钙溶液、甘油明胶。

2. 标本 冰冻切片直接加入双蒸水，石蜡切片脱蜡下加入双蒸水。

3. 方法

（1）先置标本于 1% 氯化钙溶液内，37℃、5 分钟。

（2）将标本入下列孵育液，冰冻切片 37℃、40 分钟，石蜡切片 2~4 小时。

孵育液：

ATP 钠盐	15mg
溶于蒸馏水（用 NaOH 调 pH 至 9.2）	4ml
2% 巴比妥钠溶液	2ml
2% 无水氯化钙	1ml
双蒸水	3ml
2,4-二硝基苯酚（DNP）	5mg
	共 10ml

混匀，调 pH 至 9，置 37℃ 水浴 10~15 分钟后过滤。

（3）双蒸水内洗 1 分钟。

（4）入 2% 硝酸钴溶液内 5 分钟，入双蒸水。

（5）4% 中性甲醛溶液内固定，室温 2 分钟。

（6）流水冲洗 2 分钟。

（7）1%~2% 硫化铵溶液内 2 分钟。

（8）流水洗 10 分钟后入双蒸水。

（9）冰冻切片封固于甘油明胶，石蜡切片经 95% 乙醇溶液及无水乙醇脱水，二甲苯透明树胶封片。

4. 结果 酶活性部位呈黑色。

5. 对照

（1）将标本置于 80℃ 蒸馏水内，10 分钟，再与其他组织切片同时孵育，应为阴性。

（2）用 β-甘油磷酸钠代替 ATP 进行孵育，与用 ATP 孵育的标本进行比较。两者反应相同部位可能有非特异性磷酸（单酯）酶存在；两者不同部位才是 ATP 酶活性所在。

（二）铅法显示三磷酸腺苷酶

1. 试剂 ATP（钠盐）、0.1mol/L Tris-maleate 缓冲液 pH7.2、2% 硝酸铅溶液、2.5% 硫酸镁溶液（或 2% 氯化镁溶液）、1mol/L NaOH 溶液和 0.1mol/L NaOH 溶液、1%~2% 硫化铵溶液、甘油明胶。

2. 标本 冰冻切片，不固定。

3. 方法

(1) 标本入下述孵育液,37℃、20~30 分钟。

孵育液：

ATP 钠盐	4mg
溶于双蒸水 4ml,用 1mol/L 或 0.1mol/L NaOH 溶液调 pH 至 7.2	
0.1mol/L Tris-maleate 缓冲液,pH7.2	4ml
2% 硝酸铅溶液	0.61 ml
2.5% 硫酸镁溶液(或 2% 氯化镁溶液)	1ml
双蒸水	0.4 ml
	共 10 ml

混匀,盖好,于 37℃水浴中静置 10~15 分钟,过滤后再用。

(2) 双蒸水洗两次,每次 1 分钟。

(3) 入 1%~2% 硫化铵溶液,2 分钟。

(4) 流水冲洗 3 分钟,再入双蒸水。

(5) 封固于甘油明胶。

4. 结果 酶活性部位呈棕黑色。此法可显示线粒体和细胞膜处之 ATP 酶活性。

5. 对照

(1) 去底物(ATP 钠盐)结果阴性。

(2) 同上法(1)。

(3) 同上法(2)。

第八节 葡萄糖-6-磷酸酶铅法显示

1. 原理 哺乳类动物的肝、肾和肠富于葡萄糖-6-磷酸酶(glucose-6-phosphatase, G-6-Pase),后者和微体紧密结合,定位于内质网。G-6-Pase 是糖代谢的关键酶,能把葡萄糖-6-磷酸水解成葡萄糖和磷酸,用重金属捕捉剂和磷酸结合可显示酶的活性。有一种肝糖原储存疾病与该酶的缺损有关。

G-6-Pase 在 pH 6 时活性最强,pH 8 最稳定,pH 5 变性。组织化学反应则用 pH 6.5~6.7。该酶对固定很敏感,组织经 80% 乙酸溶液固定后,用石蜡包埋,G-6-Pase 完全被抑制,经冷甲醛固定而失活,但可短时低温丙酮固定。一般不固定。

2. 试剂 0.1mol/L 乙酸缓冲液、G-6-P-Na、0.1mol/L 硝酸铅溶液、1%~2% 硫化胺溶液、甘油明胶。

3. 标本 用冰冻切片,一般不固定,也可染色后固定。

4. 方法

(1) 冰冻切片入孵育液,37℃、15~20 分钟。

孵育液：

0.1mol/L 乙酸缓冲液 pH6.5	40ml
G-6-P-Na	26mg
0.1mol/L 硝酸铅	1ml

(2) 自来水洗，双蒸水洗。
(3) 入 1%~2% 硫化胺水溶液中显色 1 分钟。
(4) 自来水洗 3~5 分钟。
(5) 3% 甲醛磷酸缓冲液中固定 2 分钟（也可不固定）。
(6) 双蒸水洗两次。
(7) 甘油明胶封片。

5. 结果　G-6-Pase 活性处棕色沉淀。

6. 对照
(1) 去底物，结果阴性。
(2) β-甘油磷酸钠代替 G-6-P-Na，结果阴性，以区别 ALP。

第九节　偶氮偶联法显示非特异性酯酶

1. 原理　非特异性酯酶（nonspecific estarases）广泛分布于动、植物组织内，肝、肾和小肠内活性最强。此酶定位于内质网、溶酶体，可能还有线粒体和胞质内。酶活性最适 pH 为 5~8。其在细胞内的作用尚不清楚。非特异性酯酶又根据 E600、DFP、PCMB 等对它们的抑制作用不同分为羧酸酯酶（A-酯酶）、芳香酯酶（B-酯酶）和乙酰酯酶（C-酯酶）等。本实验以 α-乙酸萘酚为底物，经酶水解产生萘酚，立即与坚牢蓝 RR 盐偶联，形成黑色偶氮染料。此酶的酶解和偶联反应进行得非常快，需时很短。

2. 试剂　α-乙酸萘酚、坚牢蓝 RR、0.1mol/L 磷酸缓冲液（pH7.4）、甘油明胶。

3. 标本　冰冻切片厚 6μm，不固定，切片贴在盖玻片上染色。

4. 方法
(1) 切片标本入下述孵育液，室温、3~5 分钟。

孵育液：

α-乙酸萘酚	5mg
溶于丙酮内	0.5ml
0.1mol/L 磷酸缓冲液，pH7.4	10ml
坚牢蓝 RR	10mg
	约 10ml

混匀后立即过滤使用。
(2) 双蒸水洗净。
(3) 甘油明胶封片。

5. 结果　酶活性部位呈黑色。

坚牢蓝 RR 可用坚牢蓝 B 10mg 或新配制的四氮化联邻茴香胺 1ml 代替（但坚牢蓝 B 酶活性部位呈紫色）。

6. 对照
(1) 10^{-5} mol/L 二乙基对硝基苯磷酸盐（E600）或 10^{-4} mol/L 二异丙基氟磷酸（DFP）抑制 B-酯酶，不抑制 A-和 C-酯酶。

(2) 10^{-4} mol/L 对氯汞甲酸(PCMB)能抑制 A-酯酶,却可激活 C-酯酶。

第十节　乙酰胆碱酯酶和胆碱酯酶显示法

乙酰胆碱酯酶(acetylcholinesterase,AChE)分布于神经系统、肌肉、红细胞等,而胆碱酯酶(cholinesterase,ChE)则多见于血清、胰、唾液腺内。两者的化学性质也不同,AChE 能最快地促使乙酰胆碱分解。AChE 可被高浓度的乙酰胆碱所抑制。ChE 则不同,乙酰胆碱浓度越高,越能被 ChE 所分解。AChE 和 ChE 的最适 pH 分别是 7.5~8.0 和 8.0~8.5。

(一) AChE 和 ChE 亚铁氰化铜法(Karnovsky 和 Roots)

1. 原理　这种方法是应用乙酰硫胆碱或丁乙酰硫胆碱作为底物来显示特异性乙酰胆碱酯酶和非特异性胆碱酯酶。两种酶对两种底物都有交叉水解作用。区别两种酶必须用它们的特异抑制剂才能达到。所谓特异抑制剂也不是绝对的,彼此都有不同程度的抑制作用。因此抑制剂使用的浓度必须对一种特别有效而对另一种抑制作用稍差。用四异丙基焦磷酰胺(tetraisopropyl-pyrophosphoimide,Iso-OMPA)3×10^{-6} mol/L 可以抑制非特异性胆碱酯酶而保留乙酰胆碱酯酶的活性。毒扁豆碱(eserine sulfate)3×10^{-5} mol/L 能抑制两种胆碱酯酶,但保留 A、B 两类酯酶和脂酶。Karnovsky 和 Roots 方法是利用酶水解后的硫胆碱使铁氰化物还原为亚铁氰化物,与铜离子结合而沉淀。

2. 试剂　乙酰硫代胆碱碘盐、0.1mol/L 乙酸缓冲液 pH 5.5、蔗糖、0.1mol/L 枸橼酸钠、硫酸铜、铁氰化钾、甘油明胶。

3. 标本　组织经含有 1% $CaCl_2$ 溶液的 10% 甲醛溶液固定,低温 4℃ 过夜,换入 0.88mol/L 蔗糖,溶于 1% 阿拉伯胶的溶液 4℃ 储存,冰冻切片。

4. 方法
(1) 冰冻切片用双蒸水在染缸内漂洗 5 分钟。
(2) 孵育液的配制:4 小时有效。

乙酰硫代胆碱碘盐(底物)	5mg
0.1mol/L 乙酸缓冲液 pH5.5	6.5ml
溶解后必须顺序加入以下溶液:	
0.1mol/L 枸橼酸钠(2.94%)	0.5ml
30mmol/L 硫酸铜(0.75%)	1ml
双蒸水	1ml
铁氰化钾(0.165%)	1ml
	共 10ml

(3) 置孵育液中,在室温孵育 2~6 小时(一般 3 小时)。
(4) 双蒸水洗 3 次,每次 3 分钟。
(5) 甘油明胶封固。

5. 结果　酶活性显示为棕色沉淀,如终板酶活性很高,则需用 pH 5.0~5.5 的缓冲液,以免扩散,而神经组织则将 pH 调至 6.0。

6. 对照

（1）去底物对照。

（2）加 4 mmol/L（0.137%）Iso-OMPA（四异丙基焦磷酰胺）于含底物的孵育液中,专一抑制 ChE 而显示 AChE。

（3）孵育液中加 BW284C51 3×10^{-5} mol/L 专一抑制 AChE。

（4）孵育液中加毒扁豆碱 10^{-4} mol/L 抑制 AChE 和 ChE。

（二）AChE 和 ChE 铜-铅-硫胆碱法

1. 试剂 碘化乙酰硫代胆碱、0.1mol/L 乙酸钠溶液、0.1mol/L 乙酸溶液、3.8%甘氨酸溶液、0.1mol/L 硫酸铜溶液、0.5%硝酸铅溶液、1%~2%硫化铵溶液。

2. 标本 冰冻切片,同上法。

3. 方法

（1）冰冻切片标本双蒸水洗 5 分钟。

（2）在如下孵育液中 37℃作用 10~50 分钟。

孵育液配制：

碘化乙酰硫代胆碱	28mg
0.1mol/L 乙酸钠溶液	10ml
0.1mol/L 乙酸溶液	1.2ml
3.8%甘氨酸溶液	0.4ml
0.1mol/L 硫酸铜溶液	0.4ml
0.5%硝酸铅溶液	0.4ml
	共 12.4ml

（3）用 10%蔗糖液或其他缓冲液充分漂洗。

（4）用 1%~2%硫化铵溶液显色。

（5）双蒸水洗甘油明胶封片。

4. 结果 酶所在阳性部位为棕黑色颗粒。

5. 对照 同上法。

第十一节　同时偶联法显示氨基肽酶

1. 原理 氨基肽酶（aminopeptidase）为一种含 Zn^{2+} 的金属酶,可水解各种肽和芳酰胺。此酶主要见于肠上皮的纹状缘和肾近曲小管的刷状缘。其活性所需 pH 较广,6.0~9.0 均可,抑制剂为乙二胺四乙酸（EDTA）和 1,10-phenantroline,此酶生理功能尚不清楚。

本实验用丙氨酰（或亮氨酰）-β-萘酰胺作为底物,在酶水解下释放出萘胺,立即与六氮化对品红偶联,生成棕黄色偶氮染料,再与 Cu^{2+} 螯合使颜色变深,用以代表酶活性部位。其反应式如下：

$$\text{[萘环]}-NH-COR \xrightarrow[+H_2O]{\text{酶}} \text{[萘环]}-NH_2 + RCOOH$$

丙氨酸（或亮氨酸）-β-萘酰胺

β-萘脂

↓

棕黄色偶氮染料

2. 试剂 丙氨酰（或亮氨酰）-β-萘酰胺、4% 对品红盐酸溶液、4% 亚硝酸钠溶液、0.1mol/L 枸橼酸-磷酸缓冲液 pH7、2% 硫酸铜溶液、1mol/L NaOH 溶液、甘油明胶。

3. 标本 恒冷箱切片,厚 6μm,不固定或用丙酮-氯仿混合液(1∶1) 固定,4℃、2～5 分钟。

4. 方法

(1) 将标本置于下述孵育液,37℃、5～10 分钟,或室温 15～30 分钟。

孵育液：

丙氨酰（或亮氨酰）-β-萘酰胺	5mg
溶于二甲基亚砜	0.5ml
缓冲的六氮化对品红	9.5ml
	共 10ml

混匀,用 1mol/L NaOH 溶液调 pH 至 6.5。

(2) 双蒸水内涮洗。

(3) 2% 硫酸铜溶液 2～5 分钟。

(4) 双蒸水洗。

(5) 用甘油明胶封固。

5. 结果 酶活性部位呈棕黄色,在肾小管上皮可见呈颗粒状,位于细胞游离缘。背景无色或呈浅黄色,经硫酸铜处理后变为浅蓝色。

6. 附 缓冲的六氮化对品红 9.5ml 配制方法：

0.4ml 4% 对品红盐酸溶液和 0.4ml 4% 亚硝酸钠混匀,盖严,于室温静置 1 分钟,呈淡黄色,倒入 8.7ml 0.1mol/L 枸橼酸磷酸缓冲液(pH7.0),调 pH 至 6.5。

7. 对照

(1) 去底物。

(2) 将标本用无水乙醇处理 37℃,30 分钟后再孵育。

第十二节 细胞色素氧化酶显示法

1. 原理 细胞色素氧化酶(cytochrome oxidase)被认为是线粒体膜上的固有酶,在含有大量线粒体的细胞(如心肌、肾小管上皮以及胃壁细胞、肝细胞)内都具有高度活性。此酶活性往往作为细胞内氧化代谢的指标,亦作为线粒体的标志酶之一。

细胞色素氧化酶的抑制剂是氰化物和叠氮化物。此酶对固定剂敏感,故须用新鲜切片。本实验用 N-苯基-对-苯二胺为底物,在有氧存在的情况下,经酶作用可与萘酚生成靛酚,称为 Nadi 反应。

2. 试剂 N-苯基-对-苯二胺、1-羟基-2-萘酸、二甲基亚砜、0.05mol/L 磷酸缓冲液 pH7.2、1% 乙酸钴溶液、Lugol 碘液、5% 硫代硫酸钠溶液、甘油明胶。

3. 标本 冰冻切片,厚 6μm,不固定。

4. 方法

(1) 将切片标本入下述孵育液内,室温、20~60 分钟。

孵育液:

N-苯基-对-苯二胺	3mg
1-羟基-2-萘酸	3mg
溶于二甲基亚砜	0.1ml
0.05mol/L 磷酸缓冲液,pH7.2	9.9ml
	共 10ml

混匀,过滤。

(2) 入 Lugol 碘液 2 分钟。

(3) 入 5% 硫代硫酸钠溶液 4 分钟。

(4) 入 1% 乙酸钴溶液内 30~60 分钟,室温。

(5) 双蒸水中洗。

(6) 甘油明胶封固。

5. 结果 酶活性部位呈棕绿色。在心肌、肾小管上皮内呈棕色颗粒(即线粒体)。

6. 对照 用同样标本预孵育于含氰化钾的孵育液内(浓度为 10mmol/L,即 0.0065g/10ml),则呈阴性反应。

7. Lugol 碘液配制

碘	1g
碘化钾	2g
双蒸水	100ml

第十三节 琥珀酸脱氢酶显示法(四唑盐法)

1. 原理 琥珀酸脱氢酶(succinate dehydrogenase, SDH)属于琥珀酸氧化酶系,是此酶系的第一个酶,位于线粒体内。琥珀酸脱氢酶是黄素蛋白酶,分子内含有—SH,决定着酶的活性,故封闭—SH者皆可作为抑制剂。此酶活性最适pH为7.6~8.5。此酶参与三羧酸循环,在组织化学上,常以此酶活性作为三羧循环的代表,亦作为线粒体的标志酶之一。含此酶活性高的组织为心肌、肾小管上皮和肝细胞。此酶对固定剂敏感,故需用新鲜组织切片。

本实验以琥珀酸(钠盐)为底物,在酶作用下脱氢,人工合成的硝基蓝四唑(nitro BT)为受氢体,接受氢后被还原为甲䐶,呈蓝紫色,用以代表琥珀酸脱氢酶的活性。若在孵育液内加入吩嗪硫酸甲酯(PMS,1mg/10ml)作为中间递氢体,可使定位更加准确。

2. 试剂 琥珀酸钠、nitro BT、0.1mol/L磷酸缓冲液pH 7.8、PMS、甘油明胶。

3. 标本 冰冻切片,厚6μm,不固定。

4. 方法

(1) 将标本放入下列孵育液内,37℃、5~30分钟。

孵育液:

nitro BT	10mg
0.1mol/L磷酸缓冲液,pH 7.8	10ml
PMS	1mg
徐徐加温,使其溶解,冷却过滤,再加入琥珀酸钠	80mg

(2) 双蒸水洗净。

(3) 甘油明胶封固。

5. 结果 酶活性部位呈蓝紫色沉淀,此标本内所见蓝紫色颗粒即线粒体。

6. 对照

(1) 孵育液内去除底物,加入等量双蒸水,同时孵育,应为阴性反应。

(2) 切片经10%甲醛溶液浸泡30分钟至1小时,再入孵育液,结果为阴性。

第十四节 乳酸脱氢酶显示法

1. 原理 乳酸脱氢酶(lactate dehydrogenase,LDH)氧化乳酸为丙酮酸,凡能进行糖酵解的细胞都有该酶存在。在组织中它也作用于其他α羟基酸。在细胞受伤死亡时酶被释出。它有五种同工酶,LDH_1~LDH_5各属不同组织,用电泳分离识别同工酶的类型则可推论何种组织受伤害。肝脏和骨骼肌中该类酶活性很强,正常红细胞的LDH活性比血清高约1000倍。LDH_1为H型(心型),与氧代谢有关;LDH_5为M型(肌型),与厌氧代谢有关。癌组织因糖酵解增强而LDH_5增加,且与恶变的程度相关。LDH催化乳酸和丙酮酸的互变反应:

$$乳酸盐 + AND \xrightleftharpoons{LDH} 丙酮酸盐 + NADH + H^+$$

(辅酶Ⅰ)

组织化学方法上显示LDH一般采用四唑盐法和铁氰化钾法。下文介绍四唑盐法。

2. 试剂 nitro BT、0.1mol/L磷酸缓冲液pH7.8~8.0、PMS、乳酸钠、NAD。

3. 标本 对冰冻切片,显示脱氢酶时一般不固定组织切片,因脱氢酶对固定剂敏感,但肝要固定3~5分钟。固定时间过长酶活性丧失。

4. 方法

(1) 冰冻切片标本双蒸水洗。

(2) 入孵育液37℃,30分钟。

孵育液：

nitro BT	10mg
0.1mol/L 磷酸缓冲液 pH 7.8~8.0	8ml
PMS	1mg
4% 乳酸钠溶液(2.8ml+双蒸水50ml)	2ml
NAD(辅酶 I)	5mg
	共10ml

(3) 双蒸水洗。

(4) 甘油明胶封片。

5. 结果　蓝紫色甲䐶沉淀代表酶活性部位。

6. 对照　去底物(乳酸钠)或去NAD。

注意：①加尿素3.25mol/L显示H型,抑制M型；②增加乳酸钠浓度,使乳酸钠>1mol/L,抑制H型,显示M型。

第十五节　3β-羟甾体脱氢酶显示法

1. 原理　催化环戊烷菲烷环的甾体脱氢酶系。命名的原则根据被催化脱氢为酮的羟基所在的碳原子的位置以及羟基在甾体分子平面上或下,区分为 α 或 β 羟基甾体脱氢酶。NAD^+或$NADP^+$作为受氢体。经常被研究的甾体脱氢酶为3α-羟基甾体脱氢酶(3α-HSDH)和β-羟基甾体脱氢酶(β-HSDH),后者至少包含四种不同的酶,其中3β-羟基甾体脱氢酶参与甾体的合成,且和细胞的生理活动有关。睾丸、卵巢和胎盘富含该酶。

2. 试剂　脱氢异雄酮、二甲基甲酰胺、0.1mol/L 磷酸缓冲液、pH7.1~7.4 nitroBT、NAD。

3. 标本　冰冻切片。

4. 方法

(1) 切片入孵育液,37℃、30~60分钟。

孵育液：

OH(脱氢异雄酮)	0.4mg
DMF(二甲基甲酰胺)	0.4ml
0.1mol/L 磷酸缓冲液 pH7.1~7.4	1.0ml
双蒸水	2.6ml
nitro BT 1mg/ml	4ml
DPN = NAD,3mg/ml	3.2ml
	共11.2ml

(2) 双蒸水洗。

(3) 10% 生理盐水甲醛,固定 30 分钟,使颜色清晰。

5. 结果　酶活性部位呈蓝紫色。

6. 对照

(1) 去底物。

(2) 去辅酶。

(3) PCMB(1mmol/L)(对氯汞苯甲酸加于孵育液中)。

(黄秀琴)

参 考 文 献

蔡文琴,王伯沄.1994.实用免疫细胞化学与核酸分子杂交技术.第 2 版.成都:四川科学技术出版社
陈啸梅.1982.组织化学手册.北京:人民卫生出版社
杜卓民.1998.实用组织学技术.北京:人民卫生出版社
李肇特.1993.组织化学.第 3 版.北京:北京医科大学出版社
徐根兴.1993.定量细胞学和细胞化学技术.长春:吉林科学技术出版社

第五章　原位杂交组织化学

原位杂交(*in situ* hybridization)是根据分子生物学核酸碱基互补配对的原理,通过探针与细胞内特定的 DNA 或 mRNA 在切片上进行杂交,从而将细胞内含有某种基因信息的 DNA 或其表达产物 mRNA 变为可见反应的一种技术。早在 1969 年 Gall 和 Pardue 等即阐明了原位杂交的原理,并将这一先进技术应用于科学研究中。近十几年来,随着分子生物学的飞速发展,这一技术已在医学生物学领域广泛应用并取得了重要进展。由于它的特异性强,敏感性和分辨率高,结果快速、准确,从而成为医学基础研究和临床病理诊断的先进手段之一。

基本原理:原位杂交是依据核酸分子碱基互补结合的原则,用已知序列的单链 DNA 或 RNA 作为探针,使其在一定的条件下与被检测细胞内相对应的 DNA 或 RNA 序列以互补的方式结合,最终通过标记物的显示使结合在细胞内的探针变为可视的信号,从而可以对细胞内与探针互补的核酸序列进行定位定量研究。杂交即是指两条不同来源的单链核酸分子以互补碱基对之间的氢键互相结合形成双链的一种反应。反应结果可得到 DNA-DNA,或 DNA-RNA 和 RNA-RNA 的杂合分子,其中以 RNA-RNA 杂交体稳定性最高。

原位杂交的方法主要包括三个部分:①探针制备;②组织样本制备;③杂交组织化学反应。

第一节　探 针 制 备

一、探针的来源

分子杂交所用探针有 DNA、RNA 和寡核苷酸。探针的来源有以下几种:

1. 克隆分离　细胞内 DNA 经过限制性核酸内切酶切、电泳等方法筛选出所需片段,然后整合入质粒(或噬菌体),经克隆化,转染大肠杆菌扩增而获得大量所需要的核酸片段;也可通过组织细胞分离提纯,分离出所需的特定 RNA 或 DNA 制备探针。

2. 建立基因文库　将细胞全基因组 DNA 提取,通过超声波随机打断,或用限制性内切酶不完全水解,得到许多随机片段,从中筛选出所需要的片段。

3. 人工合成　人工合成寡核苷酸是近年才发展起来的一项技术。这是根据已知核酸序列,利用"DNA 合成仪",一次加入相应核苷酸合成的,可以合成 50 个核苷酸以内的任意序列的寡核苷酸片段作为探针。

4. 反向合成　利用反转录酶,以 RNA 作为模板,反向合成 DNA。

二、探针标记

探针标记主要有两类方法：

1. 同位素标记　常用的是 ^{32}P、^{35}S 和 ^{3}H 等对 NP 或 dNTP 的标记，标记方法有：

（1）缺口平移（或缺口翻译）标记法，主要用于较长的核酸序列。

（2）末端标记法，适用于寡核苷酸探针的标记。

（3）随机引物法。

放射性核标记的探针杂交成功后的讯号是使用核乳胶放射自显影或照相底片感光获得。用放射性核标记探针原位杂交的特点是，灵敏度高但分辨率较差，同时放射性废物易污染扩散。

2. 非放射性核标记

（1）半抗原标记法：最常用的是将地高辛连在 NTP 或 dUTP 上，用随机启动延伸法标记 RNA 或 DNA 探针，杂交后用羊抗地高辛抗体的 Fab 段与碱性磷酸酶结合的复合物进行检测，用 NBT 及 X-磷酸盐显色。

（2）直接标记法：将特定的酶或蛋白质直接标记在 RNA 或 DNA 分子上，然后以酶促显色反应或特异性蛋白质染色做检测系统。现多用碱性磷酸酶和辣根过氧化物酶作为标记物。

（3）生物素标记法：此法是将生物素用酶学方法或化学方法连接在核酸探针上，分子杂交后利用抗生物素蛋白对生物素具有极高亲和力这一特性，用标记的抗生物素蛋白或链霉抗生物素蛋白进行检测。抗生物素蛋白可以用酶、荧光素或高电子密度的标记物（铁蛋白、胶体金等）标记。

第二节　原位杂交的组织标本制作

1. 冰冻切片　新鲜组织取材后迅速骤冷，制成冰冻切片，-80℃保存。这是目前原位杂交中使用较多的方法之一。

2. 石蜡切片　动物经 4% 多聚甲醛溶液灌注固定后，迅速取下待检测组织，经其他固定液再固定常规石蜡包埋切片，可长期保存，随时用于原位杂交。一般用 Bouin 固定液固定的组织杂交信号较好。

3. 载玻片处理　载玻片经常规清洁处理后，还要用 1‰ 的 DEPC（二乙基焦碳酸酯）双蒸水或去离子水处理，然后置高温（240℃）烘烤 4~8 小时。为确保细胞或组织切片在步骤繁多的操作中仍紧密地贴附在载玻片上，须先将载玻片包被一下。所用材料为：

（1）明胶-铬明矾。

（2）APES（氨丙基三乙氧基硅烷）。

（3）多聚赖氨酸。

第三节 杂交组织化学反应

1. 杂交前切片的预处理 冰冻切片从-80℃中取出,恢复至室温,干燥后,用3%多聚甲醛溶液(0.01mol/L PBS、0.02% DEPC水配制,使其pH为7.4)固定5分钟;PBS洗3次,每次5分钟;2×SSC洗10分钟。滴加预杂交液,室温孵育1小时。

石蜡切片,二甲苯常规脱蜡,梯度乙醇复水化;PBS洗3次,每次5分钟;2×SSC洗10分钟。滴加预杂交液,室温孵育1小时。

2. 杂交 在预杂交液内加入适量的探针即成为杂交液。将杂交液滴在切片上,37℃或42℃孵育过夜(探针的碱基越长,杂交温度越高)。一般而言,杂交速率随探针浓度的增加而增加,在较宽的范围内,灵敏度也随探针浓度的增加而增加。用 ^{32}P 标记探针进行杂交时,其灵敏度的浓度范围为5~100ng/ml,非放射性核素标记的探针为25~1000ng/ml。进行原位杂交时,上述任一类型探针都需要0.5~5.0μg/ml。浓度范围并不由任何核酸探针固有的物理性质决定,但可根据标记类型和所涉及的固定介质非特异结合性来确定。

用DNA探针检测DNA时,杂交前在载玻片上同时将探针与样品DNA变性,办法是将含探针的杂交液滴在组织切片上,加热至80℃孵育10分钟;用DNA探针检测RNA时,切片上样品不要变性,仅将杂交液中DNA探针加热至80℃孵育10分钟,迅速在冰中冷却以防止复性,然后加在切片上;用RNA探针检测DNA时,只需将切片加热80℃变性;用RNA探针检测RNA时,杂交前探针和组织均无须加热变性。

3. 杂交后处理与探针的显示 杂交后标本应用低浓度的盐SSC溶液浸洗,目的是使非特异性结合的探针解离,从而提高反应的特异性,降低非特异性背景标记。探针的显示方法依据不同的标记方法而定。对放射性核素标记的探针,用放射自显影技术显示。常用方法有两种:一种是应用X线胶片覆盖组织切片;另一种则是将核乳胶浮于杂交后的组织切片表面,经曝光、显影、定影、复染后,在显微镜下直接观察切片上细胞的标记状况。非放射性核素标记的探针,依标记物的性质不同,可分别用免疫组织化学和酶组织化学等方法,对标记物进行显色。

第四节 实验对照

与免疫细胞化学一样,原位杂交也应设适宜的实验对照,以检查实验结果的准确性和阳性信号的特异性。

1. 阳性对照 选择已知含有被检目的基因的组织进行杂交,结果应为阳性。以此检验杂交过程是否有误。

2. 阴性对照 为了排除非特异性信号导致的假阳性,每次实验均应设有阴性对照,其方法有以下几种:

(1) 组织对照:选择已知不含被检目的基因的组织进行杂交,杂交结果应为阴性。
(2) 探针对照:选择无关的探针与被检组织杂交,结果应为阴性。
(3) 杂交对照:用不含探针的预杂交液进行杂交,应产生阴性结果。

(4) 检测对照:可省去检测反应中的一个或几个步骤,也可用缓冲液(如 PBS)代替检测系统的某一特异性试剂,其结果也应为阴性。

第五节　生物素标记探针杂交方法

生物素标记 cDNA 探针用于检测双链 DNA。

1. 试剂

(1) 蛋白酶 K(PK)1∶10。

(2) 生物素标记探针:HybA 液,HybB 液。

(3) 封闭液:马血清 1∶100。

(4) avidin-biotin-HRP 1∶100。

(以上均-20℃保存)

(5) 二甲苯、系列乙醇。

(6) PBS。

(7) 离子水或 1‰ DEPC 超净水。

(8) 0.1mol/L HCl。

(9) DAB。

(10) H_2O_2。

(11) 20×SSC。

(12) 甲酰胺。

2. 标本　冰冻切片、石蜡切片均可。

3. 方法

(1) 冰冻切片

1) 杂交前切片迅速恢复至室温,并干燥。

2) 4% 多聚甲醛溶液固定 5~10 分钟。

3) PBS 洗 3 次,每次 5 分钟。

4) 2×SSC 洗 10 分钟。

(2) 石蜡切片

1) 脱蜡:二甲苯Ⅰ→(1 小时)→二甲苯Ⅱ(过夜)→二甲苯Ⅲ(1 小时)。

(新鲜二甲苯可缩短脱蜡时间:二甲苯 1 小时×3 次)

2) 水化:100% 乙醇溶液 2 次,每次 10 分钟。95%→80%→70% 乙醇溶液各 2 分钟。

3) PBS 洗 5 分钟×3 次。

4) 2×SSC 洗 10 分钟。

(3) 0.3% H_2O_2 溶液封闭 30~60 分钟,室温。

(4) PBS 洗 5 分钟×2 次。

(5) 0.1mol/L HCl 室温 10 分钟。

(6) PBS 洗 5 分钟×2 次。

(7) 擦干后滴加蛋白酶 K(1∶10 PBS 稀释),37℃,5~20 分钟。

(8) PBS 洗 5 分钟×2 次。

(9) 多聚甲醛固定,室温 10 分钟(4% 多聚甲醛溶液加 1‰ DEPC)。

(10) PBS 洗 5 分钟×3 次。

(11) 70% 甲酰胺 2×SSC 溶液中 80℃加热 10 分钟后,置冷 90% 乙醇溶液脱水 15 秒。

(12) 滴加杂交液 20μl/片(杂交液 HybA 液 18μl、HybB 液 2μl 混合于 80~95℃水浴中保温 10 分钟,马上放入冰浴中冷却,稍微离心 15 秒,然后再用),用封口膜覆盖后,放湿盒中 42℃,16~22 小时。

(13) 将切片浸泡于 50℃ 5×SSC 中揭下封口膜(加热至 50℃,用烧杯隔水加温)。

(14) 含 50% 甲酰胺溶液 2×SSC,37℃洗 30 分钟。

(15) 0.5×SSC 37℃洗 15 分钟×2 次。

(16) 0.1×SSC 37℃洗 15 分钟×1 次。

(17) PBS 洗 5 秒×1 次。

(18) 封闭液:马血清(1∶100,用 PBS 稀释)室温、60 分钟或 37℃、30 分钟。

(19) avidin-biotin-HRP(1∶100,用 PBS 稀释)37℃、1 小时保温孵育,或室温、120 分钟。

(20) PBS 洗 5 分钟×3 次。

(21) DAB-H_2O_2 显色<30 分钟,自来水轻洗终止。

(22) 梯度乙醇脱水,二甲苯透明,常规封片。

4. 结果 阳性部位为棕褐色。

5. 对照 第(12)步骤不加杂交液,用 PBS 代替,结果阴性。

6. 注意事项

(1) 防止 RNA 酶的污染:由于在手指皮肤及实验用玻璃器皿、玻片上均可能含有 RNA 酶,为防止其污染影响实验结果,在整个杂交前处理过程都需戴消毒手套。所有实验用玻璃器皿、玻片(经清洁液浸泡 24 小时,冲洗干净,经去离子水处理干燥)及镊子等都应在实验前置高温(240℃)烘烤 4~8 小时,以达到消除 RNA 酶的目的。最低温度必须在 160℃左右。

(2) 实验中所有稀释用水必须用超净水:双蒸水加入 1‰ DEPC 溶液(二乙基焦碳酸酯 diethylprocarbonate)混匀,37℃过夜,然后 15 磅高压 20 分钟。没有超净水也可以用去离子水。

(3) 实验过程中切片不要干燥。

(4) 蛋白酶 K 的消化作用在原位分子杂交中是用于蛋白消化的关键步骤,其浓度及孵育时间视组织种类、应用固定剂种类、切片的厚薄而定。

(黄秀琴 徐振波)

参 考 文 献

何彬. 1992. 一种快速敏感的原位杂交方法. 解剖学杂志,15(4):312~313

李肇特. 1993. 组织化学. 第 3 版. 北京:北京医科大学出版社

向正华,蔡文琴. 1992. 用光敏生物素反意生长抑素(SS)cRNA 探针显示组织切片中 ss mRNA. 解剖学杂

志,15(4):312~313

向正华,蔡文琴.1993.原位杂交组织化学与免疫组织化学结合法的研究.解剖学杂志,16:451~454

向正华,张俐.1990.应用反意生长抑素 cRNA 探针原位杂交显示大鼠下丘脑生长抑素 mRNA.解剖学杂志,13(4):307

Bagasra O. 1993. Polymerase chain reaction in situ: intracellular amplificaton and detection of HIV-1 proviral DNA and other specific genes. J Immunological Methods,158~145

Barbara T, Pinkel D. 1990. Fluorescence in situ hybridisation with DNA probes. In: Darzynkiewice Z, Crissman HA eds. Flow Cytometry. London: Academic Press Inc,383~400

Cai WQ. 1993. In situ hybridisation of atrial natriuretic peptide mRNA in the endothelial cells of human umbilical vessels. Histochemistry,100:277~283

Forster AC. 1985. Non-radioactive hybridisation probes prepared by chemical labelling of DNA and RNA with a novel reagent photobitio. Nuci Acids Res,3:745~761

Koch J. 1989. Oligonucleotide-priming methods for the chromosome-specific labelling of alpha satellite DNA in situ. Chromosome,98:259~265

Liesi P. 1986. Specific detection of neuronal cell bodies in situ hybridisation with a biotin-labelled neurofilament cDNA probe. J Histochem Cytochem,34(7):923~926

Plak JM, Mcgee JOD. 1991. In Situ Hybridisation Principles and Practice. Oxford: Oxford University Press

第六章 神经形态示踪方法学

综观人类历史发展的长河,科学的发展是推动人类社会向前发展的主要动力。而在缤纷复杂的众多学科中,神经科学无疑是一股中间力量。但在过去的上百年里,由于受到各种因素的影响,神经科学的发展处于滞后状态,直至近几十年,随着神经生物学的诞生,神经科学的发展迈出了令人惊喜的一步。在这其中,技术方法的革新起到了举足轻重的作用。正是由于方法学的不断创新,使得该领域的研究内容突破了仅以研究脑结构、形态为中心的范围,以致在某些方面达到了与其他学科彼此无法明确划分界限的程度。方法学复杂繁多,这里将研究神经形态方面较常用的几种示踪方法做一介绍。

第一节 辣根过氧化物酶示踪技术

1971年,Kristenson和Olsson首先报道辣根过氧化物酶(horseradish peroxidase,HRP)可被神经末梢摄取,经轴浆逆行运输至神经元胞体,然后用组织化学方法即可显示出神经元的轮廓,从而创建了HRP追踪神经元的示踪技术,即HRP法。HRP法的基础是轴浆运输。轴浆运输是神经元的一项基本活动,即沿其轴突有从胞体向末梢(顺向)或从末梢向胞体(逆向)的物质转运,且不同的物质有不同的运输速度。轴浆运输的特性为HRP在轴浆运输及其跨神经元的示踪技术奠定了基础。该法为研究神经元之间的联系提供了一种简便可行的方法。

HRP是从辣根中提取出来的过氧化物酶,为一种结合酶,由一分子无色的酶蛋白与一分子棕色的铁卟啉辅基结合而成。HRP比较稳定,63℃加热15分钟不失活。其分子质量约为40kDa,直径3.0nm,在水化情况下直径为5.34nm。1966年,Shannom等曾将HRP分出A_1、A_2、A_3、B、C、D和E七种同工酶。1976年,Bunt等曾试验了中枢神经系统对不同的HRP同工酶的摄取及运输能力,发现A同工酶几乎无逆行运输现象,而B、C同工酶的逆行运输效果较好。由此可见,HRP的选择是HRP追踪法成败的一个关键因素。HRP法建立的早期,仅用于逆行追踪,即将HRP注入神经的末梢部位,经逆行轴浆运输至胞体,再通过酶组化染色显示。以后的实验证明,HRP也可用于顺行运输,即将HRP注入神经元胞体所在部位,HRP可顺向运送至末梢部位。近年来还发现,将HRP注射于感觉神经末梢周围不仅可逆向标记背根节细胞,还可进一步沿背根节细胞顺向标记其所在脊髓的中枢投射,称为跨节标记(transganglionic labeling)。与过去用于显示由损伤而引起纤维溃变的银染法相比,HRP法可更精确地研究神经纤维的联系。HRP方法的问世在神经科学研究领域中极富价值,它结束了自Marchi(1886)开始长达一个世纪的唯用银染法追踪溃变纤维的年代,在神经束路追踪的形态及功能研究中具有划时代的意义。至今,HRP追踪技术已可运用于逆行追踪、顺行追踪和跨节转运(图6-1)。

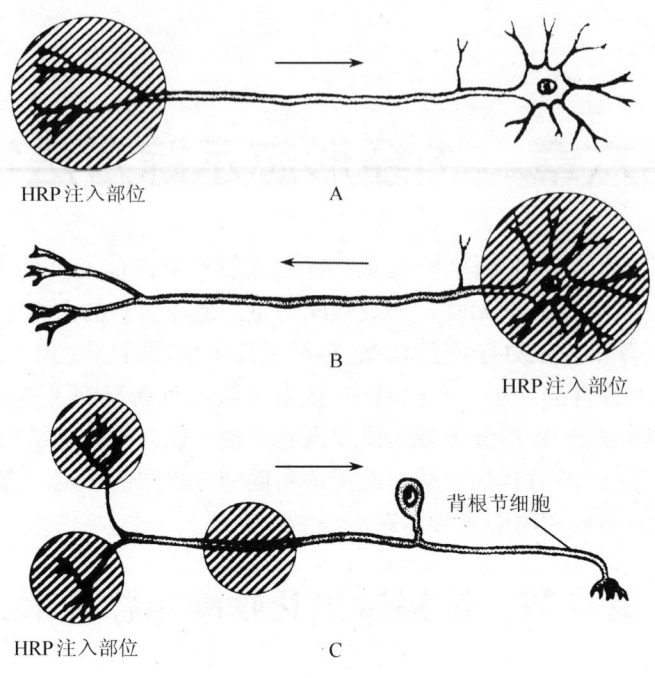

图 6-1 HRP 追踪技术的运用
A. 逆行追踪；B. 顺行追踪；C. 跨节转运

HRP 法的基本步骤包括：动物麻醉，HRP 的注入（中枢或周围神经系统，周围器官），动物存活一定的时间，灌注取材，切片，组织化学染色。以下对每一步骤逐一介绍。

一、动物麻醉及 HRP 的注入

（一）麻醉

常用麻醉剂为戊巴比妥钠，也有报道乌拉坦的效果优于戊巴比妥钠。动物麻醉不宜过深，过深可抑制神经元的活动度，影响 HRP 在轴浆内的运输速度，同时也易导致动物不苏醒或死亡。一般原则：勿过深，时间勿过长，最好在注射完毕时动物已苏醒。据文献报道，大鼠的麻醉剂量为 0.25~0.35ml/100g，猫的麻醉剂量为 1.3ml/kg（3.5% 戊巴比妥钠溶液）。

（二）HRP 在中枢神经系统的导入

有多种将 HRP 引入中枢神经系统的方法，最常用的是压力注射法和电泳法。此外，还有适应特殊需要的缓释胶、聚合物糊及微孔滤纸等方法。现将常用的前两种方法介绍如下：

1. 压力注射法 若 HRP 为粉剂，则在使用时常将其用生理盐水或蒸馏水稀释成 20%~50% 的水溶液；而若为麦芽凝集素-HRP（wheat-germ agglutinin-HRP, WGA-HRP）或霍乱毒素-HRP（cholera toxin-HRP, CT-HRP），则用 1%~5% 和 0.1%~3% 的浓度。若 HRP 为溶液（如北京协和医科大学生产），则可直接应用，不必稀释。注射器常用 0.5μl 或 1.0μl 的微量注射器。HRP 的注入量与动物大小和脑内核团的大小以及注入后在其注入点扩散的范围有关。注入 0.06μl 浓度 20% 的 HRP 溶液,可在脑内注入点形成直径 2～5mm 的注射范围。注射的速度影响 HRP 在组织内的扩散程度。注射过快,在局部形成的压力过大,易造成局部组织损伤出血;过慢则使注射范围太局限。因 1μl 等于 1mm³,这对于小动物的中枢神经系统已是一个比较大的体积。所以,注射速度一定要控制。一般情况下,注射 0.1μl 的时间为 7～10 分钟。进针后停针几分钟,以免 HRP 随局部出血而被稀释。注射过程中速度不易控制,可用千分尺或电动自动推进器来推进。为了使 HRP 充分渗入组织,不至于随针道外溢造成污染,注射完毕应留针 15～20 分钟才拔针。

2. 电泳法 电泳法的特点是在电泳时只有 HRP 离子的泳出而无液体流出,不至于在组织内形成液体压力。这样有两个优点:①HRP 扩散范围小,注射区较集中。②避免了液体压力对组织造成的损伤。HRP 中做神经束路追踪的有效成分是其碱性同工酶(Shannon 分类的 B、C 同工酶),其等电点为 pH9.0。为了使 HRP 在溶液中达到最大离子化程度,Bunt 等(1976)提出应将 HRP 溶液的 pH 调节到 8.6 以下。事实上,pH 接近 7.4 更合理。由于与体内正常 pH 一致,避免了管内、外液体之间的 pH 梯度差过大。在 pH 小于其等电点的溶液中,HRP 离子带正电,因此 HRP 溶液应连接直流电阳极。电泳强度及通电时间因所需注射范围的大小而异,一般常用 2～4μA,通电 15～30 分钟。连续的稳恒电流可使电极极化,阻抗增加,故常采用脉冲或间断式通电。HRP 液的浓度可用 20%,也可用低于此的浓度。由于电泳时泳出的离子除了 HRP⁺外,还包括其他的正离子,而其他正离子越多则泳出的 HRP⁺越少,故应尽量减少溶液中的其他正离子。可用 0.1～0.2mol/L 的氯化钠溶液或 0.1mol/L 的磷酸缓冲液配成 2%～5% 的 HRP 溶液。

(三) HRP 在周围神经系统的导入

1. 周围器官的注射 将 HRP 溶液注射于周围器官内,可以追踪支配该器官的感觉、运动神经元的胞体所在部位。注射量因器官之大小及所需注射的范围而异。CT-HRP 用于追踪肌肉运动神经元的部位及支配区域效果较好,能比较完整地显示出运动神经元的树突。例如,需要追踪舌下神经核,可以将 HRP 注射于舌肌。然而,需特别强调的是,周围器官注射应注意的一个重要问题就是排除污染。例如,将 HRP 注射于某一器官前,应切断邻近器官的神经,若注射某一腹腔脏器,则应将其与邻近的器官隔离。

2. 神经干注射 将 HRP 直接注射在神经干内,可追踪其感觉、运动纤维的胞体及感觉纤维的中枢脊髓后角投射。为了促进神经纤维对 HRP 的吸收,可在注射前将注射部位的神经夹挫一下。

3. 神经断端的涂抹、浸泡法 此法的目的同神经干注射。用锐器将神经切断后,在断端涂以 HRP 结晶,放置大约 2 小时后,用生理盐水冲洗。但如果神经断端干燥,时间稍长时 HRP 不易溶解而无效,故将 HRP 调成糊状涂抹更有效。浸泡法与之相似,将 HRP 配成一定浓度的溶液(20% 左右),放入一段比神经稍粗的聚乙烯管,使神经断端浸泡于其中,另一端用骨蜡或凡士林封口。WGA-HRP 和 CT-HRP 均可用此方法,且效果较游离 HRP 好。用涂抹、浸泡法时需注意以下几点:

(1) 保证神经的血液循环,以利于 HRP 的运输,因此不能游离神经过长。

(2) 勿挤压、牵拉神经,防止对其造成额外损伤。

(3) 断端充分止血,血凝块要去除干净,动作要轻柔,可在神经断端放置一块温盐水纱布数分钟。

二、动物存活期的确定

因为 HRP 在注入部位被神经末梢或神经元胞体摄取后,在轴突中运输要经过一段时间,故为有效显示神经元胞体或末梢,动物需存活一段时间,而动物存活时间的长短对 HRP 的标记效率有直接影响。时间太短,HRP 不能到达目标部位;时间太长,HRP 被降解而影响组化染色的结果。故动物存活时间或称存活期应适当。存活期的确定主要取决于三个因素:①HRP 何时运输至胞体或末梢;②HRP 何时在胞体或末梢内的含量最高;③HRP 何时从胞体或末梢消失。HRP 到达预定部位的时间取决于运输的速度及距离,同时也因动物种类及纤维种类而不同。故应具体情况具体分析,摸索出较理想的存活期。一般逆行和顺行的运输速度参考值为 50~80mm/d 和 50~500mm/d。也可根据这样的公式估计存活期,即最佳存活期(天)=(束路长度 mm/350mm)+1 天。WGA-HRP 和 CT-HRP 在神经细胞内的降解速度较慢,存活时间稍长不至于影响标记物的数量。但需注意的是,跨节标记需要的时间较长,因 HRP 从周围端进入胞体后,需经一段时间的延搁后,才能进入其中枢突。故跨节标记时间比不跨节者长,需较好地进行理论计算并结合实验摸索才能得到良好效果。

三、动物的灌注、取材

(一) 固定剂的选择

固定是 HRP 技术中的一个关键步骤,因此固定剂的选择就显得尤为重要。常用的固定剂有两种:多聚甲醛和戊二醛。固定的效果不仅取决于固定液各成分的浓度,还和使用时的温度及固定时间的长短有关。较常用的是 1.5% 多聚甲醛溶液及 1.25% 戊二醛溶液。

(二) 灌注、取材和切片

动物经过存活期后进行麻醉,并经左心室升主动脉插管行心内灌注固定。灌注分为三部分:先快速灌注 21℃生理盐水或 0.1mol/L PBS,灌注量视动物大小而定(大鼠约 100ml,大动物如兔、猫、猴等 500~1000ml)。随即灌注固定液,常用的固定液为 1.5% 多聚甲醛-1.25% 戊二醛磷酸缓冲液(pH7.4),灌注速度先快后慢,30~40 分钟灌完。继固定液灌完之后,接着再灌 10% 蔗糖磷酸缓冲液(0.1mol/L,pH7.4,0~4℃,最好用双蒸水配制),灌注量和速度以及总时间与固定液相同,蔗糖可防止冰晶形成,还可减少呈色反应中的冰晶沉着。灌注结束后,取组织放入 20% 蔗糖磷酸缓冲液中沉底,若不立即切片,可将组织保存在 10% 蔗糖磷酸缓冲液中(4℃,1 周)。切片厚 40μm 左右,收集于 pH7.4 的磷酸缓冲液中备用。

四、呈色反应

较常用的是 TMB(四甲基联苯胺)显色法(蓝色),也可用 DAB(二氨基联苯胺)显色(棕

色)。TMB 法反应灵敏,现将其反应步骤介绍如下:

(1) 切片蒸馏水洗 6 次,每次 15 秒,或 3 次,每次 2 分钟。

(2) 温的孵育液孵育,19~23℃,避光,20 分钟,不断晃动。

(3) 将切片取出,每 100ml 孵育液中加入 0.3% 的 H_2O_2 溶液 1.0~5.0ml,混匀。具体量应根据具体实验摸索确定。重新将切片浸入,晃动,避光,19~23℃,20 分钟。

(4) 洗片:乙酸洗液(4℃)漂洗 3 次,每次 5 分钟。

(5) 贴片,载玻片用铬矾明胶包被,室温空气干燥。

(6) 脱水、透明按如下步骤依次进行

1) 蒸馏水	10 秒
2) 70% 乙醇溶液	10 秒
3) 95% 乙醇溶液	10 秒
4) 100% 乙醇	2 次,各 10 秒
5) 二甲苯	2 次,各 2~5 分钟

(7) 中性树胶封片:呈色反应的基本原理是游离或结合型 HRP 与 H_2O_2 结合成[HRP·H_2O_2]络合物,此络合物可氧化各种供氢的呈色剂而呈色。TMB 呈蓝色,DAB 呈棕色。反应过程与孵育液的 pH 有很大关系。反应的最佳 pH 一方面取决于 HRP 的特性,另一方面也因呈色剂而不同。例如,用 DAB 作为呈色剂,最佳 pH 为 5.1,用 TMB 呈色,最佳 pH 为 3.3。无论进行哪种呈色反应,器皿必须干净,最重要的是不能沾有任何氧化剂或还原剂。

五、结 果 判 定

TMB 显色时,HRP 呈蓝色反应物,DAB 显色时呈棕色,两种显色在显微镜下均清晰可见。除神经元胞体及其末梢外,HRP 反应颗粒尚可见于其他细胞,如在注射部位附近的胶质细胞、血管内皮细胞、血管周围细胞,也可能有少量巨噬细胞吞噬 HRP,经呈色反应而着色,观察时应注意鉴别。注意事项及经验体会:

HRP 法自建立以来至今已有三十多年的历史,经过反复改进,该法反应灵敏、稳定,结果可靠,应用广泛,在认真控制实验条件下,无论做顺行还是逆行追踪,一般都能有较理想的结果。但需注意的是不少因素可影响实验结果,如 HRP 质量、动物种属及年龄、存活期、呈色反应等。在具体实验的实施过程中,应摸索条件,争取获得满意的结果。

附:HRP 示踪技术溶液的配制

1. 0.2mol/L 乙酸缓冲液(pH3.3)(100ml)

乙酸钠·$3H_2O$	2.72g
蒸馏水	81ml
1.0mol/L HCl 溶液	19ml

测 pH,用浓乙酸或氢氧化钠调 pH 至 3.3。

2. 孵育液(包括 A、B 两液)

A 液：

硝普钠	90~100mg
蒸馏水	92.5ml
乙酸缓冲液	5ml

B 液：

TMB	5mg
无水乙醇	2.5ml

可加热至37℃使TMB溶解。

A、B两液现配，用时混合。

3. 乙酸洗液

乙酸缓冲液	5ml
蒸馏水	95ml

除以上提及的事项外，还应注意如CT-HRP注入背根节时，据文献报道，一般只标记有髓纤维，而不能有效显示无髓纤维，故若用CT-HRP追踪技术显示脊髓Ⅱ板层背根来源的无髓纤维，常难以得到满意的结果。此时应考虑采用其他试剂和方法，这点应特别注意。

第二节 荧光染料追踪技术

1977年，荷兰著名神经解剖学家Kuypers首先发现不少荧光化合物可被神经末梢摄取，并通过轴突逆行运输到它们各自的胞体，在荧光显微镜下可观察到这些胞体的定位，从而创建了研究神经束路的荧光追踪法。该法可靠、灵敏，利用不同荧光剂所发的不同颜色光可同时追踪显示多重纤维联系，也可用于发育和移植的研究。荧光追踪剂是一种暴露在一定波长光照下可发出荧光的化合物。早期用于神经束路追踪的荧光剂较少，以后相继发现了许多荧光化合物可作为追踪剂。但大部分追踪剂适用于逆行追踪，顺行追踪的标记较弱。逆行荧光追踪剂的种类较多，由于它们的激发光波长和发射光波长不同，在荧光显微镜下所呈现的颜色不同，且荧光标记物所标记的细胞部位不同（有的标记胞核，有的只标记胞质），因此，可选择一种、两种或三种追踪剂同时进行单标、双标或多标。20世纪70~80年代发现多种逆行追踪剂，现将几种主要荧光标记物的名称及其参考参数介绍如表6-1。

表6-1 逆行荧光追踪剂参考参数

染料名称	用途	浓度(%)	注射量(μl)	发射波长(nm)	荧光颜色
双苯甲亚胺(Bb)	逆行追踪	1~10	0.1~0.6	620	蓝绿
坚牢蓝(Fb)	逆行追踪	3	0.6	530~600	蓝
荧光金（FG）	逆行追踪	2	0.25	530~600	金黄
樱草黄(Pr)	细胞和细菌	10	0.025~0.1	400~500	黄
碘化丙啶（PI）	荧光示踪	1~3	0.5~1.0	620	橘红

注：发射波长指的是滤光片照明系统的波长。

上述染料大多只标记细胞质，不标记细胞核或细胞核的标记较弱。比较而言，核黄(nuclear yellow,NY)只标记细胞核,因此,可以选择 NY 与上述染料中的一种或两种进行双标或三标。由于各种染料的运输速度不同,进行双标时常需要对动物进行两次注射,即先注射运输慢的,后注射运输快的,以保证动物在同一时间取材。另外,荧光染料在神经组织内的运输距离也不同,如樱草黄(Pr)、碘化丙啶(PI)的运输距离较短,而双苯甲亚胺(Bb)、坚牢蓝(Fb)、荧光金(FG)的运输距离则较长。在所有的荧光染料中,Schmued 和 Fallon(1986)报道以荧光金(FG)应用最广泛。它在紫外线光照射下,其激发光波长为 323nm,发射光波长为 408nm,荧光呈金黄色。其主要优点是灵敏,能清晰显示树突分支,在神经组织内保存时间长,不易扩散,荧光不易褪色,易与其他组织化学方法结合应用,且操作比 HRP 简单,灵敏度不亚于 HRP。由于上述优点,它的应用非常广泛。下文将介绍用荧光染料进行神经束路追踪的主要步骤。

一、荧光染料溶液的配制

一般用蒸馏水进行稀释,不易溶解的则用其混悬液。Olmos 等(1980 年)将 NY、PI 溶于 2% 的二甲基亚砜,可增强这些荧光物的荧光强度和标记细胞的数量。

二、荧光染料的注射

注射方法依部位的不同而不同。若行脑内注射,将动物麻醉后固定于脑立体定位仪上,据坐标用微玻管进行注射,微玻管的直径依溶液的种类而不同,易溶的用直径小的(50μm 左右);混悬液则用直径较大的(100μm 左右)。微玻管要专管专用,避免交叉污染。注射速度不宜过快,一般注射 0.2～0.3ml 需要 5～10 分钟。注射完毕,留针 10 分钟,以免注射液外溢。外周的可行肌内注射或将荧光剂直接涂抹在外周神经近中心端的断端上。荧光染料临用时现配,避光保存。

三、动物存活期的确定

由于荧光染料在轴突内的运输速度不同,在体内的保存时间不同,动物存活期的确定就显得非常重要。时间过长,染料运输到胞体易外溢,污染周围的胶质细胞;而时间过短,则导致标记的阳性细胞数过少。双苯甲亚胺(Bb)的停留期最短,一般只有 6 小时,荧光金(FG)的停留期最长,可达 4 周。除此以外的其他荧光标记物注入动物后,一般停留 2～4 天。

四、动物的灌注固定及取材

存活期后,再次麻醉动物,经左心室-升主动脉插管行心内灌注固定。首先灌注生理盐水或清洗液(含 0.8% 蔗糖、0.4% 葡萄糖和 0.9% 氯化钠的水溶液),灌注量视动物大小而定,具体同 HRP 灌注量。灌注速度要快,2～3 分钟灌完。接着灌固定液,固定液为 4% 多聚甲醛或含 4% 甲醛、4% 蔗糖、1% 鞣酸和 4% 硫酸镁的混合液。灌注量与清洗液相同,但是速度要慢,至少 30 分钟。灌注液现用现配。灌注完毕迅速取出所需组织,立即放入固定液中固定 6 小时左右,然后进入 10% 蔗糖溶液或含 10% 蔗糖的二甲基砷酸盐缓冲液中,至组织块完全沉底后切片。

五、切片、贴片、封片

冰冻切片,片厚 25~35μm。切片收集于含 5% 蔗糖的 0.1mol/L 磷酸缓冲液中,在蒸馏水中立即将切片贴于干净载玻片上,空气干燥或电吹风吹干,用液状石蜡或 Entellan 封片。

六、荧光显微镜观察

由于荧光容易褪色,制片后立即观察。或加用防荧光淬灭的添加剂,观察时选择适合该荧光剂的激发光和发射光波长的滤光片照明系统。

由于荧光染料分子质量小,荧光染料逆行追踪法的共同问题是易于扩散,比 HRP 更难确定有效注射范围,且荧光染料的一大缺点是易褪色。因此,允许的观察时间短,即使在低温、避光条件下,切片保存时间仍有限,不能长期保存。在常用的以 50% 甘油溶液和 50% PBS 混合液配制的封片剂中加入 2.5% 三乙烯二胺溶液(triethylene diamine)可有效地延长观察和保存时间。

近年又发现多种新的荧光追踪剂,兼具顺行和逆行标记的特性,如亲脂碳化菁染料(lipophilic carbocyaninedye)、荧光葡聚糖(fluorescent dextran)和荧光微球(fluorescent latex microsphere)。这些新的荧光追踪剂扩充了研究通路追踪的范围,可用于通路的发育、移植和活细胞的标记。

第三节 放射自显影神经示踪

放射自显影神经追踪法(autoradiographic nerve tracing method,ARNT)是 20 世纪 60 年代后期 Lasek 等将放射自显影术用于神经元投射途径的研究时建立的。自从 1972 年 Cowan 等首先用 ARNT 法研究中枢神经系统的纤维联系以来,该法在神经科学界得到广泛应用,逐渐成为追踪神经纤维联系的主要技术之一。该法的问世是神经形态研究方面的又一创新。

ARNT 法是基于轴浆运输的机制。神经元的胞体都能合成蛋白质,并通过轴质来运输,胞体在合成蛋白质时,对氨基酸是有选择性摄取和运输的。因此,用放射性核素标记的氨基酸被胞体摄取合成蛋白质后沿着轴质的运输路径可通过显影来进行观察。该种方法比较灵敏,最大优点就是不标记过路纤维,克服了以前 HRP 法和神经纤维溃变法标记过路纤维的缺点。ARNT 法的基本步骤包括放射性核素及被标记物的选择、放射性示踪物的导入、动物存活期的确定、组织固定、切片、在组织切片表面涂原子核乳胶、曝光、显影、定影、染色及结果观察(图 6-2)。

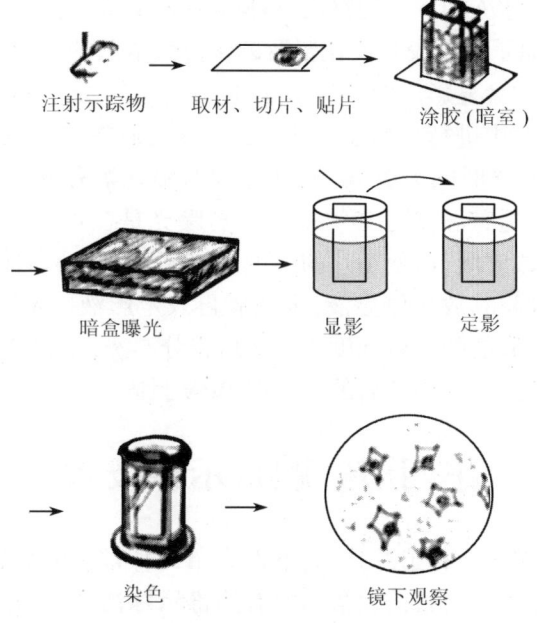

图 6-2 ARNT 法的基本步骤示意图

放射性示踪物的选择包括放射性核素及其标记物的选择。ARNT 法多利用 β 粒子作为放射性示踪物，β 粒子的性质和能量与分辨率有关，以选用能量较低且半衰期不宜过短的为佳，最常选用的是 ^{3}H。在标记氨基酸的选择中，亮氨酸和脯氨酸是最常用的氨基酸，它们适用于所有类型的神经元。亮氨酸可标记终末和纤维，而脯氨酸除了标记轴突终末，还可作为跨突触标记物，即被轴突终末排出后被突触后神经元摄取，进一步送至二级神经元的终末。例如，将 ^{3}H 脯氨酸注入眼球玻璃体内后，可在外侧膝状体跨过突触，进而在视皮质内观察到示踪标记物。

在放射性示踪物导入之前需配好注射液，注射液可用蒸馏水、生理盐水或缓冲液配制。^{3}H-氨基酸的放射性浓度为 1mCi/ml($3.7×10^7$Bq/ml)，在 ARNT 法中需进行浓缩。实验表明，25mCi/ml($9.25×10^8$Bq/ml)可获得满意的效果。其导入法有注射和电泳法。注射可用微量注射器，针尖宜细，以免损伤组织，注射速度以 0.1μl/5min 为宜，注射完毕后留针 10 分钟，以防示踪物外溢。电泳法仅导入离子而非所有溶液，扩散范围小，对组织损伤也小。

动物存活时间的长短与动物种类、神经束路的长度及轴浆运输的速度等因素有关。众多实验表明，放射自显影的动物，存活 7 天是最适宜的。1~2 天太短，有些标记蛋白质未完全达到神经末梢；而时间过长(>14 天)则达到终末的部分蛋白质分解。

固定剂以醛类较好，常用的是 10% 的甲醛固定液，它能很好地固定蛋白质，而不能固定游离氨基酸。多余的被标记的氨基酸可被洗去而不至于造成混淆。固定时间不得少于 3 天。

石蜡切片和冰冻切片都可用于 ARNT 法，各有利弊。石蜡切片的蜡块易于保存，切片薄且易连续切片。但据 Rogers 的报道，石蜡切片的显影易产生假象。冰冻切片制备方便，费时少，但不易切出薄片。冰冻切片可用铬矾-明胶装贴于载玻片上，脱脂、干燥后再涂乳胶。

ARNT法中所用的原子核乳胶是溴化银及碘化银微结晶的明胶混悬液。微结晶的大小影响乳胶的性质。结晶大者显影后的层次丰富，但分辨率低、背景高；结晶小的反之。

曝光应在密闭的暗盒中进行，曝光时乳胶层应干燥，通常在 4～6℃下曝光，用光学显微镜观察，^{3}H 标记的切片曝光时间为 2～6 周，电子显微镜观察需曝光数个月。显影的关键因素是温度及时间的控制，适宜温度为 19℃±1℃。若曝光是在 4～6℃下，则在显影前应将曝光暗盒在室温中放置一段时间，以使切片的温度逐步回升。显影时间依不同的实验条件而不同。显影结束后，立即将其放入停显液，水洗后再入定影液。定影液的温度以 16～24℃为宜，温度过高会影响乳胶层的机械强度。定影后充分漂洗，之后染色。染色后可用常规的甲苯胺蓝、硫堇或焦油紫染色。染色后的切片以 DPX 封固。

第四节　顺行示踪技术

以上几节介绍的大多是逆行追踪技术，下面介绍几种常用的顺行示踪技术。顺行示踪技术是近几年新兴的示踪技术，目前较常用的有病毒示踪法、霍乱毒素追踪法、葡聚糖追踪法及植物凝集素追踪法等。每种方法各有利弊，下文将逐一介绍各种方法。

一、病毒示踪法

活的病毒是近几年出现的一种新的束路追踪工具，尤其适用于跨突触的多级追踪。有些示踪剂虽也可进行跨突触标记，如 WGA-HRP，但经过突触后在第二级神经元中的浓度常较低，不足以标记下一级神经元。而活病毒是可以自我复制的，即使在第二级神经元中的最初病毒数很少，但经一定时间后可以有很强的标记，甚至可顺次出现在下级神经元，这是其他示踪剂不具备而活病毒独具的特点。目前常用的有两种疱疹病毒，单纯疱疹病毒 1 型及 2 型（herps simplex，HSV-1，HSV-2）、伪狂犬病病毒和带状疱疹病毒。例如，将单纯疱疹病毒 1 型注入小鼠舌下神经 3 天后，舌下神经核内有大量病毒，再过 3 天，脑干内各终止于舌下神经核的核团均出现明显标记。另一方面，病毒追踪法也有其局限性。其一，神经元的标记依赖于病毒的浓度，通常 HSV-1 仅 50% 有效，用低浓度病毒可得到无细胞溶解的好标记，降低了假阳性出现的概率，但是标记动物跨突触神经元数目的百分率会降低（约 20%）。其二，由于星形胶质细胞和巨噬细胞吞噬病毒及来源于感染神经元分解的细胞碎片，限制了病毒的扩散，大多数标记的胶质细胞实际上位于阳性神经元的周围。病毒的使用也有其动物种属的特异性。疱疹病毒似乎较适用于灵长类，而伪狂犬病病毒谱系更适合于大鼠和小鼠。

二、葡聚糖追踪法

葡聚糖（dextran）是由肠系膜明串珠菌产生的多聚体，分子质量有大有小，用于示踪的葡聚糖分子质量一般在 3kDa。葡聚糖与不同的标记物结合形成各种追踪剂。较常用的有四甲基罗达明葡聚糖胺（tetramethylrhodamine-dextran amine，TMR-DA）和生物素葡聚糖胺

(biotinylated-dextran amine, BDA)，两者均可用于顺行和逆行追踪，但 BDA 的顺行追踪结果优于逆行追踪。BDA 与抗生物素蛋白之间有特别强的亲和力，常用结合了过氧化物酶或荧光素的抗生物素蛋白与之孵育结合，通过组化反应或荧光显微镜观察显示标记结果。葡聚糖追踪法的优点是，注射部位局限，动物存活时间较短，显色反应程序简单，灵敏度高，能进行多重顺行追踪标记。

三、凝集素追踪法

植物凝集素是通过神经细胞膜上特异性受体介导而被胞饮入神经元内的。用作束路追踪的植物凝集素主要有麦芽凝集素（WGA）和菜豆凝集素（phaseolus vulgaris agglutinin，PHA）。WGA 的灵敏度高，可用作顺向及逆向追踪，通常将 WGA 与 HRP 偶联成 WGA-HRP，用于顺行追踪。而 PHA 是由四个亚单位组成的糖蛋白，四个亚单位均为 E 者为 PHAE，四个均为 L 者为 PHA-L。PHA-L 法在 1984 年由 Gerfen 及 Sawchenko 首先报道用于顺向追踪。此法的优点是所显示的神经纤维末梢形态非常细致，基本上没有过路纤维的问题。PHA-L 的注入通常用 2%～3% 的溶液以电泳法导入。电泳强度及通电时间因所需注射范围的大小而异，一般常用 2～4μA，通电 15～30 分钟。通直流电后电极的阻抗可能很快增高，故一般采用 7 秒通电、7 秒断电的间歇电流。压力注射效果差，且易造成逆行标记，其原因尚不清楚。PHA-L 被胞饮入神经元胞体后，经慢速轴浆运输至末梢，其运行速率为 4～6mm/d。PHA-L 泳入后动物最合适存活期的估计应考虑所标记通路的长度。由于 PHA-L 在脑内可维持 4～5 周不降解，因此可追踪很长的神经通路，并且有效而恒定的注射还可到达动物的整个脑区，包括猫、鼠和灵长类。PHA-L 泳入后，一般动物存活 7～21 天，灵长类可存活 3～4 周。一般用 4% 多聚甲醛溶液对 PHA-L 进行固定，先灌注生理盐水，后灌注多聚甲醛，灌注量视动物大小而定。15～30 分钟灌完，取组织后固定 6～12 小时，20% 蔗糖溶液沉底，冰冻切片，片厚 30μm，切片收集于磷酸钾缓冲盐液（0.02mol/L，pH7.4）。然后用抗 PHA-L 抗体行免疫组化 ABC 法显示。

总之，各种追踪方法各有利弊，最重要的是追踪剂的选择。其选择取决于多种因素，包括动物的种类、年龄、运输方向（顺行或逆行）和整个实验的目的。在进行追踪实验时，应根据实验设计选择合适的方法和试剂，并且具体情况具体分析，摸索出行之有效的实验条件，以期获得最佳实验结果。

（张涟双　章为　王廷华）

参 考 文 献

杜卓民.1998.实用组织学技术.第 2 版.北京：人民卫生出版社
顾耀民，陈以慈，叶鹿鸣.1991.钨酸钠作为稳定剂的新的高灵敏 HRP-TMB 法——Ⅰ.光镜研究.神经解剖学杂志，6:121～127
顾耀民，陈以慈，叶鹿鸣.1991.钨酸钠作为稳定剂的新的高灵敏 HRP-TMB 法——Ⅱ.电镜研究.神经解剖学杂志，7:124～129

韩济生.1999.神经科学原理.第2版.北京:北京医科大学出版社,8~26

鞠躬,万选才,董新文.1985.神经解剖学方法.北京:人民卫生出版社

李继硕.1998.神经解剖学.西安:第四军医大学出版社

李忠华,王兴海.1997.解剖学技术.第2版.北京:人民卫生出版社

吕国蔚.2002.实验神经生物学.北京:科学出版社,231~247

张培林.1987.神经解剖学.北京:人民卫生出版社

朱长庚.2002.神经解剖学.北京:人民卫生出版社,35~52

Gerfen CR, Sawchenko PE. 1985. A method for antrograde axonal tracing of chemically specified in thecentral nervous system. Brain Res,343:144~150

Gimlich RL, Braum J. 1985. Improved fluorescent compond for tracing cell linage. Dev Biol,109:509~514

Graham RC Jr, Karnovsky M. 1996. The early stages of absorption of injected horseradish peroxidase in the proximal tubules of mouse kidney: ultrastructural cytochemistry by a new technique. J Histochem Cytochem, 14:291~302

Haines DE. 1997. Fundamental Neuroanatomy. New York: Churchill Livingston Inc

Katz LC, Iarovici DM. 1990. Green fluorescent latex microspheres: A new retrograde tracer. Neuroscience,34:511~520

Kristensson K, Olsson Y, Sjostrand. 1971. Axonal uptake and retrograde transport of exogenous protein in the hypoglossal nerve. Brain Res,32:399~406

Kuypers HGJM, Catsman-Berrevoets CE, Pad RE. 1977. Retrograde axonal transport of fluorescent substance in the rat forebrain. Neurosci Lett,6:127~135

Lasek RJ, Joseph BS, Whitlock DG. 1968. Evaluation of radioautographic neuroanatomical tracing method. Brain Res, 6:319~336

LaVail JH, LaVail MM. 1972. Retrograde axonal transport in the nervous system. Science,176:1416~1417

Light AR, Perl ER. 1979. Re-examination of dorsal root projections to the dorsal horn including observations on the differential termination of coarse and fine fibers. J Comp Neurol,186:117~132

Malmgren L, Olsson Y. 1978. A sensitive method for histochemical demonstration of horseradish peroxidase in neurons following retrograde axonal transport. Brain Res, 148:279~294

Mesulam MM. 1978. Tetramethyl benzidine for horseradish peroxidase neurohistochemistry: a non-carcin-ogenic blue reaction product with superior sensitivity for visualizing neural afferents and efferents. J Histochem Cytochem,26:106~117

Nance DM, Burns J. 1990. Fluorescent dextrans as sentitive anterograde neuroanatomical tracer. Application-and-pitfalls. Brain Res Bull, 25:139~145

Rose FD. 1998. Virtual environments in brain damage rehabilitation: a rationale from basic neuroscience. Stud Health Technol Inform,58:233~242

第七章 形态定量技术及其应用

第一节 概 述

目前科学研究的发展趋势是：①生物科学研究的突飞猛进；②各门学科的"数学化"或称"量化"，即定量研究；③生物组织结构形态研究的定性和描述状态。

研究正常或病理组织形态结构的特征及其与功能的关系是生物医学研究的基础。任何器官、组织或细胞等结构都是由多种成分或形态结构组成的。在正常情况下，构成某一组织的多种细微结构应具有一定的几何形态和几何特征以行使其正常功能。为了全面认识多种组织结构，对形态特征的阐述既要定性，也要定量，这样才能使人们对结构与功能的关系有更多的了解。马克思曾经说过："一种科学只有在成功地运用数学时，才算达到真正完善的地步。"近10~20年来，国际形态研究领域已开始出现"量化"势头，已有生物结构形态定量研究的文献报道。而国内形态研究领域近年来也开始有"量化"科研文章的报道。体视学作为一门定量研究组织结构几何特征的基本方法学，已引起了形态研究领域的高度重视。但是，目前体视学方法实际应用的例子还不多，仍有不少形态研究领域有待发挥体视学的作用。本章介绍与体视学有关的一些内容。

第二节 目前形态定量研究方法简介

一、显微分光光度计的应用

用平行单色光透射样品（切片、涂片），通过测定被吸收光的峰值来检测某成分的含量，如核酸（260nm）、某些燃料、某些酶组化反应物等，通过显微分光光度计（microspectrophotometer）可检测其含量。

二、流式细胞计的应用

流式细胞计（flow-cytometer）是对细胞进行自动分析和分选的装置，它可以快速测量、存储、显示悬浮在液体中分散细胞的一系列重要生物物理、生物化学方面的特征参数，并可以根据预选的参数范围把指定的细胞亚群分选出来。多数流式细胞计是一种零分辨率的仪器，它只能测量一个细胞的诸如总核酸量、总蛋白量等指标，而不能鉴别和测出某一特定部位的核酸或蛋白的多少。但对染色的细胞悬液，可使单细胞高速通过激光照射区，在电场作用下，分离获得细胞数并对所获得的信号进行系统分析，从而对细胞内某物质的含量等各种正常、异常数据进行测定。流式细胞计主要由四部分组成：流动室和液流系统；激光源和光学系统；光电管和检测系统；计算机和分析系统。

三、图像分析技术——体视学技术

1. 自动图像分析仪（automatic image analyser） 以计算机在切片或照片等二维空间上识别（处理）图像后获得的参数，如面积、长度、轮廓面数及某成分的相对含量（灰度），进而获得三维空间的参数。

2. 人工图像分析（manual image analysis） 应用体视学（stereology）技术进行计量研究，即体视学技术的直接应用，该方法更准确。

第三节 体视学概述

一、体视学的发展历史

最早的体视学原理有意大利17世纪数学家提出的卡瓦列里（Cavalieri）原理和法国19世纪地质学家提出的德莱塞（Delesse）原理。形态定量研究在材料学和地质学领域中开展得比较早，而在生物医学中开展得比较晚。对金属材料的形态定量研究被称为"定量金相"，对生物组织结构的形态定量研究被称为"形态定量"。

1968年，国际体视学学会成立，并把"定量金相"和"形态定量"融入体视学。以后，体视学得到迅速发展，开始普遍地应用于生物医学中。20世纪80年代是体视学理论发展与完善的重要时期，一些关键而棘手的问题（如各向同性测试和粒子数目及其平均体积的无偏估计等）在此期间得到了解决。20世纪80年代末，根据体视学原理设计的新型图像分析系统可在电脑显示器上清晰观察组织切片图像，并可进行测试视野的等距抽样；还有体视学测试系统软件可在组织图像上叠加所需的测格，使体视学测试更为简便。1988年12月，中国体视学学会和中国生物医学体视学学会正式成立，体视学在中国得到了迅速推广和应用。

二、体视学的概念

体视学是从特征物的截面或投影图像来定量研究或描述特征物、确定其空间结构的科学。换而言之，体视学是指研究从切片上观察到的二维平面图像，进而获取有关三维立体显微结构的定量资料的方法学。这些定量资料包括体积（分数）、表面积（密度）、长度（密度）、平均厚度、平均大小、大小分布和数目（密度）等。因此，体视学学会对图像分析、图像处理、数学形态学、地理统计学、随机几何学、模式识别、分形几何学、三维显微镜术等领域感兴趣。

(一) 特征物

特征物就是要定量研究的形态结构,即感兴趣的某种组织结构,它具有一定的形状和分界,在肉眼或显微镜下可以识别或分辨。空间内的特征物称为三维特征物;平面上的特征物称为二维或平面特征物;离散分布的、可计数的特征物称为粒子,如肾小球、细胞、细胞核等;离散分布的、可计数的平面特征物称为轮廓面,如血涂片上的血细胞,甚至粒子在切片(平面)上的断面等。

(二) 形态学描述

组织学和病理学的基本内容之一就是对各种特征物进行形态学描述。形态学描述主要包括三个方面:大小和多少、形状、构筑或空间分布。其中空间分布又包括地理分布(位于什么位置)、定向分布(位于什么方向)和大小分布(频率分布或变异系数)三个方面。

未进行测量、未提供数据资料,仅仅基于眼睛观察的描述是一般的形态学描述;提供了有关特征物几何特征的数据资料的描述称为形态定量描述或定量形态学描述。两种描述相比较,前者比较简单、直观,但主观性较大,可比性较差;后者比较麻烦(需进行测量分析),但结果较为客观,可比性较好。两者相结合,则描述更为全面。

在形态学研究中,由于特征物在不同条件或不同情况下,形态学特征会有显著的变化,故需"量化"或客观表达这种变化,称作特征物的形态定量研究。形态定量研究中,看不到的不能测,这就意味着形态定量研究的对象是可见的、有形的组织结构;如果所研究的特征物模糊不清,则研究结果自然也是"模糊的";所研究的特征物需有一定的定义,这包括特征物的分界以及在何种条件(如制片过程、显微分辨率等)下进行观察。

(三) 特征物的形态定量特征

特征物的形态定量特征可概括为两个方面:度量特征和拓扑特征。

1. 度量特征 如体积、表面积、高度、长度、厚度、变异系数、平均曲率等。

2. 拓扑特征 如粒子或轮廓面的数目等,是与度量特征无关的、不受其任意连续变形(如伸缩、肿胀、皱缩,但无任何撕裂或黏合)所影响的特征。

(四) 体视学定量研究的基本步骤

体视学定量研究的基本步骤有以下三步:
(1) 获取要测量的组织图像。
(2) 在图像上叠加或叠映测格,然后进行点计数等测试。
(3) 将测试结果代入相应的估计公式,经简单的数学运算后即可得到体视学估计的结果。

三、体视学的基础理论

体视学实质上是应用数学的一个分支,其主要基础理论有概率论、数理统计、几何学、微积分等。下面用一个实例简单说明体视学的理论与实践。

假设一个面积为 A_0 的长方格分为两个部分或两个相(第一相和第二相),面积分别为 $A(1)$ 和 $A(2)$,则

$$A_0 = A(1) + A(2) \tag{7-1}$$

因此,各相在长方格内所占的面积比例——面积分数分别为

$$A_A(1) = A(1)/A_0 \tag{7-2}$$

$$A_A(2) = A(2)/A_0 \tag{7-3}$$

若在长方格内随机地置一点,即该点可能位于长方格内的任何位置,其坐标 (x,y) 由两个独立的随机数字确定,那么,该点位于第一相和第二相的概率(机会)分别为

$$P_1(1) = A_A(1) \tag{7-4}$$

$$P_2(2) = A_A(2) \tag{7-5}$$

若在长方格内反复置 P_0 个随机点,其中有 $P(1)$ 个点位于第一相内,有 $P(2)$ 个点位于第二相内,那么,面积分数可估计为

$$A_A(1) = P(1)/P_0 \tag{7-6}$$

$$A_A(2) = P(2)/P_0 \tag{7-7}$$

根据以上推理,面积分数可进行实际估计。

在一透明胶片上,事先画好若干个随机点,其分布范围大于长方格的范围,然后将透明胶片随机地置于长方格上,计数位于长方格内的总点数(P_0)以及位于其中各相内的点数[$P(1)$ 和 $P(2)$],最后根据式(7-6)和式(7-7)估计面积分数,图解图见7-1。

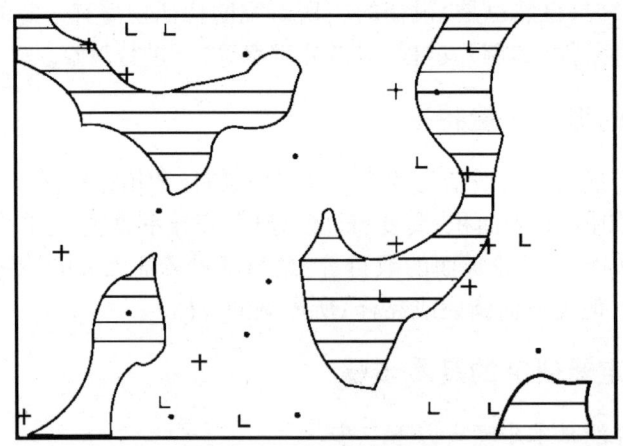

图 7-1 面积和面积分数的估计

图 7-1 说明:长方格被分为两相,阴影部分及其周围部分。长方格内共有 30 个随机点,其中有 5 个点位于阴影部分内,25 个点位于其周围部分内。因此,阴影部分及其周围部分在长方格内的面积分数的估计分别为 17% 和 83%。长方格内有 3 种形状的随机点各 10 个,分别有 2 个、2 个和 1 个点位于阴影内,若仅据 10 点进行估计,则阴影部分面积分数的 3 个估计值分别为 20%、20% 和 10%,平均为 17%,标准差为 6%;周围部分面积分数的 3 个估计值分别为 80%、80% 和 90%,平均为 83%,标准差为 6%。

此外,面积分数还可按以下方法实际估计:

在一张透明胶片上,事先画好若干等间距或规则排列的点。例如,画一网状方格,把其中的直线交叉看做点;然后将网状方格随机地叠加于长方格上(网状方格必须完全覆盖长方格),计数位于长方格及其中各相内的点数,最后根据式(7-6)和式(7-7)估计面积分数,图解见图7-2。

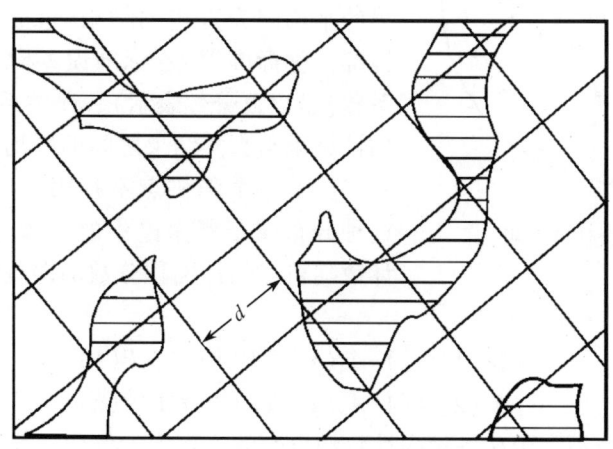

图7-2 面积和面积分数的估计

图7-2说明:在长方格上随机叠加一个网状方格(网状方格面积大于长方格),把其中相互垂直的直线交叉看做点,长方格内共有25个这样的点,其中6个点位于阴影部分内,网状小方格的边长为d。因此,阴影部分、周围部分和整个长方格的面积分别估计为$6d^2$、$19d^2$和$25d^2$(长方格的真实面积为$24d^2$),阴影部分及其周围部分面积分数的估计分别为24%和76%。

若已知长方格的面积为A_0,则根据面积分数可估计各相的面积,即

$$A(1) = A_0 \cdot A_A(1) \tag{7-8}$$

$$A(2) = A_0 \cdot A_A(2) \tag{7-9}$$

若计数的是方阵排列的点,如网状方格中的直线交叉点,点间距为d,则不必计算长方格的面积,也可估计各相的面积,即

$$A(1) = d^2 \cdot P(1) \tag{7-10}$$

$$A(2) = d^2 \cdot P(2) \tag{7-11}$$

图解见图7-2和图7-3。

图7-3说明:圆内有三组方阵排列的点,点间距均为d,各组点的数目分别为13、13和11。圆面积的估计因此为$13d^2$、$13d^2$和$11d^2$,平均为$12.3d^2$,标准差为$1.2d^2$。圆的真实面积约$12.6d^2$。

上述估计面积和面积分数的方法,称为点计数。显然,这种方法简便易行,不过,关于这种方法估计的准确性问题比较复杂。一个较为简单实用的方法是:进行多次随机的估计,计算其平均值和标准差(图7-2和图7-3),标准差的大小即可反映估计值的准确性。

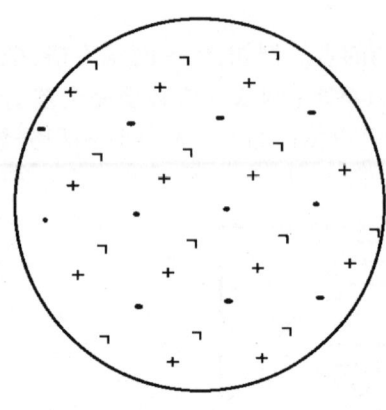

图7-3 点计数估计面积

从理论上讲,点计数估计的误差可如下进行考察:

(1) 若计数的点的位置不同,则估计结果亦可能不同。点在平面上的位置有无穷多个,因此,所有可能的估计结果也有无穷多个。这无穷多个估计结果的平均即为真实的结果;这无穷多个估计结果的标准差称标准误差;标准误差除以真实结果即误差系数(常以百分数表示)。误差系数相当于一个随机估计结果与真实结果之间的平均的绝对离差(%)。

(2) 一个随机点不在第一相内就在第二相内,这种分布属于概率论中的二项分布。根据概率论,计数随机点估计面积分数的误差系数的平方为

$$CE^2(1) = [1-A_A(1)]/P(1) \leq 1/P(1) \quad (7-12)$$
$$CE^2(2) = [1-A_A(2)]/P(2) \leq 1/P(2) \quad (7-13)$$

这表明,误差系数不大于在各相内计数的点数的二次方的倒数。换句话讲,在各相内计数的随机点的数目不超过100～200个,即可获得不大于7%～10%的误差系数。

(3) 若计数方阵排列的点,估计一个图形的面积,该误差系数的估计比较复杂,平均约为

$$CE = 0.269(B/\sqrt{A})^{1/2}/P^{3/4} \quad (7-14)$$

式中,P指在该图形内计数的点数(方阵排列的点需在随机的位置和方向上,叠加于待测图形上),B指该图形的周界线的长度,A指该图形的面积,$B/\sqrt{A}$反映该图形的形状。对于由n个轮廓面组成的图形,其$B/\sqrt{A}$约为$n \cdot b/\sqrt{a}$,其中$b/\sqrt{a}$反映轮廓面的"平均"形状。该式表明,估计一个圆的面积时,在圆内只要能计数22个方阵排列的点,圆面积估计的误差系数将不超过5%。当所测图形的形状很复杂时,即当$B/\sqrt{A}$很大时,上式将高估误差系数。不过,误差系数一般均小于$1/P$,即小于计数相同数目的随机点的误差。

(4) 面积分数估计的误差系数一般均小于各相面积估计的误差系数。也就是说,在各相内计数不超过100～200个点,所得误差系数不大于7%～10%。

四、体视学技术的常用参数

(一) 常用参数

参数是定量描述特征物的指标,常用的参数有以下两类:

1. 绝对参数 为与参照系大小无关的参数。绝对参数有单位,一般比相对参数更有比较价值,更有说服力。

(1) 体积(volume,V):如器官、结构、细胞、细胞器等的体积。

(2) 表面积(surface area,S):如肠绒毛、微绒毛、肺泡、线粒体内膜、滤过屏障等的表

面积。

(3) 长度(length, L):如神经纤维、毛细血管等的长度。

(4) 数目(number, N):如肾小体、肺泡、细胞、线粒体等的数目。

2. 相对参数 为与参照系大小有关的参数。相对参数指单位体积内的量占多少比例。

(1) 体积分数(volume fraction, V_V):以百分数(%)或小数表示。

(2) 表面积密度(surface density, S_V):以 μm^{-1} 表示。

(3) 长度密度(length density, L_V):以 μm^{-2} 表示。

(4) 数密度(numerical density, N_V):以 μm^{-3} 表示。

(二) 参数的选择

在选择参数时,首先应该考虑特征物的体积有无变化,只有当体积无变化时,参数的比较才有意义。相对参数一般不能直接应用;因为采用相对参数,可能得出模棱两可甚至是错误的结论。直接应用相对参数比较时的条件是:该研究结构的总体积没有变化,否则结论不可信。

若参照系大小相同,则相对参数和绝对参数有同样的比较价值。有时参照系的大小难以或无法估计,只得利用相对参数,这种相对参数的比较应该慎重。例如,皮肤、脊髓等的总体积就难以估计。要选择与皮肤表皮的基底面有关的参数,可选择单位体积的表皮组织(可不考虑角质层)内基底面的面积,或皮肤表面的面积与基底面面积之比。有时,相对参数是很有用的。例如,为反映不同肠段的绒毛的丰富或茂密程度,选用单位体积的肠壁组织内绒毛的表面积这个参数不好,而选用各肠段的单位体积肠壁组织内绒毛的表面积与浆膜面的表面积之比较好。有时,可假想一个参照系,例如,为反映不同肠段的绒毛的茂密程度,可选用参数绒毛表面积与绒毛"基底面"面积之比。所谓绒毛"基底面",指各绒毛底部的连接面,其在切面(平面)上的轮廓线即肠腺开口处之间的人为直线连线。该参数亦可反映小肠绒毛增大肠内表面积的程度。为反映微绒毛增大肠表面积的程度,可选用参数微绒毛表面积与微绒毛"基底面"面积之比。微绒毛"基底面"即微绒毛底部的连接面,或者将微绒毛切掉后的遗留面。

合适的参数既能明确反映特征物的形态学特征,又能联系结构与功能之间的关系。同时,组织结构与功能密切相关,不同生理或病理状态下,特征物常具有不同的形态学特征。是选择与体积、表面积、长度和厚度等有关的参数,还是与数目、形状和空间分布等有关的参数,是选择相对参数还是绝对参数,应该根据研究目的来确定。选择的参数应该能恰当地反映特征物的形态学特征和功能状态,因此具体的选择应更多地以实际情况为依据。

第四节 体视学技术的基本方法

体视学定量研究的基本步骤有三步:获取要测量的组织图像;在图像上叠加或叠映测格,然后进行点计数等测试;将测试结果代入相应的公式,经简单的数学运算后得出估计结果。进行形态定量研究不仅意味着测试,对组织图像的质量要求较高,而且也意味着为得到可信的、可比的结果,有必要计划和统一各个实验环节,制订实验计划等。

一、设　计

体视学定量研究前应该根据研究目的确定实验的研究对象,并选择合适的参数。

1. 确定特征物　即根据研究目的来确定观察指标,如器官、组织、细胞、结构等。

2. 选择参数　参数的选择主要由研究目的决定。确定研究目的,即建立要检测的假设,希望得到什么样的结果,将要说明什么问题等。因而,参数的选择对研究的顺利进行和研究结果的可靠性至关重要。具体的选择则主要由实际情况决定(见本章第三节的第四部分)。

二、抽　样

体视学常用于研究一定实验条件下某种生物某个器官内某种特征物的形态定量特征。然而,人们不能为此而研究这类生物的所有个体,也往往不能把整个器官完全切成切片来研究,往往只能(实际上也只需)研究某几个生物个体的一个器官的某几张切片,甚至一张切片上的某些视野。为了使从切片上获得的研究结果能准确地反映该类生物的某种特征物的总体特征,必须适当地选择生物个体、组织块、切片和视野等。一句话,必须适当抽样。抽样在体视学中同样至关重要,抽样是否合理、可靠,决定着整个结果是否合理、可靠。

抽样的原则是随机原则或同等可能性原则,即总体内的各个元素,或各个对象、各个部分,均有相同的且独立的机会被抽选出来组成样本。或者说,样本可能取自总体空间内的任何位置。样本的选择必须排除主观有意的选择,以保证样本是总体的真正缩影,使总体的特征在样本中得以再现。因此,测试的组织块、切片、视野、轮廓面等应随机确定。

所研究对象的全体称总体;构成总体的所有元素的数目称总体含量。含量无穷大的总体称抽象总体;含量有限的总体称具体总体。从总体中实际抽取出来研究的若干元素构成样本;样本内元素的数目称样本含量。总体和样本的定义由需要而定:①研究一定实验条件下的某种生物器官时,该种生物或器官构成总体,且该总体常常被假设为抽象总体;实际用于研究、处理和测试的生物或器官构成样本。②利用切片研究一器官时,该器官或者从该器官可以切取的所有切片(截面)称为总体。不过,若将从一器官切取的所有切片看做总体,其是具体总体;实际采用的切片构成样本。③据交叉点计数估计一轮廓面的周长时,该轮廓面或者测线能与该轮廓面的周界线形成的所有交叉点即称为总体,其是抽象总体;实际计数的若干交叉点构成样本。而所体视学研究涉及的总体常常是抽象总体。

抽样不仅要保证随机性,还应具备有效性,即要从尽量少或尽量简便的工作中获得尽量好或尽量准确可靠的结果。为了保证抽样的随机性和有效性,抽样应讲究方法,抽样数量应尽量简单或少。从某种意义上讲,体视学方法就是一种统计学方法。

(一) 抽样方法

体视学中的随机抽样主要有单纯抽样、等距抽样、加权抽样、分层抽样、阶段抽样和各向同性抽样等六种形式。这里将主要介绍形态学研究中常用的单纯抽样和等距抽样。

1. 单纯抽样 即单纯根据随机原则进行的随机抽样。

（1）随机数抽样：如将一器官完全切成组织块，或将一器官或组织块完全切成连续切片，并将所有组织块或切片按任意的顺序进行数字编号。随意从随机数字表中或在计算机上选择若干个不重复的，且在组织块或切片编号范围内的随机数字。随机数字所对应的组织块或切片即为要抽取的组织块或切片。这种抽样由于各个数字有均等的、独立的（即互不影响的）机会被抽选，是单纯随机的。

（2）摇奖或抽签抽样：用摇奖或抽签方式选择随机数字，随机数字所对应的组织块或切片即为所要抽取的组织块或切片。

（3）盲眼抽样：如将一器官完全切成大小相似的组织块，盛于一个容器内。事先确定需抽取多少组织块，闭眼从容器内任意抽取所需数目的组织块；或者不断摇混组织块，总是从容器内的某一位置抽取组织块；或者请外行来任意抽取。这种抽样方法可认为是单纯随机的。

（4）坐标抽样：如将一较大的器官（肺、肾等）切成若干平行组织薄片，将其任意平置于一网状方格纸或胶片上，把网状方格当做一坐标，事先任意确定 X 轴和 Y 轴，并标上刻度。这样，X 轴和 Y 轴方向的直线的交叉点由两个数字 (x,y) 确定。独立地（互不影响地）选择若干随机数字组 (x,y)，这些随机数字组确定的坐标位置即为要切取组织块的随机中心位置。图解见图7-4。

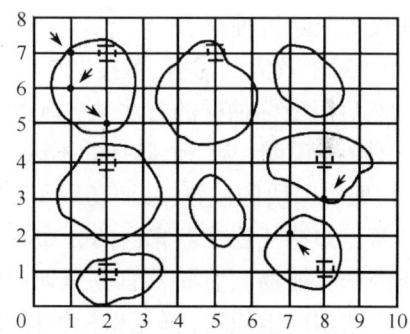

图7-4　组织块的随机切片

图7-4说明，图中曲线围成的8个轮廓面，表示从一器官切取的8个平行组织薄片，置于一个有刻度的网状方格上。由5个随机数字组(1,6)、(1,7)、(2,5)、(7,2)和(8,3)确定了相应5个组织块的切取位置（图中箭头所指）。组织块的这种抽样是单纯抽样，或面积加权（单纯）抽样。图中又示有另外5个组织块的切取位置，由网状方格中的粗线的交叉点确定（图中虚线小方格所示）。组织块的这种抽样是等距抽样，或面积加权（等距）抽样。

2. 等距抽样 在形态学研究中最常用，是按任意事先确定的顺序（从小到大）和间距（N，如10）随机开始的随机抽样。在抽样前，应该首先在间距数字内按单纯抽样的方法确定一个随机数字——等距数字（X，如5），由此，所要抽选的数字为 $X+N$（如5、15、25、35…）。样本之间的抽样距离应根据组织大小及切片张数来确定。

（1）数字的等距抽样：将所要抽选的组织块、切片等事先进行编号，按等距数字抽取组织块、切片等，这就是等距（随机）抽样。

（2）切片的等距抽样：将器官或组织块连续切片，预计完全切片张数和抽样切片数，按等距数字抽取一定数量的切片，直到无法抽取为止，研究全部抽取的切片。这样抽取的切片称等距（随机）切片。

（3）组织块的等距抽样

1）对于较小的器官，可按图7-5切取组织块，然后在组织块的切面上切取光镜切片。

图7-5说明，斜线阴影部分即为切取的组织块，图中示有切取2、3、4、5个组织块的情况。

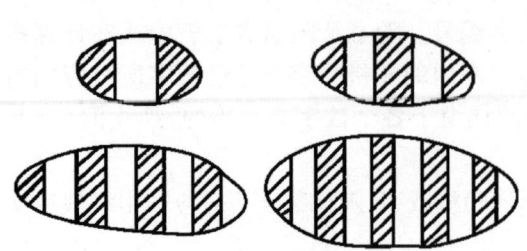

图 7-5 组织块的切取(1)

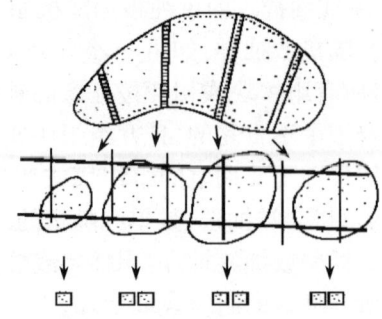

图 7-6 组织块的切取(2)

若这样切取的组织块(组织薄片)太大,不适于以后处理和切片,可再按坐标抽样的方法,确定要切取的组织块的随机中心位置(详见坐标抽样及图 7-4)。这样的组织块切取方法称面积加权等距随机抽样。

2) 对于较大的器官,可按图 7-6 大致等间距地从器官的不同部位切取组织块(组织薄片),然后用坐标抽样的方法从各薄片中切取组织块。

图 7-6 说明,从一个器官的不同部位切取了 4 个组织薄片,网状方格叠加于其上确定了 7 个切取组织块的位置,从而切取了 7 个组织块。

若已知特征物在器官内的分布很不均匀(如分皮质和髓质的器官,只研究位于皮质或髓质内的特征物),宜将器官完全切成组织薄片,从所有这些薄片中按面积加权等距随机抽样的方法切取组织块(详见坐标抽样及图 7-4)。

(4) 视野的等距抽样:切片上等距选择视野是非常实用、有效的。视野等距抽样的原则如下:

1) 光镜切片:在事先确定的切片的某一部位或某一角选择第一个视野,然后按照事先确定的顺序或方向以等距数字的间距依次选择视野(图 7-7～图 7-10)。事先实际考察一两张切片的情况,即可帮助确定视野选择的方向和间距。载物台上的刻度尺用于确定视野的间距。移动切片选择视野时,看刻度尺而不看视野。这样选定的视野不应随意移动或放弃,无论在什么地方,除非所选择部位的切片已有破坏,或染色效果确实不好,或有人工假象。若事先确定只选择一定数目的视野,则选择到这个数目的视野后就应停止选择。

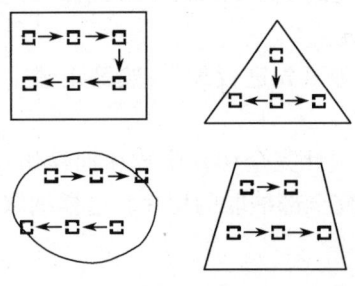

图 7-7 视野的选择(1)

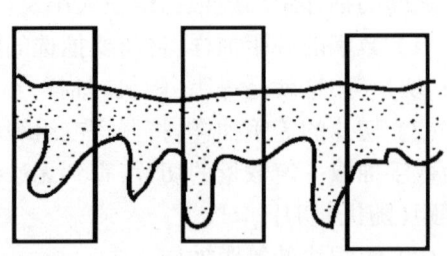

图 7-8 视野的选择(2)

图 7-7 说明,图示 4 种不同形状切片上的视野的等距抽样。箭头示视野的选择方向,视野间距相同。

图 7-8 说明,图中点状阴影部分示皮肤表皮的垂直切片的图像(也示其他类似的图像),长方格示 3 个选择的视野,贯穿图像的游离面和基底面,视野间距相同。

图 7-9 说明,图中点状阴影部分示呈层状分布的图像,其中正方格示选择的视野。这样选择的视野,既可能包含各层结构的图像,又有较广泛的延伸,还可反映不同深度的各层结构的图像特征,从而反映特征物由浅至深的分布特征。

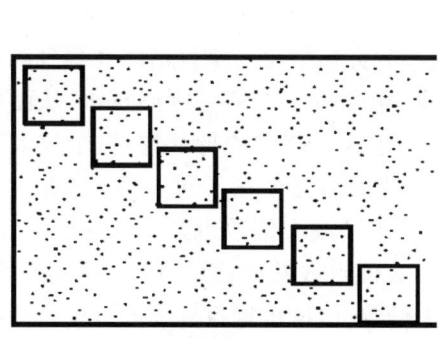
图 7-9 视野的选择(3)

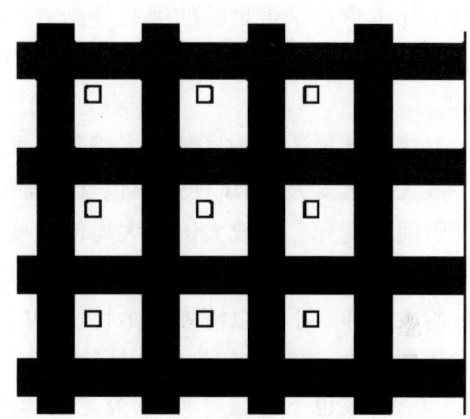
图 7-10 视野的选择(4)

2) 电镜切片:总是在铜网方格事先确定的某一或某些部位(如左上角或中央)选择视野(图 7-10)。

图 7-10 说明,图中网状方格示铜网,方格内的小方格示超薄切片上的视野选择部位,视野总在铜网方格的左上角。

(二) 抽样设计的考虑

抽样设计的目的就是要以尽量小的代价获取尽量准确、可靠的估计。

1. 理想的抽样 即抽样方法和样本含量理想的抽样。首先,理想的抽样方法必须是随机的。在随机的抽样方法中,等距抽样方法往往比单纯抽样更理想。对于较小的器官,切取等距切片比较理想;对于较大的器官,面积加权的等距抽样是比较理想的切取组织块方法。对于需要利用测线的体视学估计,切取各向同性均匀随机切片(IUR 切片)或垂直切片,进行各向同性测试的方法比较理想。面积加权的等距抽样是切片上视野抽样比较理想的方法。而刚好能获得被认为是准确、可靠的估计的样本含量就是理想的样本含量。

2. 抽样设计的注意事项

(1) 确定总体或参照空间,样本要取自整个参照空间。活检材料的研究反映的只是可能的活检部位特征,应该注意参照空间的统一。

(2) 样本含量不是由参照空间的大小确定的。也就是说,对于较小的器官,样本含量就未必可以较小。样本含量是由特征物在参照空间内的分布情况、抽样方法和拟获得的准确性来确定的。

(3) 研究样本并非为研究而研究,而是为了研究或推论其发源地——总体。因此,样本的抽取应该是随机的、排除主观影响的。

(4) 抽取切片、视野等研究一定条件下的某种生物器官时,实际用于计算平均估计值、标准差等的样本是生物器官构成的样本,样本含量就是生物(器官)的数目。切片仅是估计某一生物器官的样本,视野仅是某一切片的样本。

(5) 阶段抽样的重点是较为初级阶段的抽样。阶段抽样的原则是:宁多而粗,勿少而精。

(6) 样本含量是否足够的经验判断方法是:看最终计数的测点数(或交叉点数、轮廓面数,或测量的长度数目)是否接近 100~200 个,若已达 100~200 个,则样本含量往往已足够。

(7) 注意选择适当的显微放大倍数。理想的显微放大倍数是能刚好清晰观察到测试特征物。放大倍数太大,测试视野内包含的特征物较少,包含特征物的范围亦较小,从而可能增大视野间的变异。若放大倍数大得使某些视野内不包含有待测的特征物,这个放大倍数显然就不合适。对于较细小的结构,尤其是超微结构,常常有必要在不同分辨率和放大倍数下进行阶段抽样。不足以清晰显示特征物的显微分辨率和放大倍数也是不合适的。反之,若放大倍数太小,视野内包含的特征物太多、太密集,会使点或轮廓面的计数或长度的测量较麻烦、吃力,故也不合适。所以,究竟选择多大放大倍数,应该根据目标物的密度及清晰度来确定。

(8) 做一试点研究或实际考察对于抽样设计是很有用的,尤其是对于一项新开始的研究。

三、测　　试

(一) 测试工具——测格

测格是测试系统的简称,是定量测试图像的基本工具。它常常是画、印(如复印)或刻于玻璃片、透明胶板、透明胶片(投影片)、透明薄膜、纸或纸板上的,包含有点和(或)线、面的几何图案。应用时,将测格叠加或叠映于图像上,然后记录其与图像之间的关系。测格有很多种,如方测格、短线测格、曲线测格、摆线测格、点测格、平行线测格等。

1. 测格三要素　测点、测线、测面　网状方格是常用的测格之一(图7-11),其中既有测点(方格直线的交叉点),又有测线(方格中所有直线),还有测面(整个大方格)。图7-11 的网状方格中共有 100 个测点,若其中小方格的边长为 d,那么网状方格内测线总长度为 $200d$,测面总面积为 $100d^2$。由于测点总数与测线总长度和测面总面积之间有这种相关联的关系,故这种测格称关联测格,或称整测格。

图7-11 说明,测点总数 $P_0 = 100$,测线总长度 $L_0 = 200d$,测面总面积 $A_0 = 100d^2$,其中 d 为小方格边长或点间距。测格周围的虚线不是测线。

关联测格的重要意义是,当仅有部分测格覆盖图像时,只计数位于图像内的测点数 P,即可估计位于图像内的测线长度 L 以及位于图像内的测面面积 A(此即被覆盖图像的面

的估计)(图 7-12,图 7-13)。对于如图 7-12 的关联方测格,测点数与测线长度和测面面积之间的关联关系为

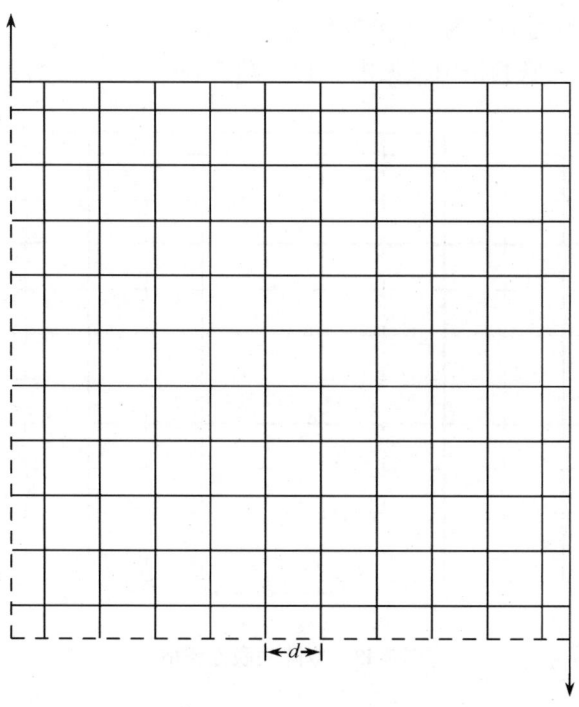

图 7-11　关联方测格

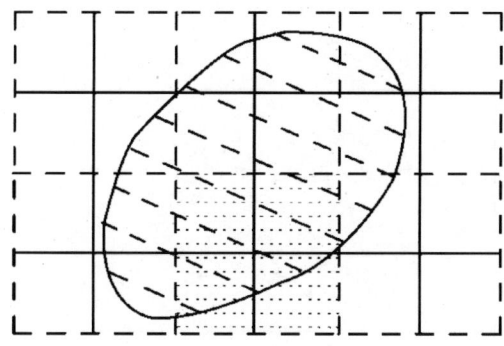

图 7-12　测点与测线、测面的关联关系

$$L = 2d \cdot P \tag{7-15}$$
$$A = d^2 \cdot P \tag{7-16}$$

这意味着,每一个测点所占有的或所关联的测线长度 $l(p)$ 和测面面积 $a(p)$ [即一个测点与两根测线($2d$)关联,与一个小方格的面积(d^2)关联]分别为

$$l(p) = 2d \tag{7-17}$$
$$a(p) = d^2 \tag{7-18}$$

图 7-12 说明:图中实线为关联方测格,虚线将其分为 6 个方格,每个方格内的实线长度

及每个方格的面积即为每个测点相关联的测线长度($2d$)和测面面积(d^2),见图中点状阴影部位。图中近似椭圆形的斜线阴影图形内有两个测点,因此该图形内的测线长度和测面面积(也即该图形的面积)的估计为 $4d$ 和 $2d^2$。

此外,常用的一些关联测格图案见图 7-13 ~ 图 7-18。

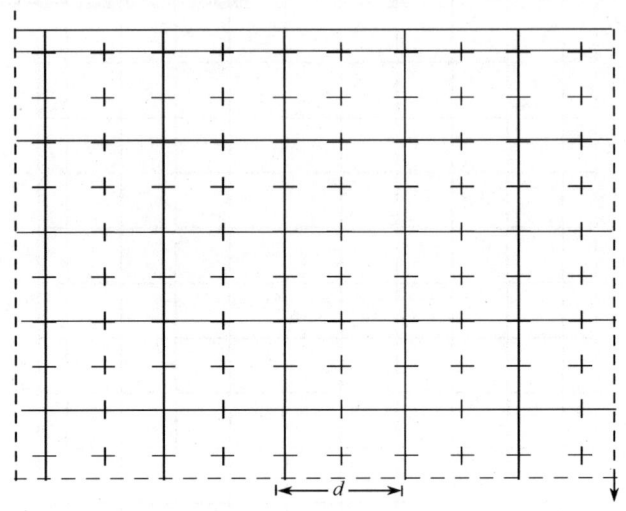

图 7-13　双阵关联方测格

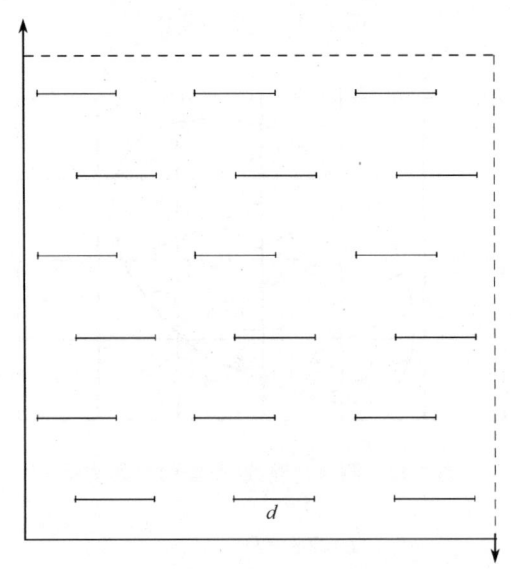

图 7-14　关联短线测格

图 7-13 说明:图中实线为测线,实线小方格边长为 d,实线交叉点(测点)共 25 个,整个测格面积为 $25d^2$,测线总长度为 $50d$。也可以把实线小方格内的"+"当做测点,共 25 个。还可把测格中的所有"+"当做测点,共 100 个。若把实线小方格内的测点看做粗测点,把所有

测点(包括粗测点)看做细测点,则细测点数与粗测点数之间的关联关系为 $P(细)=4 \cdot P(粗)$。即是说,在图像内只计数粗测点数就可估计图像内的细测点数。

图 7-14 说明:测格内有 18 条平行短线,每条的长度为 d,因而测线总长度为 $18d$,平行短线的间距为 d。将平行短线的两端点看做测点,共 36 个测点。测面总面积为 $6d \cdot 6d = 36d^2$。测点、测线和测面之间的关联关系为 $L=(d/2) \cdot P, A=d^2 \cdot P$。

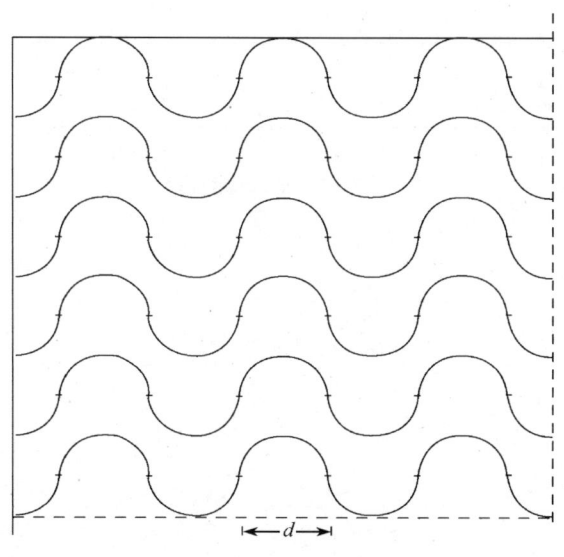

图 7-15 关联曲线测格

图 7-15 说明:测格中的曲线(测线)由直径为 d 的半凹弧构成,总长度为 $18\pi d$。短横线与曲线的交叉为测点,共 36 个,点间距为 d。测格总面积为 $6d \cdot 6d = 36d^2$。测点、测线和测面之间的关联关系为 $L=(\pi/2)d \cdot P, A=d^2 \cdot P$。

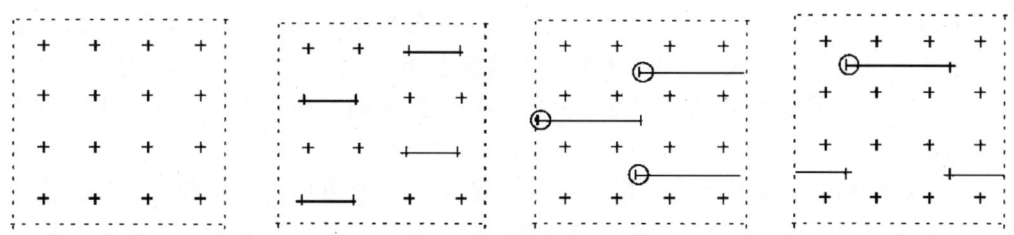

图 7-16 点测格图案

图 7-16 说明:①方阵排列的点测格。②有两组测点,短横线两端的测点称粗测点,所有测点称细测点,$P(细)=2P(粗)$。③有三组测点,游离的"+"为测点 $P(1)$,短横线两端的测点为 $P(2)$,短横线一端的小圆内的测点为 $P(3)$,$P(1)=(8/3) \cdot P(2)=(16/3) \cdot P(3)$。④有三组测点,$P(1)=4 \cdot P(2)=16 \cdot P(3)$。

图 7-17 说明:平行直线为测线,短竖线与测线的交叉为测点,测线上测点间距为

d,则 $L = d \cdot P$。

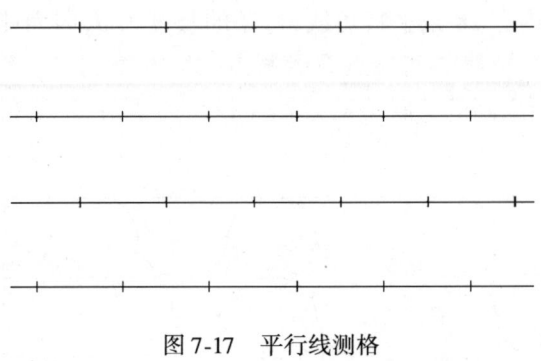

图 7-17 平行线测格

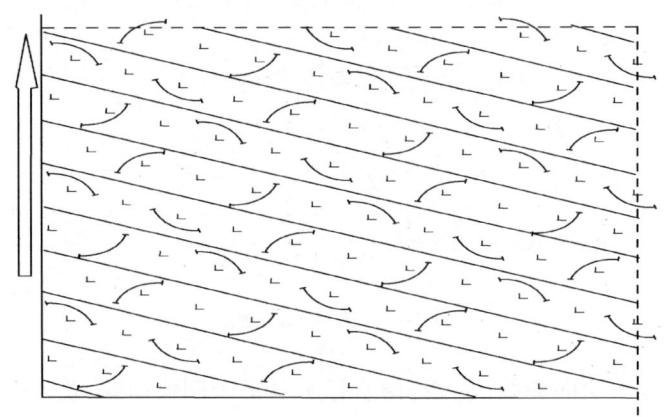

图 7-18 摆线测格

图 7-18 说明：图中曲线即摆线（测线），共 45 条，总长 $45d$。图中直角短线示测点，共 90 个。图中平行直线不是测线，只是为了便于计数测点和交叉点。测格长 $10d$，宽 $9d$。测点与测线（摆线）间的关联关系为：$L=(d/2) \cdot P$。应用时，测格左侧的箭头方向应始终朝向垂直切片的垂直轴。

设计关联测格的关键是确定测格的总测点数、总测线长度和总测面面积，即确定测点间或测点与测线、测面之间的关联关系。在实践中，一般常设计形状规则、分布均匀的测格。一方面利于制作，利于应用，利于确定测点、测线、测面间的关联关系；另一方面也利于提高效率，减少误差。例如，据点计数估计面积和面积分数时，计数等间距分布的测点比计数随机分布的测点更好（误差更小）。

几何学上，点无大小、线无宽度，但实际应用的测点和测线有一定的大小和宽度。这就导致了一个问题：当一测点或测线的一部分在某图像内，而另一部分在图像外时，如何计数测点或测线？一个简单有效的解决方法是：把"+"交叉的某一角（事先确定）看做真正的测点，测点是否在图像内由图像是否封闭该角确定。把测线的某一侧（上或下，左或右）的边缘看做真正的测线,测线是否与图像相交或相切由该边缘线是否与图像相交或相切确定(图7-19)。

图7-19说明:①"+"字交叉的右上角(右、上边缘线的交叉)被看做是真正的测点(箭头所指)。②直线的上面的边缘线(实线所示)被看做是真正的测线(箭头所指)。

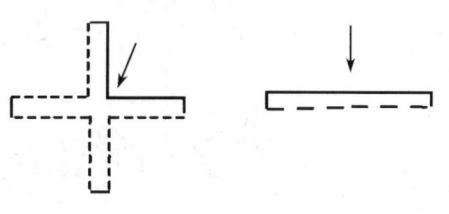

图7-19 真正的测点与测线

2. 测格的制作与应用 主要有三种形式。

(1)纸测格:将测格图案画在或复印在白纸或其他纸上而成。纸测格简单、方便,利于实际测试,眼睛不易疲劳,测格大小的选择余地大。纸测格适用于用投影显微镜或生物显微投影仪等观察投射的组织图像,但受投影质量的影响,因而只适用于观察和测试较大的、边界比较明显的结构。

(2)透明胶片测格:将测格图案复印或摄制于透明胶片上,应用时叠加在图像上,适用于肉眼可观察的图像,如显微照片上的图像、描绘的图像、器官的剖面图像等。该测格既有纸测格的优点,又有图像较清晰、可反复测试的优点。

(3)目镜测格:将测格图案刻印于一小块透明玻璃片上,或摄制于一小块透明胶片上,并将其置于目镜内,使测格图案清晰叠映在显微镜内观察的组织图像上。应用目镜测格可直接在显微镜内观察和测试组织图像,因而简便迅速,省时省事,但眼睛容易疲劳,显微放大倍数和测格大小的选择有限,不便于做长度测量之类的测试。

(二)基本测试

1. 测格的随机叠加 将测格随机叠加或叠映于组织图像上,相当于测试视野的随机选择。测格的随机叠加有两个要求:一是测格位置的随机确定,二是测格方向的随机确定。

(1)纸测格的叠加:事先将纸测格用胶布等固定,测试时将图像投射于纸上。因此,纸测格的叠加即投影图像的视野选择。

(2)胶片测格的叠加:若待测图像有一自然边界,则测格范围最好大于图像范围,叠加的测格最好完全覆盖图像。若待测图像有人为边界,则待测图像周围宜留一警戒区,即测试范围宜小于图像范围。

(3)目镜测格的叠加:随机选择视野,即实现了目镜测格的随机叠加。

2. 计数 计数可概括为三类:点计数、特征物计数和长度测量。

(1)点计数:计数落于所测图像(轮廓面)内的测点数。常用的有测点计数、交叉点计数、切点计数、拐点计数等。

1)测点计数:计数所测图像内的测点数(图7-20和图7-21)。

图7-20说明,实线交叉为测点,在阴影图像内有3个测点,其周围有3个测点(箭头所指)。

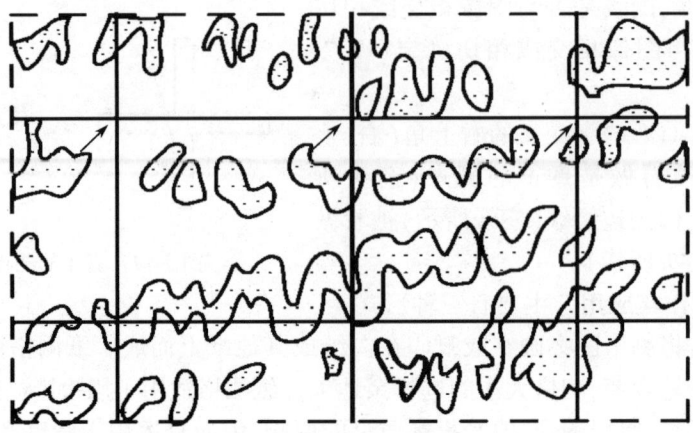

图 7-20 测点计数(1)

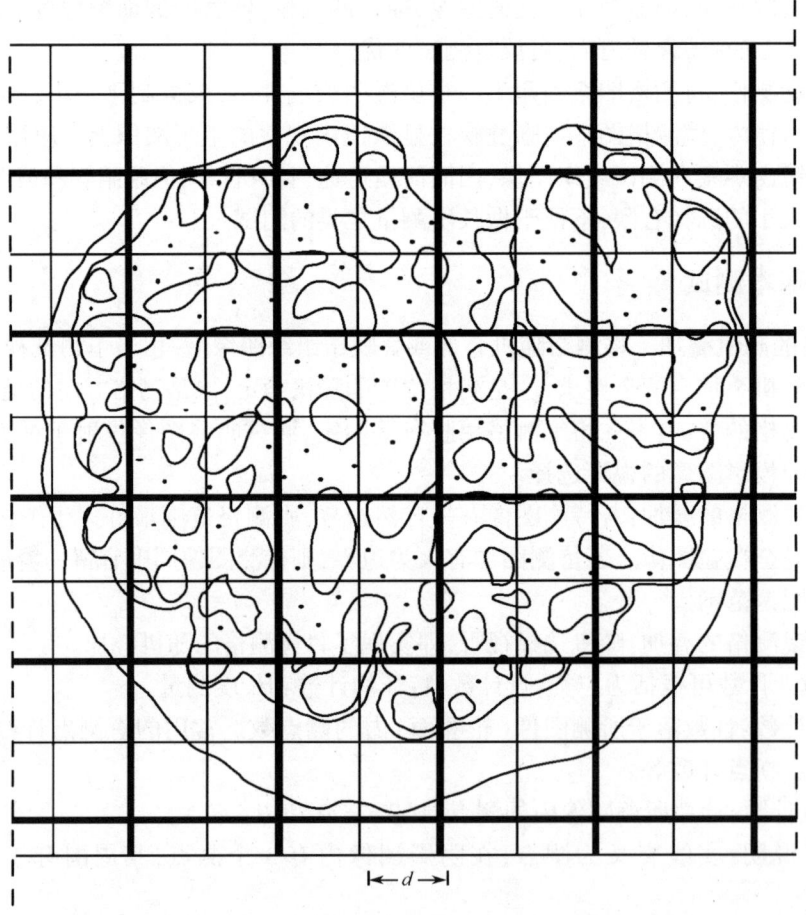

图 7-21 测点计数(2)

图 7-21 说明:图像为一个肾小球的轮廓,其周围为肾小囊腔。在肾小球内有 14 个粗测点,因此,肾小球内的细测点数的估计为 14×4=56(实际上为 61)。在肾小囊腔内的细测点数为 12。

2) 交叉点计数:计数测线与所测图像的周界线之间形成的交叉点的数目。计数交叉点时,宜同时计数位于图像内的测点数,以估计位于图像内的测线长度(利用关联测格)(图 7-22 和图 7-23)。

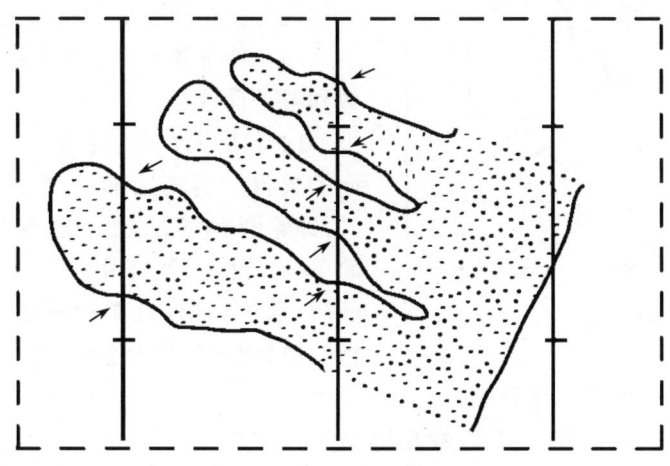

图 7-22 交叉点计数(1)

图 7-22 说明:图中直线实线为测线,其与短横线的交叉为测点,测点间距为 d,测点与测线的关联关系为 $L = d \cdot P$。测线与阴影图像的左侧的边界线的交叉点数为 7 个(箭头所示)。阴影图像内的测点数为 2,因此,图像内的测线长度的估计为 $2d$。

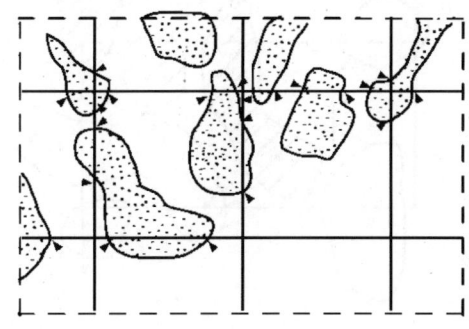

图 7-23 交叉点计数(2)

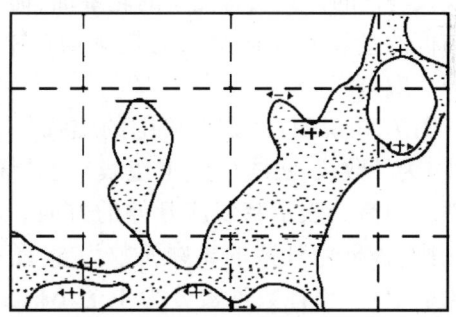

图 7-24 切点计数

图 7-23 说明:测线与阴影图像的周界线之间的交叉点数为 21 个(箭头所示),阴影图像内的测点数为 2,阴影图像内测线长度估计为 $2d$(d 为测点间距)。

3) 切点计数:计数一定测试区域内的某一方向的直线与所测图像的周界线所形成的切点数(图 7-24)。

图 7-24 说明:所测图像的周界线为阴影图像与其周围图像之间的界线。测试区域(长

方格)的面积为 $6d^2$,直线扫描线的扫描方向由箭头表示。扫描线可与向阴影图像内凹的周界线形成 8 个切点,见图中(+)所示部位。扫描线可与阴影图像向周围图像内凹的周界线形成 3 个切点,见图中(-)所示部位。

4) 拐点计数:计数一定测试区域内的所测图像周界线上的拐点数。拐点指凹形和凸形曲线之间的转折点(图 7-25)。

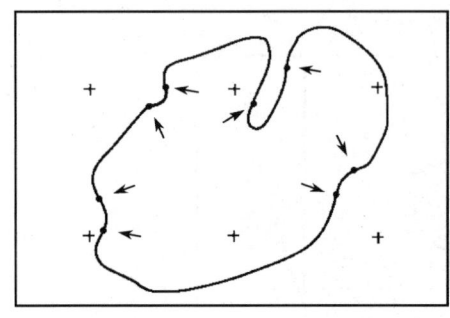

图 7-25　拐点计数

图 7-25 说明:长方格内的曲线的拐点数为 8,拐点部位在曲线上的圆点处(箭头所示)。

(2) 特征物计数:特征物计数有轮廓面计数和粒子计数等。

1) 轮廓面计数:计数一定测试区域的轮廓面的数目。当轮廓面与测试区域的周界无交叉,即轮廓面完全在测试区域内时,计数自然是简单的。然而,当需用一个正方形或长方形测面(计数框)抽样计数轮廓面,且轮廓面与计数框的边界有交叉(边缘效应)时,则应采用禁线法则或相关点计数来处理边缘效应。

禁线法则是目前已知的人工计数轮廓面的方法中唯一正确处理了边缘效应的方法。禁线法则规定:计数框的左、下边线及这些线的延伸线(实线)为禁线,计数框的另两边线(虚线)为计数线,这样的计数框称无偏计数框。禁线法则要求只计数完全在计数框内的,以及仅与框的计数线有交叉的轮廓面,而不计数与框的禁线有任何交叉的轮廓面(图 7-26 和图 7-27)。

图 7-26 说明:计数框周围的虚线(右、上边线)为计数线,实线(左、下边线)为禁线,禁线两端的箭头表示禁线应延伸的方向。据禁线法则,该框内计数的轮廓面数为 6(图中阴影轮廓面)。该计数框被分为 4 个小框,每个小框中心有一个测点,位于轮廓面内的测点数为 2。若计数框内轮廓面较多,可将各小框看

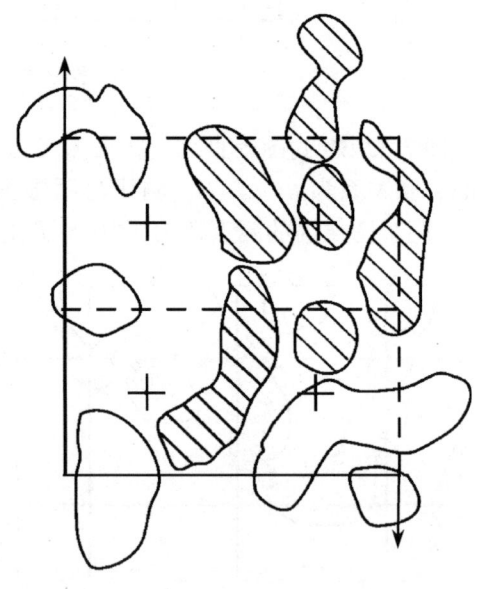

图 7-26　轮廓面计数(禁线法则)(1)

做一个无偏计数框,依次计数各小框内的轮廓面,其总和即为大计数框内轮廓面的数目。

图 7-27 说明:图中两个实线方格为计数框,其大小小于图像的范围,即其周围有一警戒区,以便能完全看清与计数框边界有交叉的轮廓面,从而确定这些轮廓面是否应被计数。若将计数框的左边及其向上的延伸线、右边向下的延伸线和下边线看做禁线,把右边、上边线看做计数线,则计数框内应计数的轮廓面为:粗点阴影轮廓面 1 个,细点阴影轮廓面 1 个,白色轮廓面 3 个。

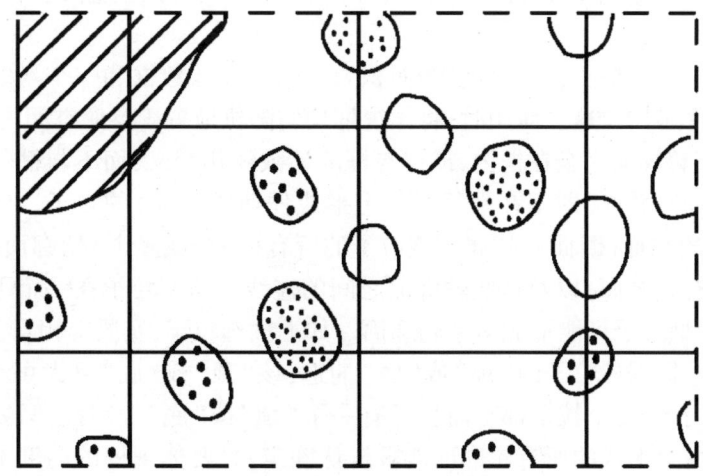

图 7-27　轮廓面计数(禁线法则)(2)

相关点计数:事先统一给每个轮廓面指定的一个或多个独特的点即为相关点。指定相关点后,轮廓面的计数即转变为点的计数,从而消除轮廓面计数的边缘效应。给每个轮廓面指定一个相关点的情况有:"重心",或圆形轮廓面的圆心;某一事先确定的固定方向的直线(扫描线)与轮廓面的某一侧或某一端的周界线形成的一个切点;某两个事先确定的方向上与轮廓面的两端周界线相切的直线在轮廓面外的交点。给每个轮廓面指定多个相关点,通常是多个上述的切点或交叉点(图 7-28)。若给每个轮廓面指定了 m 个相关点,而在某一测试区域内计数了 n 个相关点,那么该测试区域内的轮廓面数为 n/m。相关点计数适用于图像分析仪。

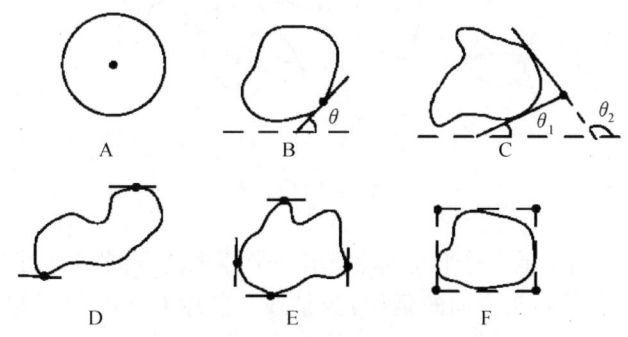

图 7-28　相关点

A. 一个相关点——圆心;B. 一个相关点,图中圆点处;C. 一个相关点,两个方向(θ_1,θ_2)的两条与轮廓面相切的直线的交叉点,图中圆点处;D. 两个相关点,图中圆点处;E. 四个相关点,圆点处;F. 四个相关点,圆点处

2) 粒子计数:若粒子能被游离出来,则粒子的计数就如同数苹果一样容易。生物组织中的粒子一般无法被游离出来一个一个地计数(血细胞计数及应用流式细胞仪的计数是特

殊情况),其正确(无偏)计数需利用体视框,即需利用至少两个通过粒子的连续截面(两张连续切片)。

体视框是一个三维探子,由一个已知面积为 a 的无偏计数框和一个与之相距一定距离 h 的平行平面构成(图7-29)。应用时,将体视框均匀随机地置于参照空间内,抽选那些被体视框所截取(即其轮廓面完全在框内,或仅与框的计数线相交叉,而不与框的禁线相交叉),而不被其平行平面所截取(即不在平行平面上形成任何轮廓面)的粒子。任一粒子在一个平面(截面)上的轮廓面(断面),指属于该粒子的所有(一个或多个)轮廓面(或该粒子在该截面上形成的所有轮廓面)以及这些轮廓面之间的连线。凸型粒子在一个平面上最多只形成一个轮廓面,凹型粒子可能形成多个轮廓面。如上抽选粒子,实质上相当于在体视框空间(体积为 $a·h$)内,根据各粒子的"顶"或"底"抽选,该"顶"或"底"可大可小,高度在 $0 \sim h$ 之间。在任一方向上,每个粒子都有而且只有一个"顶"或"底"。因此,只要任一粒子在计数框及其平行平面上形成的所有轮廓面能被辨认确定,只要体视框的高度不大于任一粒子在垂直于计数框平面的方向上的高度(以避免粒子被遗漏抽选),体视框所选定的粒子就是均匀抽取的粒子,或按数目加权抽样抽取的粒子(图7-30)。

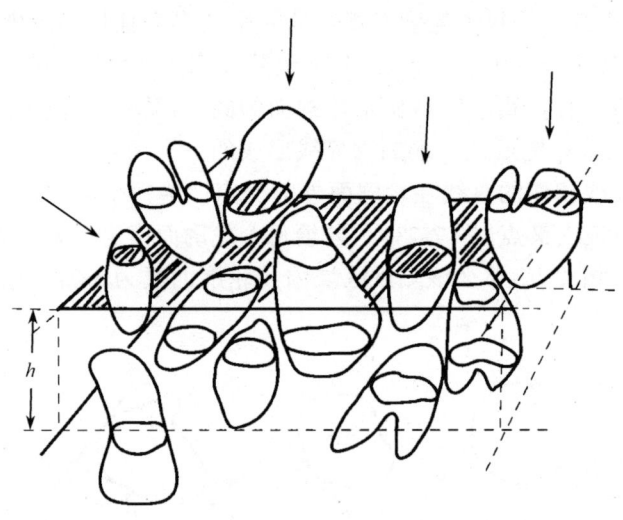

图 7-29 体视框

图 7-29 说明:图中所示的一个长方体,表示一个体视框空间。顶面表示无偏计数框,其虚线为计数线,实线(包括箭头方向的延伸)为禁线。图中有 7 个粒子在计数框平面上形成的轮廓面被计数框所抽选或计数,因此 $Q=7$。其中有 3 个粒子还在体视框的平行平面上形成轮廓面,另 4 个粒子(箭头所指)不在平行平面上形成轮廓面,这 4 个粒子就是体视框所均匀抽取或计数的粒子,因此 $Q^-=4$。

图 7-30 说明:左、右两个虚线长方格内的图像为两张相邻连续切片上的相对应区域的图像,图中轮廓面为粒子在切片(平面)上的轮廓面。在左侧图像内叠加有一个无偏计数框,其中设计有测点。在计数框内可计数 9 个轮廓面,此即被计数框所截取的粒子的数目,$Q=9$。但其中有 6 个粒子的其他轮廓面出现在右侧图像上,即有 6 个粒子在两张切片上均

形成有轮廓面。因此,该体视框计数的粒子数 $Q^-=3$(图中点状阴影轮廓面所示的粒子)。

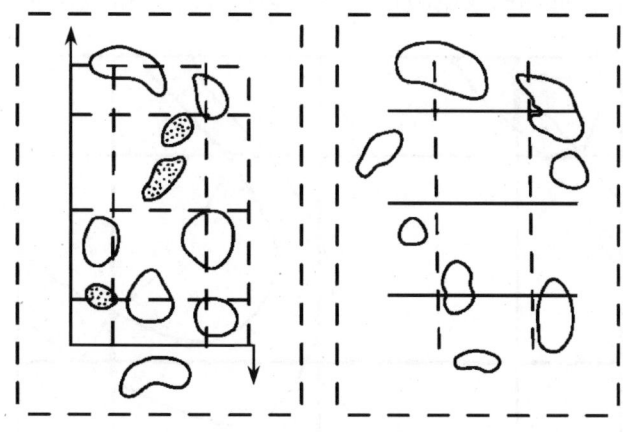

图 7-30　体视框的粒子计数

(3) 长度(线段)测量:有直径、宽度、截距、点取截距等的测量,可用最小刻度为 1mm 的普通直尺进行(注意放大倍数)。

1) 费莱特直径测量:一个轮廓面的费莱特直径是指某一方向的与轮廓面两端相切的两条平行直线之间的距离(图 7-31)。在不同的方向上,一个轮廓面可能有不同大小的费莱特直径。圆形轮廓面各个方向上的费莱特直径均相同,即均为圆的直径。一个轮廓面所有方向上(无穷多个)的费莱特直径的平均即为该轮廓面的平均费莱特直径。一个轮廓面的平均费莱特直径常以两个互相垂直的随机方向上的费莱特直径的平均估计,或以最大和最小费莱特直径的平均估计。

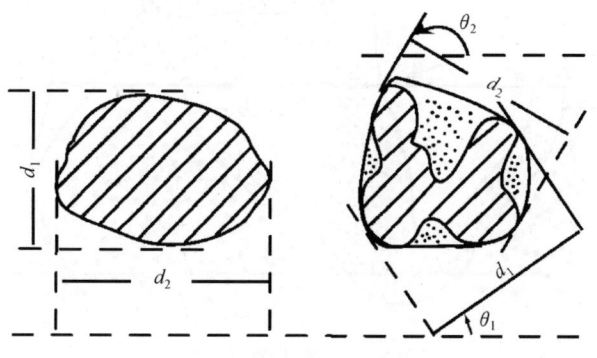

图 7-31　费莱特直径

图 7-31 说明:d_1、d_2 为凸型(左)和凹型(右)轮廓面在两个不同方向上的费莱特直径。

2) 宽度测量:对于长条形的平面特征物,可测量其宽度。其某处的宽度为其一侧边界线上的一点至另一侧边界线的最短直线距离。其各处宽度的平均为其平均宽度(图 7-32)。

图 7-32 说明:直线测线与长条形平面特征物的某一侧(先确定)的边界线之间的交叉

点,为宽度测量的起始点(箭头所指),图中点状虚线为所测的宽度,共 4 个。测线穿过特征物的两侧时,在特征物内的测线线段的长度即为截距,图中为粗实线所示,共 4 个。

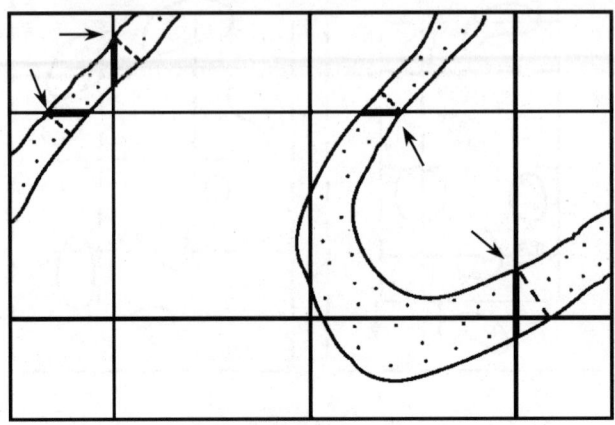

图 7-32　宽度和截距测量

3) 截距测量:测线穿过特征物的两侧时,在特征物内的测线线段的长度即为截距(图 7-33 和图 7-34)。为反映长条形平面特征物的宽度,所测截距应是穿过其两侧的测线线段的长度;测线从其一侧进,又从同侧出时,不应测量截距。

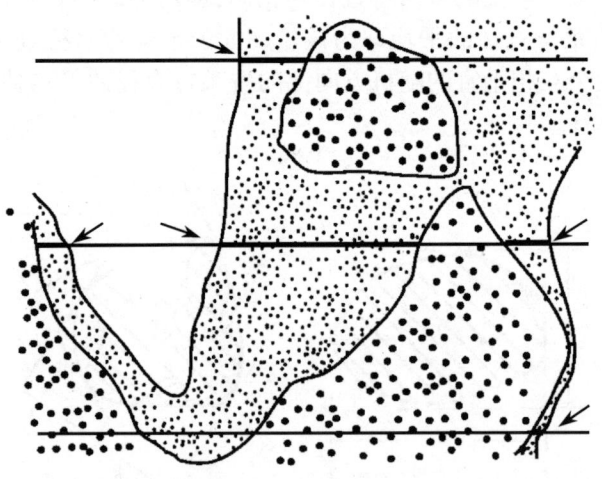

图 7-33　截距测量(1)

图 7-33 说明:细点状阴影图像为待测的长条样平面特征物。图中示有 5 个截距,如粗线段所示(箭头所指部位)。图中下面有一测线虽然穿过该特征物,但同时从其一侧进出,因而不作为截距。

图 7-34 说明:图中轮廓面内的实线粗线段的长度即为截距,共 8 个。

4) 点取截距测量:利用有测点的测线(如平行线测格),当测点位于特征物图像内时,就沿测线方向测量位于特征物内的测线线段的长度,即该轮廓面所切取的测线长度,此即点

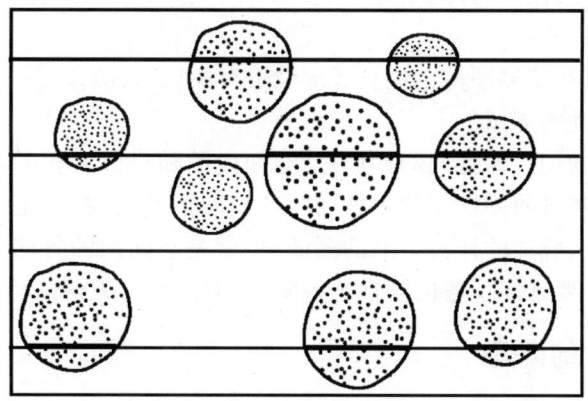

图 7-34 截距测量(2)

取截距(图 7-35)。测线段虽穿过特征物,但若其上无测点,就不应测量截距,因为它不是点取截距。

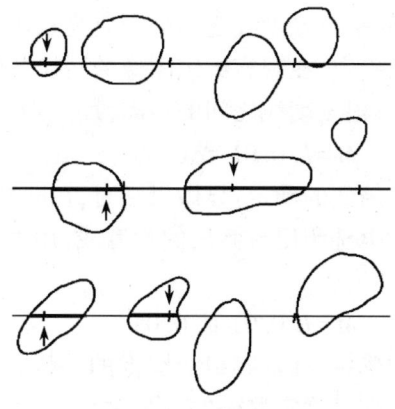

图 7-35 点取截距

图 7-35 说明:平行测线上有 5 个测点位于轮廓面内(箭头所指),因而测量 5 个点取截距,如图中 5 个粗线段所示(箭头所指)。

四、注 意 事 项

(一) 各向同性与各向异性的概念

各向同性(isotropy)是指特征物(包括平面特征物)在各个方向上都分布均匀的特性。球形或近似球形的粒子(如肾小球、肺泡、多种细胞或细胞核、溶酶体、糖原颗粒等)、星网状分布的结构(如结缔组织、毛细血管、肺泡间隔等)等,它们随意均匀分布并且无特殊方位,因而是各向同性的。各向异性(anisotropy)是指特征物在各个方向上分布不均匀的特性。椭球、线段等有主要轴向的各向异性结构(如骨单位、肠绒毛、微绒毛、肌纤维、神经、骨小梁、肌组织与神经的毛细血管、肾髓质等），其分布不随意、不均匀、有一定的方向性，因而是各向异性的。

在体视学研究中，在待测图像上用直线测线进行测试时，应该随机叠加测线。在随机方向的测试即是各向同性的测试。

空间内随机方向的切片即各向同性切片，空间内的随机位置和随机方向的切片即各向同性均匀随机切片。在各向同性切片上叠加的各向同性的测线，就是空间内的各向同性测线。在各向同性切片上叠加的任意方向的测面，也就是空间内的各向同性测面。不论特征物的定向分布如何，只要采用了各向同性均匀随机切片，就可无偏估计任何体视学参数。

（二）放大倍数的问题

要利用测线或测面进行测试，常常需要知道显微镜放大倍数（M）或测线、测面的真实大小。测点（P）与测线（L）、测面（A）之间的关联关系（d 为点间距）为

$$L = 2d \cdot P/M \tag{7-19}$$

$$A = (d/M)^2 \cdot P \tag{7-20}$$

光镜观察的显微图像的放大倍数，一般用台微尺（标准片）确定。台微尺就是在玻片上透明的微细刻度尺，两条相邻的平行刻度线之间的距离为 0.01 或 0.05mm。

（1）投射图像放大倍数的确定：在观察组织图像的同样条件下，观察台微尺。调焦看清刻度线，用普通直尺测量（$N+1$）根刻度线之间的距离（L），则放大倍数（M）为

$$M = L/0.01 \text{ 或 } 0.05 \tag{7-21}$$

（2）显微照片上图像放大倍数的确定：显微摄影时，在同样条件下也摄取台微尺的刻度线，冲印照片时，在同样条件下也洗印出台微尺的刻度线，用普通直尺测量（$N+1$）根刻度线之间的距离（L），则放大倍数（M）为

$$M = L/0.01 \text{ 或 } 0.05 \tag{7-22}$$

（3）目镜测格真实大小的确定：在观察组织图像的同样放大倍数下，观察台微尺，调焦看清刻度线，将之与测格比较，即可确定测格的真实大小。

（4）电镜照片上的超微结构图像的放大倍数常用碳光栅确定：碳光栅上可见大量等间距的平行线或网格线，间距是已知的。根据照片上碳光栅线条的间距及碳光栅线条的真实间距，即可确定放大倍数。

（三）组织变化（缩胀）的影响

从切片上获得的某种组织的形态定量结果反映的是切片中该组织的特征，或者说，是经过制片过程的一系列处理后的该组织的特征。不过，人们往往对新鲜状态或处理前的该种组织的特征更感兴趣。为此，需了解组织经处理后的变化。

制片处理后的组织变化有组织皱缩或肿胀（固定、脱水和包埋等处理后，组织体积的缩小或增加）、切片压缩或膨胀、各成分的差别皱缩等。若对照组与实验组制片处理条件一致时，则组织变化的影响可忽略，但若求正常值时，则应考虑。在下列情况下，组织变化对体视学估计的影响比较小：①组织内粒子的数目不受组织变化的影响，因此，只要知道处理后组织的体积即可估计粒子数目。②假如组织内特征物及其周围结构的体积变化是成比例的，

那么，组织的变化对体积分数的估计无影响。因此，只要知道器官组织的处理前体积，就可估计处理前的器官组织内特征物的总体积。③假如特征物及其周围结构在各个方向上的大小变化都是成比例的，即组织变化完全是均匀的，那么组织的变化对体视学估计的影响较小。

（四）切片厚度

多数体视学原理都基于这样一种假设：切片组织图像是通过组织的真正平面截面图像，即假设切片厚度为零。实际上，无论是光镜切片还是电镜（超薄）切片，都有一定的厚度。从切片上观察到的图像实际上是具有一定厚度的切片组织的投影图像。这种图像具有投影过多（Holmes 效应）、投影过少以及截尾效应。

在景深范围内的切片组织中的某种结构被完全投影在图像上，因而清晰观察到的该种结构图像是这种结构的最大投影，即投影过多，或称 Holmes 效应。与之相对，投影过多结构的周围结构将投影过少，即清晰观察到的其周围结构的图像是该结构的最小投影。而理论上本该存在被观察、测试的结构，但实际上未被观测、测试到，这就是截尾效应（图 7-36）。由于这些效应存在的根源是切片的厚度，所以切片应越薄越好，并且最好使用共聚焦显微镜（如激光扫描显微镜）观察切片。

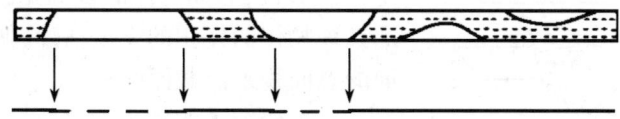

图 7-36　投影过多、过少和截尾效应

图 7-36 说明：切片组织内有两种结构，即点状阴影结构和周围的白色结构。切片下方的实线示阴影结构的投影（图像），虚线示白色结构的投影。阴影结构呈现投影过多，白色结构呈现投影过少。此外，切片右方的两个白色结构片段未形成投影（未被观察到），此即截尾。

第五节　体视学技术中各参数的计算

一、体积、体积分数与平均体积

（一）器官体积（volume, V）的一般测量法

测量器官体积前，应先除去其表面附着的其他组织及器官表面的水或血液等。

1. 排水法　将器官浸入水或其他液体中，所排开的液体体积即为该器官的体积。

2. 从重量和比重估计　称量所测器官的重量（W），假设器官的比重为 G，则器官的体积为

$$V = W/G \tag{7-23}$$

3. 根据浮力定律估计　容器内盛比重为 G 的液体，置于秤上称得一重量为 W_1。将器

官完全浸入液体内,用线或铁丝圈等使器官悬于液体中,不上浮,不下沉,也不碰壁,再次称得一重量为 W_2。根据浮力定律,器官体积为

$$V = (W_2 - W_1)/G \tag{7-24}$$

(二) 卡瓦列里(Cavalieri)原理求体积

根据等距抽样方法,通过一物体(器官、组织块、粒子等)做若干等间距(d)的平行截面(图7-37),所有截面的总面积为 $\sum a$,该物体体积(V)的无偏估计为

$$V = \sum a \cdot d \tag{7-25}$$

这就是卡瓦列里原理。该估计的优点:不论待测物体的形状如何,截面方向可以任意选择。

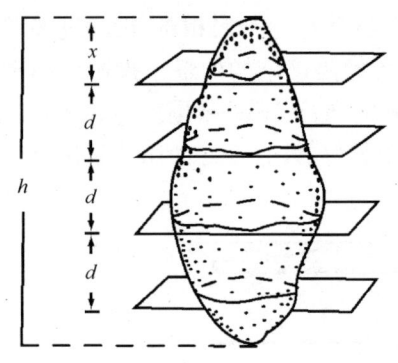

图 7-37 卡瓦列里原理

图 7-37 说明:点状阴影部分示一待测物体,该物体被4个等间距(d)的平行平面所截取,因而该物体形成4个截面。在垂直于该截面的方向上,物体的高度为 h。假如物体一端的顶点距第一截面的距离(x)是在 $0 \sim d$ 随机确定的(即由 $0 \sim d$ 的一随机数字确定),或者说,假如物体的截面是按等距抽样截取的,那么该物体的体积的无偏估计,就是该物体的4个截面的总面积乘以截面间距 d。

一个包埋了的较小的器官或组织块的体积可如下估计:将其完全切成连续切片,从中依次等距抽取切片,切片间隔为 m(即每隔 $m-1$ 张切片后抽取一张切片),假设切片厚度为 t,所抽取的切片总面积为 $\sum a$,该器官或组织块的体积估计为

$$V = t \cdot m \cdot \sum a \tag{7-26}$$

(三) 点计数求特征物在参照空间(器官、细胞)内的面积(A)、面积分数(A_A)、体积(V)、体积分数

1. 德莱塞(Delesse)原理与面积分数、体积分数(volume fraction, V_V) 包含有某种特征物的某种器官或组织称参照空间。通过参照空间的截面称为参照面,参照面内包含有特征物断面。一个参照面内的某种特征物可能包含有另一种更细小的特征物的参照空间,一个参照面内的某种特征物断面可能包含有另一种更小的特征物断面的参照面。何为参照空间、参照面,何为特征物、特征物断面,由实验者确定、统一。

通过参照空间做一任意方向的随机切片(截面),参照面内特征物断面的面积分数(A_A),就是参照空间内特征物的体积分数(V_V)的估计,即

$$V_V = A_A \tag{7-27}$$

通过参照空间做若干个随机切片(截面),这若干个参照面上特征物断面的总面积($\sum A$)与这若干个参照面的总面积($\sum A_0$)之比(即面积分数)就是参照空间内特征物的

体积分数(V_V)的估计,即

$$A_A = \sum A / \sum A_0 = V_V \tag{7-28}$$

这就是德莱塞原理,是最基本、最简单、最实用的体视学原理之一。德莱塞原理估计体积分数的优点是:切片(截面)方向可任意选择,不因参照空间和特征物的形状而影响。

在各参照面上,随机叠加有测点的测格,计数位于参照面内及其中特征物断面内的测点数。各参照面的所有特征物断面内计数的测点总数($\sum P$)与各参照面内计数的测点总数($\sum P_0$)之比为点分数(P_P),即

$$P_P = \sum P / \sum P_0 \tag{7-29}$$

按点线关联关系,点分数(P_P)是参照面内特征物断面的面积分数的估计,即

$$P_P = \sum P / \sum P_0 = \sum A / \sum A_0 = A_A$$
即 $P_P = A_A$ \hfill (7-30)

按德莱塞原理,因为 $A_A = V_V = P_P$,所以通过测点计数可以估计面积分数(A_A)或体积分数(V_V),点分数(P_P)也是参照空间内特征物的体积分数(V_V)的估计,即

$$V_V = A_A$$
$$V_V = P_P \tag{7-31}$$

2. 点计数(P)与面积(A) 在各参照面上,随机叠加有测点的测格,计数位于参照面内及其中特征物断面的测点数(P)。

在关联测格中,一个测点所关联的面积为 $a = d^2$。

按点线关联关系,面积 A 为

$$A = P \cdot a = P \cdot d^2 \tag{7-32}$$

3. 点计数(P)与体积(V) 按卡瓦列里原理,$V_0 = \sum a \cdot d$($\sum a$ 即 $A = P \cdot a$,V_0 为参照空间的总体积),$V_0 = t \cdot m \cdot \sum a$。

按德莱塞原理,($A_A = V_V = P_P$),故特征物体积 V 为

$$V = V_V \cdot V_0 = P_P \cdot (\sum a \cdot d) = P_P \cdot (P \cdot a \cdot d) \tag{7-33}$$

$$V = V_V \cdot V_0 = P_P \cdot (\sum a \cdot t \cdot m) = P_P \cdot (P \cdot a \cdot t \cdot m) \tag{7-34}$$

(四) 点取截距与平均体积($\bar{V}$)

通过测量点取截距,计算某粒子(特征物)的平均体积($\bar{V}$)。

1. 点取截距与体积(V) 所测点取截距的立方的平均($\overline{l_0^3}$)乘以($\pi/3$),就是该粒子体积的无偏估计,即

$$V = (\pi/3) \cdot \overline{l_0^3} \tag{7-35}$$

理论上讲,以随机点取截距估计一个球体的体积时,其平均误差系数约为43%,就是说,需要单纯随机抽取 100 个点取截距,才能使球体积的估计结果达到很满意的程度。因此,从一张粒子的切片测量点取截距来估计该粒子的体积时,其效率并不高,故不能应用。

2. 点取截距与体积加权平均体积($\bar{V}_V$)　通过参照空间做若干各向同性或垂直的随机切片(截面)，在参照面上随机叠加有测点的直线测线，测量和计算的所有点取截距的立方的平均，乘以($\pi/3$)，就是参照空间内粒子的体积加权平均体积的无偏估计。其理由是测点击中各粒子的机会取决于各粒子的体积。各粒子的点取截距的立方的平均，乘以($\pi/3$)，就是各粒子体积的无偏估计；抽样 100 个时，误差系数 < 5%。

$$\bar{V}_V = (\pi/3) \cdot \overline{\sum l_0^3} \tag{7-36}$$

二、表面积密度、表面积与表面积体积比

(一) 点计数与表面积密度(surface density, S_v)

通过参照空间做一各向同性均匀随机切片(截面)，参照面内特征物周界线的边线密度(B_A)(即周界线总长 L 除以参照面的面积 A_0，或单位面积参照面内特征物断面周界线的长度)乘以($4/\pi$)，就是参照空间内特征物的表面积密度(S_V)的估计：

$$B_A = L/A_0 \tag{7-37}$$

$$S_V = 4/\pi \cdot B_A \tag{7-38}$$

S_V 值越大，表明特征物周界越长；周界线越长，则特征物形状越不规则。

若通过参照空间做若干个各向同性均匀随机切片(截面)，那么边线密度(B_A)应为若干个参照面内特征物断面周界线长之和($\sum L$)与若干个参照面的总面积($\sum A_0$)之比：

$$B_A = \sum L / \sum A_0 \tag{7-39}$$

在参照面上随机叠加各向同性测线(平行直线)，计数测线与特征物断面周界线之间的交叉点数。若各个参照面内计数的交叉点的总数为 $\sum I$，各个参照面内的测线总长为 $\sum L_0$，那么前者与后者之比(即交叉点密度 I_L) 乘以 $\pi/2$，就是边线密度的估计：

$$B_A = (\pi/2) \cdot I_L = (\pi/2) \cdot (\sum I / \sum L_0) \tag{7-40}$$

所以

$$S_V = (4/\pi) \cdot (\pi/2) \cdot I_L = 2 I_L = 2(\sum I / \sum L_0) \tag{7-41}$$

交叉点密度(I_L)乘以 2，就是表面积密度(S_V)的估计。因而，可以用计数交叉点(I)的技术估计 S_V。但应该注意：① 特征物(如骨小梁等)为各向异性分布时，需用垂直切片或各向同性切片。② 参照面内测线总长度常根据测点计数估计，因此需利用测点与测线有关系的关联测格。③ 显微分辨率对表面积密度的估计有一定影响。④ 实用中，最好能采用各向同性切片及关联曲线测格，或采用垂直切片和关联摆线测格。

(二) 点计数与表面积(surface area, S)

参照空间内特征物的表面积(S)等于参照空间内特征物的表面积密度(S_V)乘以参照空间的总体积(V_0)，即

$$S = S_V \cdot V_0 \tag{7-42}$$

$$\because S_V = 2 I_L$$
$$\therefore S = 2I_L \cdot V_0 \tag{7-43}$$

(三) 点计数与表面积体积比 (surface volume ratio, S/V)

特征物的表面积与其体积之比就是特征物的表面积与体积之比（S/V）。同一参照空间内的特征物的表面积密度（S_V）与其体积分数（V_V）之比就等于表面积体积比：

$$S/V = S_V/V_V = 2IL/P_P \tag{7-44}$$

该式意味着，在用于估计表面积密度的参照面上，既计数测线与特征物断面周界之间的交叉点数，又计数位于参照面内以及特征物断面内的测点数。假如用关联方测格：

$$\because L = 2d \cdot P \quad IL = I/2d \cdot P_0 \quad P_P = P/P_0$$
$$\therefore S/V = (2I/2d \cdot P_0)/(P/P_0) = I/(d \cdot P) \tag{7-45}$$

这样，通过计数交叉点 I 与测点 P，就可以估计 S/V。

S/V 是个很有意义的参数（即该特征物表面积密度与其体积分数之比），在相同体积的特征物中，S/V 值越大，表明其物质交换功能越强。

三、长度密度、总长度与厚度

(一) 轮廓面计数与长度密度 (length density, L_V)

线形特征物是指某一方向的延伸远大于其他方向的延伸的条形或线形特征物。线形特征物有一定的长度，该长度可定义为特征物的中心线的长度。沿垂直于特征物的长轴方向，依次做特征物的横断面，所有横断面的"重心"点之间的连接线即特征物的中心线。

通过参照空间做若干各向同性均匀随机切片（截面），这若干个参照面内线形特征物的断面（轮廓面的总数，$\sum Q$）与若干参照面的总面积（$\sum A_0$）之比（Q_A），乘以2，就是线形特征物的长度密度（L_V）的估计：

$$L_V = 2Q_A = 2\sum Q/\sum A_0 \tag{7-46}$$

式中，Q_A 为线形特征物的轮廓面密度，即单位面积参照面（A）内轮廓面的数目（Q），即 $Q_A = Q/A$。在参照面内随机叠加任意方向的无偏计数框，计数框内轮廓面的数目，其总数除以计数框的总测面面积，就是 Q_A 的估计。利用关联测格，可根据测点计数估计测面面积。这样，长度密度的估计就简化为轮廓面计数和测点计数。通过轮廓面的计数可估算 L_V：

$$L_V = 2\sum Q/\sum P_0 \cdot d^2 \tag{7-47}$$

如上估计长度密度（L_V）时，若线形特征物呈各向同性分布，则可采用任意方向的随机切片；若线形特征物呈各向异性分布，则需采用各向同性切片。

长度密度（L_V）可用于测量器官内神经纤维或毛细血管的多少，以反映该器官受神经调控电的强弱或血供（代谢活性的高低等）的多寡。

(二) 总长度 (length, L) 与长度密度 (L_V)

L_V 与体积 V_0 关联起来，能准确反映长度 L，特别是在 V_0 有变化时，即

$$L = L_v \cdot V_0 = 2Q_A \cdot V_0 \qquad (7\text{-}48)$$

(三) 宽度和截距测量与厚度(thickness, t)

薄膜型特征物或屏障是指两个界面之间的一层结构,其厚度远小于其界面的延伸。屏障某一面的某一点至屏障的另一面的最短直线距离即屏障的厚度(t)。通过参照空间做一各向同性均匀随机切片(截面),在参照面上随机叠加各向同性直线测线,测量屏障断面内 N 个厚度(宽度或截距),屏障的平均厚度($\bar{t}$)估计为

$$\bar{t} = \frac{\sum t}{N} \qquad (7\text{-}49)$$

N 为被测厚度的数目,$\sum t$ 为所测得的 N 个厚度之和。

屏障厚度可反映某些物质通过该屏障的能力,屏障厚度与物质的通过能力成反比。

四、粒子的大小、数密度与数目

(一) 粒子的平均大小($\bar{V}_V$,体积加权平均体积)

粒子的大小常以其体积和(或)表面积、高度表示。一个粒子的高度是指空间内的所有方向上与粒子两端相切的两个平行平面之间的距离的平均。区别不同粒子的大小差异时,通常是体积最敏感。在体视学研究中,反映粒子的平均大小时,常使用粒子的体积加权平均体积($\bar{V}_V$)这个参数。通过参照空间做若干各向同性或垂直的随机切片(截面),在参照面上随机叠加有测点的直线测线,测量和计算的所有点取截距的立方的平均,乘以($\pi/3$),就是参照空间内粒子的体积加权平均体积的无偏估计。其理由是:测点击中各粒子的机会取决于各粒子的体积;各粒子的点取截距的立方的平均,乘以($\pi/3$)是各粒子体积的无偏估计(抽样 100 个时,误差系数 < 5%):

$$\bar{V}_V = (\pi/3) \cdot \overline{\sum l_0^3} \qquad (7\text{-}50)$$

(二) 粒子的数密度(numerical density, N_V)与数目(number, N)

1. 以粒子的平均大小($\bar{V}_V$)估计粒子的数目(N)和数密度(N_V) 在一参照空间内,通过点计数(P)和测量点取截距(I)可以对粒子(特征物)的数目(N)和数密度(N_V)进行估计:

$$N \approx V/\bar{V}_V \qquad (7\text{-}51)$$

$$N_V \approx V_V/\bar{V}_V \qquad (7\text{-}52)$$

参照空间内粒子(特征物)的总体积(V)和平均大小($\bar{V}_V$)可以通过点取截距(I)进行估计式(7-13)、式(7-14);粒子的体积分数(V_V)可以通过点计数进行估计式(7-9)。

2. 体视框与粒子的数密度(N_V) 在任意的方向上,均匀随机地置体视框于参照空间内,计数被体视框抽取的粒子数目(Q),若体视框计数的粒子数之和为 $\sum Q$,体视框(参照

空间)的总体积为 $\sum V$,则参照空间内粒子的点密度的估计为

$$N_V = \sum Q / \sum V \tag{7-53}$$

把体视框的计数框设计为具有测点的关联测格,根据测点计数(P)估计体视框的总面积($\sum a$),结合体视框的(总)高度(h),即可估计体视框的总体积 $\sum V$:

$$\sum a = d^2 \cdot P \tag{7-54}$$

$$\sum V = \sum a \cdot h = d^2 \cdot P \cdot h \tag{7-55}$$

第六节 图像分析仪在医学实验研究中的应用

一、图像分析仪

(一) 图像分析仪简介

图像分析仪又称图像分析系统(image analysis system),是利用计算机处理图像,从而获取有关图像的形态定量信息和灰度信息等的综合装置。它在体视学的随机抽样、实验设计等基础上,用计算机在切片或照片等二维空间上识别(处理)图像后获得相关参数(面积、长度、轮廓面数及某成分的相关含量等),经系统进一步处理,进而获得三维空间的参数并(或)以模拟图像的形式显示在图像屏幕上。

图像分析系统由主机、图像卡、输入设备和图像显示或图像监视器等四部分组成。图像信号可来自摄像机、扫描仪、录像机等的模拟视频信号,模/数(A/D)转换器把视频信号转换为数字信号,以 $n \times m$ 的图像矩阵形式储存于帧存储器,经简单处理后,由数/模(D/A)转换器将数字图像还原成连续变化的模拟图像,输出到监视器屏幕上显示。

我们常说的图像分析一般包括图像处理和图像模式识别两个部分。图像处理的特征是以系统输入为图像,输出仍为图像,处理的目的是改善图像的质量,如去掉图像中的背景色以提高清晰度,突出图像的有用信息。图像识别的特征为系统输入的是图像,而输出的是原图像的分类、特征描述、特性判别,如图像的灰度值、细胞的面积和直径以及细胞数量的计算结果等。

(二) 图像分析中的基本术语

1. 像素(pixel) 显示屏上看到的图像的最基本单元,实际上是构成图像的密集的、色泽深浅不一的点。一般而言,一幅图像可以看成是一个连续的二维函数 $f(x,y)$,表示任一空间点 (x,y) 上的图像灰度值。当图像要由计算机进行处理时,必须先把图像数字化,通常由 A/D 转换器完成。转换后成为离散的数字图像,并可用一个矩阵 $[f(i,j)]$ 表示,它仅在离散的图像位置上有值:$I=1,2,\cdots,m, j=1,2,\cdots,n$,共有 $m \times n$ 个离散点,这些点就称为像素。一幅数字化图像由 $m \times n$ 个像素组成,如 512×512、1024×1024 等。一幅图像像素越多,表示这幅图像的空间分辨率越高。像素大小在图像处理时是一项重要指标。

2. 灰度(grey level) 是指一个像素色泽的深浅,它以整数值的形式表示,可表示

为 $K=0,1,2,\cdots,K$ 个级别,称量化级别。一般计算机图像处理系统都用8位2进制数表示量化等级,也就是有 2^8 个(256个)量化等级。对于一幅黑白图像,像素代表图像在该位置上的灰度等级,0级代表黑色,255代表白色。因此,灰度值越小,表示染色深度越强,物质含量越高。因此,灰度值与物质含量成反比。一般人眼能分辨的灰度级仅为15~25,所以计算机的分辨能力远比人眼强。有些实验的结果用光学显微镜观察时,并不能发现实验组与对照组之间的差异,而用图像分析系统测定灰度,再经统计分析,则可发现有显著性差异。

3. 光密度(optical density, OD) 又称吸光度,是指光线通过某一溶液或物质前的光强度 I_0 和该光线通过溶液或物质后的折射光强度 I_b 比值的对数值,即 $OD=\log(I_0/I_b)$。吸光值越大说明光线被吸收的程度越大,溶液或物质的颜色就越深;如不透光时,OD 值为无穷大。因此,光密度值与物质含量成正比。

(三)图像分析仪的测试

图像分析仪可测试的基本参数有面积、多个方向上轮廓面费莱特直径、图像周界线的长度、轮廓面的数目等。测试图像前,人为设定待测图像的灰度等级范围,然后就可获取该灰度范围内的图像的形态定量信息。

图像分析仪测试的基本原理:以最简单的面积估计为例,设定待测图像的灰度范围,然后仪器就可自动算出在该灰度范围内的像素值,这相当于测点数。因此,根据点线关联关系 $(A=P\cdot a)$,就可估计待测图像的面积:

$$A=a(P)\cdot P \tag{7-56}$$

式中的 P 为像素值,$a(P)$ 为每个像素领域的面积。若像素呈正方形排列,则 $a(P)$ 即为像素间距的平方。由于像素特别密集,像素值往往很大,因此这种面积的估计几乎没有误差。

二、图像分析在医学实验研究结果分析中的应用

随着世界上生物科学研究的突飞猛进以及各门学科定量研究的进一步发展,图像分析在医学实验研究中的应用越来越广,并逐渐成为免疫细胞化学、原位杂交等结果分析的主要手段。为了得到比较客观的图像分析结果,应充分考虑到诸多因素对图像分析的影响,并尽可能使实验组与对照组的处理条件等保持一致。以免疫细胞化学和原位杂交的结果分析为例,下文介绍一些注意事项。

(一)实验操作过程的一致性

用于定量分析的标本,从取材、固定开始的各项操作过程中,各步骤的处理应该相同。例如,对照组和实验组的组织块大小、切片厚度应一致;固定方法、固定剂和固定时间等应一致;如果用贴片法,实验组和对照组的切片最好裱在同一载玻片上,如果用漂片法,实验组和对照组的切片最好在同一容器中进行处理;各种试剂的浓度、处理时间、实验方法、步骤、显色时间等应尽可能地一致。只有做到实验操作的严格一致,对照组和实验组之间的定量分析才有可比性。

(二) 图像分析操作过程的一致性

在对实验结果进行图像输入时,应该尽可能地保持各参数的一致性。如利用光学显微镜或电子显微镜+数字摄像机或数字照相机作为输入设备时,显微镜的光源电压、光圈大小、聚光器位置、放大倍数、图像的清晰度和摄像机或照相机的光圈、焦距等均应该一致。输入过程中任何的变化都有可能导致定量结果的较大差别,特别是灰度值或光密度值等。此外,用于分析的标本数量也应该足够多(由具体实验设计确定)。

(三) 放射性核素探针标记原位杂交结果定量分析时应注意的事项

在放射性核素标记核酸探针的原位杂交中,放射自显影所显示的银颗粒密度应适当,乳胶层厚度应适宜。银颗粒的密度对定量分析的正确性影响很大,如银颗粒密度过大,银颗粒相互重叠或彼此相连,则在光镜下就不能准确辨别单个银颗粒,定量结果就一定会受到影响。此时,乳胶层记录的组织细胞中的放射活性不够准确,因为这种情况下乳胶层的银原子已经全部曝光,而后续的放射活性却未被记录下来。上述的情况通过控制曝光时间可以加以纠正。因此,适当的银颗粒密度才能使定量分析结果准确可靠。此外,乳胶层厚度对原位杂交结果的定量影响也较大。如用^{38}S标记探针,其射线能量高,射程可能会超过组织切片上涂布的乳胶层;而用^{3}H标记探针,因其射线较弱,一般不会穿透乳胶层。如果乳胶的厚度不一,即使放射活性相同(或靶核酸含量相等),乳胶层上被曝光的银颗粒数也不会相同。因此,用浸泡法涂膜时,要尽可能在涂膜时保持前后条件一致,如用同一批乳胶、乳胶稀疏度一致、涂膜时温度恒定、切片进出乳胶的速度以及在乳胶中停留的时间应尽可能一致等。

结语:形态定量技术为形态学研究提供了有用的定量或半定量方法,是实现研究结果比较的关键步骤。了解体视学的基本理论,选择合适的方法进行定量分析,对获得可靠的实验结果至关重要。

(金立德)

参 考 文 献

柏树令,何维为,李吉.1990.正常心肌细胞生长的形态学特点.解剖学报,21(3):242
蔡文琴,王伯沄.1994.实用免疫细胞化学与核酸分子杂交技术.成都:四川科学技术出版社
蔡文琴.2003.现代实用细胞与分子生物学实验技术.北京:人民军医出版社
成令忠,钟翠平,蔡文琴.2003.现代组织学.上海:上海科学技术文献出版社
成令忠.1989.组织学与胚胎学进展续集.北京:人民卫生出版社,318~324
崔成虎,杨正伟,李鸿.1991.四种不同固定液对组织皱缩的影响.川北医学院学报,6(3):34~36
管汀鹭译.1983.显微术中的分析与定量方法.北京:科学出版社
黄良文.1984.抽样调查原理.北京:中央广播电视大学出版社
李鸿,杨正伟,崔成虎等.1990.树脂切片和石蜡切片在一定量研究中的对比.川北医学院学报,5(4):48~50
李后强.1988.分形(fractal)理论与生物学研究.大自然探索,7(2):25~32
刘国权.1989.关于拐点计数法及其在材料科学中应用的可能性.第一届材料及图像分析全国学术科研会论文集,10:61~63

刘厚奇,向正华.2002.原位检测技术.北京:人民军医出版社
苏慧慈.1994.原位杂交.北京:科学出版社
孙培懋译.1983.图像分析入门.北京:中国计量出版社
泰国友.1987.定量金相.成都:四川科学技术出版社
汪守朴.1986.金相分析基础.北京:机械工业出版社
王泊沄.2000.病理学技术.北京:人民卫生出版社
向正华.1993.应用半定量原位杂交组化和免疫组化观察老年大鼠下丘脑室周核生长抑素神经元.解剖学杂志,3:242~245
杨光等.1987.豚鼠腹腔神经节小强荧光细胞超微结构的定量分析.中国第四届体视学与图像分析学术会论文汇编(第一集)
杨正伟,崔成虎.1989.睾丸组织石蜡切片的组织皱缩和切片压缩.川北医学院学报,4(4):4~7
杨正伟,刘国权,崔成虎.1990.平面特征物的一些形状因子及其应用.川北医学院学报,5(4):11~15
杨正伟.1989.体视学基础知识.川北医学院学报,4(4):44~53
杨正伟.1990.任意粒子的平均大小和数目的体视学估计.川北医学院学报,5(3):62~70
杨正伟.1990.体积、表面积、长度、厚度和曲率的体视学估计.川北医学院学报,5(2):43~52
杨正伟.1991.一些简单有用的体视学方法.川北医学院学报,6(2):34~36
杨正伟.1992.生物组织的形态计量研究中应特别注意的两个问题:参照空间的"陷阱"和样本含量问题.川北医学院学报,7(3):73~76
杨正伟.1998.生物体视学新工具——光学体视框.中国体视学与图像分析,3:50
杨正伟.2000.若干定量形态学问题.中国体视学与图像分析,5(1):49~61
余永宁,刘国权.1989.体视学:组织定量分析的原理和应用.北京:冶金工业出版社
周概容.1985.概率论与数理统计.北京:高等教育出版社
朱家媛,杨正伟,崔成虎.1990.小鼠小肠绒毛表面积的定量研究.川北医学院学报,5(3):1~4
Aalto ML. 1982. Morphometric approach to immunohistochemistry: carcinoembryonic antigen (CEA) in ovarian tumours. Acta Stereologica,1(2):347~356
Aherne WA, Dunnill MS. 1982. Morphometry. London: Edward Arnold Ltd
Baddeldy AJ. 1987. Three-dimensional analysis of the spatial distribution of particles using the tandem-scanning reflected light microscope. Acta Stereol, 6(2):87~100
Baddeley AJ, Gundersen HJG, Cruz-Orive LM. 1986. Estimation of surface area from vertical sections. J Microsc,142:259~276
Baddeley AJ. 1986. Estimation of surface area from vertical sections. J Mcrosc,142:259~276
Bdei KS. 1987. A simple method of measuring the thickness of semi-thin and ultra-thin sections. J Microsc,148:107~111
Bertram JF, Bolender RP. 1986. Counting parenchymal cells in the goat lung with serial section reconstruction and stereology. Am Rev Respir Dis,133:891~898
Boudier JA. 1982. Stereological analysis of the rat neurohypophysis. Acta Stereologica, 1(2):323~328
Coster M, Jernot JP, Chermant JL. 1987. Importance of the connectivity number in quantitative image analysis. Acta Stereol,6(2):123~131
Cruz-Orive LM. 1987. Stereology: historical notes and recent evolution. Acta Stereol, 6(2):43~56
Cruz-Orive LM, Hunziker KB. 1986. Stereology for anisotropic cells: application to growth cartilage. J Microsc, 143:47~80
Cruz-Orive LM, Weibel KR. 1990. Recent stereological methods for cell biology: a brief survey. Am J Physiol,

258(2):148~156

Cruz-Orive LM. 1987. Particle number can be estimated using a disector of unknown thickness: the selector. J Microsc,145:121~142

Cruz-Orive LM. 1989. On the precision of systematic sampling: a review of Matheron's transitive methods. J Microsc,153:315~333

Cruz-Orive LM. 1989. Second-order stereology: estimation of second moment volume measures. Acta Stereol,8(2):641~646

DeHoff RT. 1981. Stereological meaning of the inflection point count. J Microsc, 121:13~19

DeHoff RT. 1987. Use of the disector to estimate the Euler characteristic of three dimensional microstructures. Acta Stereol,6(2):133~140

Geiser M, Cruz-Orive LM. 1989. Counting particles retained in the conducting airways of Hamster lungs with the fractionator. Acta Stereol, 8(2):419~424

Gundersen HJG, Bendsten TF, Korbo L et al. 1988. Some new, simple and efficient stereological methods and their use in pathological research and diagnosis. APMIS,96:379

Gundersen HJG, Jensen EB. 1985. Stereological estimation of the volume-weighted mean volume of arbitrary particles observed on random sections. J Microsc,138:127~142

Gundersen HJG, Jensen KB. 1987. The efficiency of systematic sampling in stereology and its prediction. J Microsc,147:229~263

Gundersen HJG, Jensen KB. 1983. Particle sizes and their distribution estimated from Line-and point-sampled intercepts. Including graphical unfolding. J Microsc,131:291~310

Gundersen HJG, Qsterby R. 1981. Optimising sampling efficiency of stereological studies in biology. J Microsc, 121:65~73

Gundersen HJG. 1977. Notes on the estimation of the numerical density of arbitrary profiles: The edge effect. J Microsc,111:219~223

Gundersen HJG. 1986. Stereology of arbitrary particles, a review of unbiased number and size estimator and the presentation of some new ones. J Microsc,143:3~45

Gundersen HJG. 1988. The nucleator. J Microsc,151:3~21

Gundersen HKG, Bagger P, Bendsten TF et al. 1988. The new stereological tools: dissector, fractionator, nucleator and point sampled intercepts and their use in pathological research and diagnosis. APMIS, 96:857~881

Gupta M. 1983. Inter-animal variation and its influence on the overall precision of morphometric estimates based on nested sampling designs. J Microsc,131:147~154

Jenkinson G. 1987. An introduction to the operation and capabilities of image analysis systems. International Labmate,12:3~4

Jensen EB, Gundersen HJG. 1993. The rotator. J Microsc,170:35

Jensen KB, Gundersen HJG. 1987. The corpuscle problem: reevaluation using the dissector. Acta Stereol,6(2):105~122

Jensen KB, Sundberg R. 1986. Generalized associated point methods for sampling planar objects. J Microsc,144:55~70

Liu GQ, Dehoff RT. 1990. Stereological characterization of micro-structural evolution at late stages of sintering for Nickel powder compacts. Acta Metallurgica Sinica,3(2):115~124

Mattfeldt T, Mall G, Gharehbaghi H. 1990. Estimation of surface area and length with the orientator. J Microsc,

159:301

Mattfeldt T, Mobius HJ, Mall G. 1985. Orthogonal triplet probes: an efficient method for unbiased estimation of length and surface of objects with unknown orientation in space. J Microsc,139:279~289

Mattfeldt T. 1985 Orthogonal triplet probes: an efficient method for unbiased estimation of length and surface of objects with unknown orientation in space. J Microsc,139(3):279~289

Mattfeldt T. 1989. The accuracy of one dimensional systematic sampling. J Microsc, 153:301~313

McMillan PJ. 1983. Objective evaluation of immunohistochemically stained tissues using an image array processor. 6th International congress for Stereology

Michel RP, Cruz-Orive LM. 1988. Application of the Cavalieri principle and vertical sections method to lung: Estimation of volume and pleural surface area. J Microsc,150:117~136

Miles RE. 1978. The sampling, by quadrats, of planar aggregates. J Microsc,113: 257~267

Miles RE. 1987. Preface. Acta Stereol,6(2):5~10

Nielsen K, Ostri P. 1988. Stereological estimates of nuclear volume in the course of primary tumors of the renal pelvis. APMIS,4:87~91

Nielsen K, Ostri P. 1989. Stereological estimates of nuclear volume in noninvasive bladder tumours (Ta) correlated with the recurrence pattern. Cancer,64(11):2269~2274

Nyengaard JB, Gundersen HJG. 1992. The isector: a simple and direct method for generating isotropic, uniform random sections from small specimens. J Microsc,165:427

Nyengaard JR, Bendtsen TF, Gundersen HJG. 1988. Stereological estimation of the number of capillaries, exemplified by renal glomeruli. APMIS,4:92~99

Serra J. 1982. Image Analysis and Mathematical Morphology. London: Academic Press

Sterio DC. 1984. The unbiased estimation of number and sizes of arbitrary particles using the dissector. J Microsc, 134:127

Sterio DC. 1984. The unbiased estimation of number and sizes of arbitrary particles using the disector. J Microsc, 134:127~136

Wang ZX, Wreford NG, de Kretser LM. 1989. Determination of Sertoli cell numbers in the developing rat testis by stereological methods. Int J Androl,12:58~64

Weibel ER. 1987. Ideas and tools: the invention and development of stereology. Acta Stereol,6(2):23~33

Weibel ER. 1979. Stereological methods-practical methods for biological morphometry. London: Academic Press

Wiernik G. 1973. A quantitative comparison between normal and carcinomatous squamous epithelia of the uterine cervix. British Journal of Cancer,28:488

Wing TY, Christensen AK. 1982. Morphometric studies on rat seminiferous tubules. Am J Anat,165:13~25

Wreford NG, Yang ZW. 1989. Stereological methods in cell number estimation. J Anat, 165:301~302

Wreford NG, Yang ZW. 1989. The use of volume weighted mean volume in the estimation of Sertoli cell nuclear volume and numbers in the developing rat testis. Acta Stereol,8:351~353

Xiang Z, Kang Z. 1993. Transient expression of somatostatin mRNA in developing ganglion cell layers of rat retina. Brain Dev,128(1):25~33

Yang ZW, Wreford NG, de Kretser DM. 1990. A quantitative study of spermatogenesis in the developing rat testis. Biol Reprod, 43:629~635

第八章 细胞凋亡

第一节 概 述

一、细胞凋亡的概念

细胞凋亡(apoptosis)是机体细胞在正常生理或病理状态下,遵循自身的程序发生的一种自发的、程序化的死亡过程,其发生受一系列基因、蛋白的严密调控,最后细胞脱落离体或裂解为若干凋亡小体,最终被其他细胞吞噬。细胞凋亡与细胞的生长、分化、增殖一样,在生物体生长发育以及维持成体组织稳定等方面具有重要作用。如果没有细胞凋亡,个体难以形成或存活,或者出现畸形,或者发生疾病。增殖与凋亡是矛盾的统一体,两者缺一不可。通过凋亡的发生,可使特定的细胞群体在特定的时间和特定的部位死亡。例如,蝌蚪变为青蛙时,其尾部细胞的死亡消失;红细胞在120天后自然死亡;衰老、受损、突变等细胞的清除;脊椎动物肢芽的发育,指、趾的形成等。从而使生物体在总体上保持其细胞数量、形态和功能的平衡。

早在1842年,Carl Vogt在研究发育时就发现脊索细胞和软骨细胞死亡的现象。1951年,Glucksman发现细胞在生物发育中的特定时空内发生死亡,并首次提出程序性细胞死亡(programmed cell death, PCD)的概念。直到1964年,Lockshin和Willians在研究幼虫蜕变成蛾时又提出程序性细胞死亡这一概念之后,细胞凋亡的研究才有较大进展。1972年,Kerr等首次提出细胞凋亡这一名词,用以命名肝静脉结扎后肝细胞出现的染色质碎裂、细胞核固缩的特殊死亡形式。

Apoptosis一词是希腊语,其意思是秋天树叶自然凋落,它形象地说明了细胞凋亡在生物个体发育过程中所起的作用,逐渐被大多数学者接受。自20世纪70年代以来,人们越来越清楚地认识到细胞凋亡对多细胞生物生长发育和正常生命活动的重要作用,并发现许多疾病的发生都与细胞凋亡失调相关。至今,细胞凋亡的研究已成为当今生命科学研究中最引人注目的领域之一。

二、细胞凋亡与细胞坏死的区别

目前认为,细胞死亡可分为两大类:一类是病理性细胞死亡,形态学上表现为细胞坏死(necrosis);另一类是生理性细胞死亡,又称为程序性细胞死亡,形态学上表现为细胞凋亡。

坏死是急性细胞损伤造成细胞死亡的病理形式,它以细胞迅速肿胀和崩解为特征;凋亡是细胞自发的、主动的死亡过程,通过内源性蛋白酶的激活,产生细胞骨架破坏、细胞皱缩、核染色质浓缩和降解,最后细胞膜包裹部分细胞器和断裂的核染色质形成凋亡小体,被周围的巨噬细胞吞噬。因此，两者在形态学、生物化学等方面有明显区别(图8-1)。

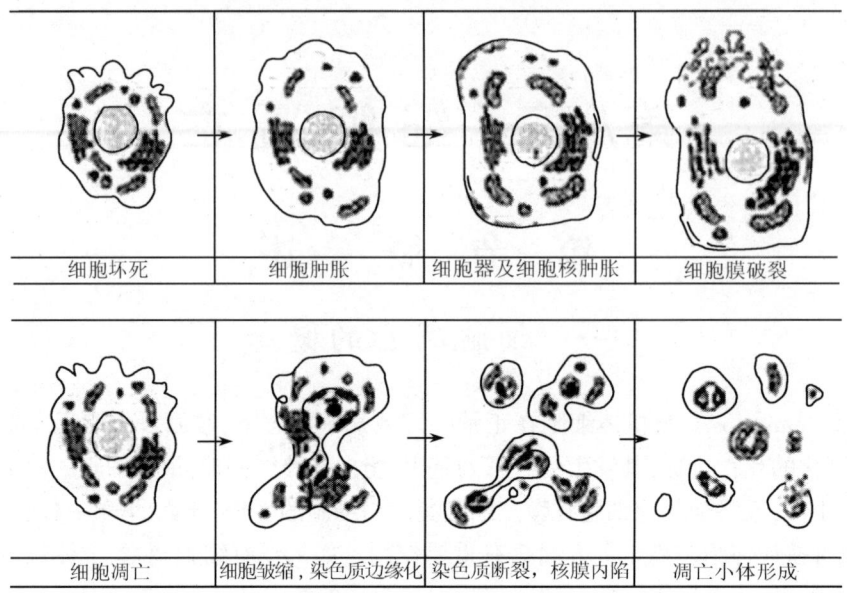

图 8-1　细胞凋亡与坏死

(一) 形态学上的区别

生理或病理状态下的细胞凋亡往往表现为在正常细胞群体中单个细胞的死亡，即细胞的非同步死亡。可避免细胞同时大量死亡可能出现的非生理性反应，提供死亡细胞被吞噬所需的时间；并可在大量细胞死亡之前，为逆转凋亡过程提供时间。细胞凋亡的最初，胞质开始出现空泡，空泡自细胞内排出，引起水分丧失、细胞容积减小、细胞固缩成圆形或椭圆形。染色质浓集成球状，或重新分布于核膜下呈圆形或新月形，称为核染色质边缘化。随后线粒体等细胞器也发生超浓缩，形成一个或多个块状结构。同时细胞核解体，细胞膜下陷，包裹核碎片和部分细胞器形成凋亡小体，这些凋亡小体最终被周围细胞吞噬。由于这种死亡过程不导致溶酶体及细胞膜破裂，没有细胞内容物外溢，故不引起炎症反应和次级损伤。细胞凋亡的特征形态变化包括细胞皱缩、染色质边缘化、核固缩、凋亡小体形成。

坏死性细胞死亡的形态学特征，首先是膜通透性增加，水分渗入引起内质网、线粒体等细胞器及细胞核肿胀，溶酶体膜破裂，最后导致细胞膜破裂，胞质外溢，细胞外形发生不规则变化，并引起严重的炎症反应。坏死的细胞常常是成群细胞一起死亡，并最终被巨噬细胞所吞噬。

总之，细胞凋亡和细胞坏死形态学上的区别在于其病理特征和进程不同，引起的后果也不一样。

(二) 生物化学上的区别

正常细胞膜上的磷脂分布是不对称的，即胆碱类磷脂(如磷脂酰胆碱、鞘磷脂)大多分布在膜外层，而氨基类磷脂[如磷脂酰丝氨酸(PS)和磷脂酰乙醇胺]则多分布在膜内层。在凋亡细胞时，磷脂酰丝氨酸常常由细胞内转向细胞外，而巨噬细胞上存在磷脂酰丝氨酸受体，结果有利于凋亡细胞被邻近的吞噬细胞识别、吞噬。这种外释现象是细胞凋亡早期重要的生物化学特点。细胞凋亡过程中 DNA 在活化的核酸内切酶作用下，首先被降解为 200~300kb 的片段（"结构域式"剪切）。然后，DNA 进一步在核小体单位之间降解，产生寡核小体片段，其大小相当于核小体（180~200bp）的倍数。基因组 DNA 的降解产物在电泳图谱上呈现阶梯状的条带（DNA ladder）。细胞凋亡往往需要新的基因转录和蛋白质合成，因而也是消耗能量的过程。有人提出细胞内 ATP 水平是决定细胞死亡形式的重要决定因素。而细胞坏死不需要能量，DNA 被随机降解为任意长度的片段，其 DNA 降解产物在电泳图谱上呈现弥漫的片状图谱。细胞凋亡过程伴随许多蛋白质降解，如多聚（ADP-核糖）聚合酶 [poly (ADP-ribose) polymerase，PRAP]，这也是细胞凋亡的一个标志。细胞凋亡和细胞坏死的区别见表 8-1。

表 8-1 细胞凋亡和细胞坏死的区别

项目	细胞坏死	细胞凋亡
诱因	外界急性病理变化	细胞内部生理或病理性但有规律的改变，或外部因素通过细胞内改变起作用
组织分布	成片细胞	单个细胞
组织反应	细胞内容物释放，引起炎症反应	形成凋亡小体，不诱发炎症反应
细胞形态	细胞水肿，外形不规则变化	细胞变小，外形变圆，微绒毛消失，随即与周围细胞脱离
细胞膜	膜通透性增加，最后崩解、破裂	膜通透性无改变，不破裂，最后膜内陷，将细胞内容物包裹为有膜的细胞小体
细胞器	内质网、线粒体及溶酶体膜破裂，其内容物在细胞膜破裂后随胞质外溢	线粒体和溶酶体无大变化，内质网扩张呈泡状与细胞膜相融合，最后与细胞膜共同形成包裹细胞器和胞质的细胞小体（凋亡小体）释放至细胞外
细胞核	核染色质不规则位移，最后核膜破裂，细胞核崩解，DNA 在生物膜破溃后才发生不规则降解	核染色质密度增高，呈半月形凝聚于核膜周边，核仁裂解，但胞核不破裂，DNA 早期即降解断裂为 180~200bp 倍数的片段
DNA 电泳	因 DNA 不规则降解，故电泳呈现连续性片状条带	因 DNA 早期即降解断裂为 180~200bp 倍数的片段，故电泳呈现梯形条带
蛋白质	非特异降解，ATP 耗竭，代谢停止	细胞凋亡相关蛋白质和酶类活化，需要 ATP 正常合成并分解提供能量
磷脂	降解	凋亡早期磷脂酰丝氨酸外翻
结局	细胞膜破裂，细胞崩解	形成的凋亡小体及母体细胞被邻周细胞或吞噬细胞所识别、吞噬，或自然脱落离开生物体

三、细胞凋亡与程序性细胞死亡

大多数程序性细胞死亡均能呈现细胞凋亡的形态学特征，所以近年来的文献中基本上将两者看做是同一概念。实际上，程序性细胞死亡和细胞凋亡并不完全等同，前者是指在发育过程中特定时期、阶段出现的细胞死亡，它是一个功能性名称，而细胞凋亡则是和细胞坏死相对的形态学概念。已经发现，不是所有的 PCD 细胞都表现为细胞凋亡的形态学特征，如烟草幼鹰蛾蜕变时，其幼虫体节间的肌肉细胞由于某些激素的作用而死亡，使幼虫变成蛾，与其他PCD类似，这些肌肉细胞的丢失需要新的基因表达，但这些细胞死亡不产生膜泡、染色质浓缩和规则DNA降解等细胞凋亡的特有特征，为区别之，常将这一类细胞的死亡称为非凋亡的程序性细胞死亡。

四、细胞凋亡的生物学意义

细胞凋亡对于多细胞个体的生长发育至关重要。无论在发育期还是在成人体内，既有大量的新细胞产生，也有大量的旧细胞死亡，这是生物体的一种自然现象。为了维持机体组织中适宜的细胞数量，在细胞分裂和细胞死亡之间保持精确的动态平衡有重要意义。由于细胞生成与死亡是有序的流程，因而使胚胎期和成人期的人体组织得以维持适宜的细胞数量。这种精密地控制细胞的消亡过程就称为程序性细胞死亡。正常的生命需要细胞分裂以产生新细胞，并且也要有细胞的死亡，由此人体和生物的器官才得以维持平衡。一方面，在胚胎发育中，特定种类的细胞在完成使命后通过凋亡被淘汰，同时代之以新的细胞类型，正是这种组织细胞井然有序的生死交替，使得胚胎得以发生、发育和成熟。如指（趾）和关节腔的形成，就是指（趾）间或关节腔内细胞凋亡的结果。同样，在大脑发育的最初阶段，程序性细胞死亡也决定着大量神经细胞的产生与消亡。因此，细胞凋亡失控将影响胚胎和婴儿的发育。另一方面，在成年个体中，通过细胞凋亡清除衰老细胞并代之以新生细胞，从而维持特定组织器官的细胞类型、正常功能和细胞数量的相对恒定，如皮肤、黏膜等细胞的更新及子宫内膜的脱落与更新等。

细胞凋亡对于淋巴细胞的成熟和维持免疫系统的功能至关重要。在淋巴细胞的发育分化过程中，自身反应性B细胞克隆的清除以及通过一系列阳性选择和阴性选择（T细胞的发育分化在胸腺内进行，胸腺具有选择性保留或去除T细胞中不同克隆的功能，即阳性选择和阴性选择），形成$CD4^+$辅助性T淋巴细胞和$CD8^+$抑制性T淋巴细胞的过程，都是通过细胞凋亡来实现的；LAK等免疫活性细胞可以通过诱导细胞凋亡来杀伤靶细胞；为了防止过高的免疫应答，受抗原刺激而活化的T淋巴细胞自身可以通过激活诱导细胞死亡（activation-induced cell death，AICD）过程走向凋亡。

细胞凋亡与DNA损伤、修复具有密切联系。机体通过细胞凋亡清除癌变细胞以及不能自身修复的细胞来维持遗传的稳定性。细胞凋亡在组织损伤后由肉芽组织转变成瘢痕组织的过程中发挥着重要作用。

近年研究还显示，细胞凋亡与衰老、多种疾病的发生有着直接联系。随着年龄的增长，许多细胞类型都失去凋亡能力，其他细胞（如胸腺细胞和淋巴细胞）似乎也失去触发凋亡信号途径的能力，与年龄相关的免疫功能失调可能与T细胞凋亡缺陷有关，这些可能是导致衰老和器官功能普遍下降的重要原因。许多疾病（如Parkinson病、Alzheimer病、恶性肿瘤、动脉硬化及慢性缺血等）都与细胞凋亡有密切关系。

第二节　与细胞凋亡相关的酶类

细胞凋亡的发生与发展受基因的严密调控，通过细胞内部一系列蛋白酶和核酸酶的活化,促使细胞凋亡。有人认为,细胞发生凋亡的过程就是蛋白酶级联反应的过程。因此,研究细胞凋亡的酶学变化是认识细胞凋亡的重要途径。

一、Caspase 蛋白酶家族

(一) Caspase 的性质和种类

Caspase 与 CED-3 在序列和结构上同源,它们是一类特异的在天冬氨酸(Asp)之后切割靶蛋白的半胱氨酸蛋白酶家族,活性位点含有 QACXG($X=R,Q$ 或 C)保守氨基酸序列。在功能上,激活的 Caspases 可以水解包括细胞调节、细胞信号转导、DNA 修复、组织平衡、细胞存活等环节中的重要蛋白,从而使细胞表现为凋亡特有的形态学及生化特征,如细胞皱缩、染色质聚集、DNA 降解以及随后凋亡细胞被吞噬细胞迅速地清除等。

最先发现的 Caspase 就是 ICE(interleukin-1 β-converting enzyme),现也称为 Caspase-1。目前发现的 Caspase 包括 Caspase-1~14,它们可分别在炎症和细胞凋亡中起到不同的作用。根据其结构的同源性分为三个亚家族:Caspase-1 亚家族,包括 Caspase-1、4、5、11、12、13、14。它们的活化与炎症细胞因子的合成有关,在多数情况下不是细胞凋亡的直接效应分子。Caspase-2 亚家族,目前只发现 Caspase-2 一个成员。Caspase-3 亚家族,包括 Caspase-3、6、7、8、9、10,它们都直接参与介导细胞凋亡过程。根据 Caspase 前体分子(procaspase)的 N 端原结构域以及它们在细胞凋亡中所起作用的不同又可分为两类:起始 Caspase(initiator,又称 upstream、apical Caspase)和效应 Caspase(effector,又称 downstream Caspases、executioner)。起始 Caspase 包括 Caspase-8、9、10 等,具有长结构域,对细胞凋亡的刺激信号做出反应,启动细胞的自杀过程;效应 Caspase 包括 Caspase-3、6、7 等,具有短结构域,是在细胞凋亡过程中的具体执行者,完成对特定蛋白底物的水解。

Caspase 在氨基酸序列、结构和底物特异性上具有相同的特征。Caspase 酶原包含三个结构域:N 端结构域(prodomain)、约 20kDa 的大亚基和约 10kDa 的小亚基(图 8-2)。酶原的激活需要在大、小亚基和 N 端结构域内进行切割,然后大、小亚基形成异源二聚体,并进一步形成具有两个独立活性位点的四聚体,这就是被激活的酶。完成这个切割任务的可以是 Caspase,也可以是其他的蛋白酶,如 granzyme B。Caspase-3、6、7 的 N 端结构域较短,缺乏蛋白相互作用的功能区,因而最可能是通过其他蛋白酶切割的方式而被激活。而更重要的激活方式是 Caspase 之间的相互作用,称为 Caspase 级联反应(Caspase cascade)。

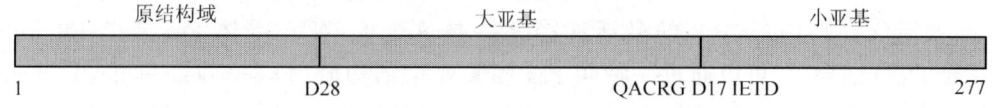

图 8-2 Caspase-3 的一级结构模式图

Caspase(cystein-containing, aspartat-specific protease)的本质是一些半胱氨酸蛋白酶,能特异地剪切天冬氨酸(Asp)残基,属于 ICE(interleukin-1 β-converting enzyme)相关蛋白酶家族成员。在正常状态下,它们以无活性的酶原形式存在,在凋亡信号刺激下,其 Asp 残基被特异性剪切后激活,同时释放 N 端结构域(pro-domain)。Caspase 作用的发挥是通过一系列连锁反应实现的,所有的 Caspase 都被特异地剪切在 Asp 残基,一些上游的 Caspase 依次激活其下游的 Caspase,形成 Caspase 级联反应,将凋亡信号一级一级传至凋亡底物。早期研究细胞凋亡机制的生物模型主要用线虫,其死亡基因产物 CED-3 就是一种 Caspase,而在脊椎动物中则已衍生出一大类 Caspase 家族。表 8-2 总结了目前已发现的一些 Caspase 及其特性。

表 8-2 Caspase 家族成员表

分类	名称	原结构域	接头分子	识别序列
起始分子	Caspase-2	L,CARD	RAIDD	DXXD
	Caspase-8	L,DED	FADD	(I/V/L)EXD
	Caspase-9	L,CARD	Apaf-1	(I/V/L)EHD
	Caspase-10	L,DED	FADD	(I/V/L)EXD
效应分子	Caspase-3	S		DEXD
	Caspase-6	S		(I/V/L)EXD
	Caspase-7	S		DEXD
细胞因子前体	Caspase-1	L,CARD	CARDIAK	(W/Y/F)EHD
	Caspase-4	L,CARD		(W/Y/F)EHD
	Caspase-5	L		(W/Y/F)EHD
	mCaspase-11	L		
	mCaspase-12	L		
	Caspase-13	L		
	mCaspase-14	S		
无脊椎动物	CED-3	L,CARD		DEXD
	DCP-1	S		

注:L. long,长;S. short,短;m. 鼠;X. 任意氨基酸;DCP-1. 果蝇 Caspase-1;CARD. Caspase recruitment domain;DED. death effector domain,死亡效应域。

(二) Caspase 的活化

细胞内外的许多信号刺激可以诱发细胞凋亡,如相应配体结合死亡受体[如 Fas、肿瘤坏死因子受体(TNFR)等]、紫外线照射和电离辐射、抗癌药物、生长因子缺乏、过度表达某些特定的癌基因和抑癌基因等。尽管这些信号以及随后的反应途径多种多样,但现已公认,细胞凋亡后期的共同途径是 Caspase 的激活。细胞发生凋亡时,起始 Caspase 首先被活化,随后它可以切割并激活下游的 Caspase 分子,由此构成一种逐级扩大的级联反应,直至效应 Caspase 被活化。如 Caspase-8 的激活途径之一是这样的:死亡受体 Fas 或 TNFR 被配体(FasL 或 TNF)结合后,可以通过一种叫 Fas 相关死亡结构域(Fas-associated death domain,FADD)的接头蛋白(adaptor)使 procaspase-8 聚集,这种聚集是通过 DED 结构域(死亡效应结构域,death effector domain)的疏水作用来实现的,在 procaspase-8 和 FADD 中均含有这种结构域。procaspase-8 本身具有成熟的 Caspase-8 酶的 1%~2% 的活性,聚集后的 procaspase-8 已经足够通过自身或相互之间的切割产生成熟的 Caspase-8。激活的 Caspase-8 又可激活下游的效应 Caspase,并最终使细胞凋亡。与之相似,procaspase-2 可以由接头蛋白 RAIDD 介导通过 Caspase 激活和聚集结构域(Caspase activation and recruitment domain,

CARD)的相互作用聚集并激活。而对于 Caspase-9 来说,它激活的途径与 Caspase-8 不太相同。细胞在应激或受到细胞毒、化疗药物作用时,会导致线粒体的破坏和释放出细胞色素 C(Cyt C),在 Cyt C、dATP 和含 CARD 结构域的辅助分子细胞凋亡蛋白酶激活因子-1(apoptotic protease activating factor-1,Apaf-1,CED-4 的同源分子)的协同作用下,与 procaspase-9 形成凋亡体复合体(apoptosome complex),procaspase-9 会通过 CARD 结构域之间的相互作用聚集并导致自我激活。Caspase-8 和 Caspase-9 的激活也代表了 Caspase 激活的两种典型方式。

(三) 活化的效应 Caspase 引起细胞凋亡的机制

激活的 Caspase 可激发细胞凋亡,虽然仍有许多不清楚的地方,但在其已经查明的约 40 个底物中,有一些已经被证实其水解与最后的细胞凋亡直接相关。如 ICAD/DFF45[inhibitor of CAD(是从鼠淋巴细胞分离的)/DNA 片段化因子(DNA fragmentation factor,DFF)的 45kDa 亚单位(人体中 ICAD 的同源分子)]是 Caspase 活化的 DNA 酶(Caspase-activated deoxyribonuclease,CAD)的抑制蛋白,CAD 核酸酶可以造成凋亡时 DNA 的片段化。在正常细胞中,CAD 与 ICAD 形成复合物,因而不处于激活状态。细胞凋亡时,Caspase 水解 ICAD,CAD 就会处于活性状态并最终使 DNA 片段化。Caspase-3 能裂解新的核因子 acinus,它是染色质浓聚因子的前体,激活后可引起凋亡细胞的染色质浓聚,而不引起 DNA 片段化作用。另一个例子是 Caspase 在细胞凋亡时可以水解 Bcl-2 蛋白,这不仅消除了 Bcl-2 蛋白的抗细胞凋亡作用,而且研究显示 Bcl-2 水解片段也有促进细胞凋亡的作用,整个过程是一个正反馈的过程。Caspase 还可以影响 DNA 修复、mRNA 剪接、DNA 复制等重要过程中的蛋白。因此,可以说 Caspase 蛋白酶在细胞凋亡过程中的作用处于中心地位。

(四) Caspase 活化的抑制剂

细胞内存在一些 Caspase 的抑制蛋白,以防止 Caspase 的异常活化。另外一些病毒蛋白或人工合成的多肽分子在细胞内外可以抑制 Caspase 的活性,它们通常是直接抑制 Caspase 的蛋白酶活性或阻断其活化过程。凋亡抑制蛋白(inhibitor of apoptosis protein,IAP)家族可以通过与死亡受体复合物上的 TNF 受体相关因子(TNF receptor associated factor,TRAF)结合而阻止细胞凋亡过程。1997 年发现的生存素(survivin)也属于 IAP 家族,它仅在胚胎发育中表达,在成年组织中过表达与许多常见的恶性肿瘤的发生以及肿瘤组织对放疗、化疗的耐受性有密切关系。人工合成的短肽[如苄羰基-Val-Ala-Asp 荧光甲基酮(zVAD-fmk)]和 Boc-Asp-fmk 是 Caspase 的广谱抑制剂;zDEVD-fmk 特异性抑制 Caspase-3 活化;Ac-YVAD-CHO 是 Caspase-1 的专一抑制剂;VEID-CHO 和 DMQD-CHO 分别选择性地抑制 Caspase-6 和-3。sentrin 能特异地结合 Fas,却不能结合 FADD,从而阻断 Caspase-8 的活化。丝氨酸蛋白酶抑制剂(serpin),[如昆虫病毒蛋白 P35、牛痘病毒蛋白细胞因子反应调节物 A(cytokine response modifier A,CrmA)]能抑制 Caspase 的活性。

总之,Caspase 是细胞凋亡调控的关键分子群,其活化是不同细胞凋亡途径中共同的通路。随着细胞凋亡研究的深入,人们发现细胞中还存在不依赖 Caspase 的凋亡途径,如由线粒体释放的凋亡诱导因子(apoptosis-inducing factor,AIF)从细胞质转位到细胞核内,引起染色体核周边凝集和 DNA 呈大片段断裂,引起细胞凋亡。该作用不受广谱 Caspase 抑制剂 zVAD-fmk 的抑制,也不受 Bcl-2 过量表达的影响。

二、介导细胞凋亡的其他酶类

(一) 核酸内切酶

核酸内切酶(endonuclease)主要是 DNA 酶(DNase),活化后在核小体连接处切割染色体,形成以 180～200bp 为最小单位的核酸寡聚体片段。主要包括 DNase Ⅰ、DNase Ⅱ、NUC18 等。在细胞凋亡时 DNase 作为 Caspase 的底物被活化后发挥作用,如 CAD 等。

(二) 蛋白激酶

蛋白激酶是一类催化蛋白质发生磷酸化的酶,由于蛋白质的磷酸化/去磷酸化是调节蛋白质活性的重要方式,因而蛋白激酶在细胞信号转导中具有重要作用。目前发现与细胞凋亡相关的蛋白激酶有蛋白激酶 C(PKC)、DNA 依赖性蛋白激酶(DNA-PK)等。

(三) 其他

转谷氨酰胺酶(TGase)是一类 Ca^{2+} 依赖性酶,可促进蛋白质谷氨酰胺与赖氨酸残基之间的交联,使细胞膜出现凹陷、皱缩,促进凋亡小体的形成。另外,丝氨酸蛋白酶(如粒酶 B)、一氧化氮合酶(NOS)、PARP、calpain 等也参与细胞凋亡的过程。

第三节 细胞凋亡的信号转导途径

多细胞生物在凋亡过程中有相似的酶反应机制。美丽线虫(*Caenorhabditis elegans*)长久以来一直作为研究细胞凋亡机制核心组分的一个良好模型。研究发现了三个重要的基因:促进凋亡的 CED-3、CED-4 和抑制细胞凋亡的 CED-9。CED-3 是一个具有严格底物特异性的半胱氨酸蛋白酶,它以酶原的形式存在于细胞内。激活的 CED-3 可以水解靶蛋白从而使细胞死亡;CED-4 与 CED-3 结合并促进 CED-3 激活,CED-9 则与 CED-4 结合并阻止它激活 CED-3。正常情况下,CED-9 与 CED-4 和 CED-3 结合,因而 CED-3 不处于激活状态。细胞凋亡信号会引起 CED-9 在上述复合体上解离下来,激活 CED-3 并最终发生凋亡。

与线虫比较,脊椎动物则进化了一整套的基因家族,但与线虫基因仍有一定的同源性,如哺乳动物 Caspase 与 CED-3 同源;Apaf-1 基因与 CED-4 同源;哺乳动物 Bcl-2 基因家族与 CED-9 在结构和功能上相似,但分为促进和抑制亚群。

根据现有资料,可诱发或促进细胞凋亡的因素如下:

1. **基因类** 如 p53 基因、c-myc 基因等。
2. **细胞因子类** 如某些内源性激素、TNF 及许多活性氧中间体(如 OH^-、H_2O_2、等)。
3. **抗原类** 如某些细胞表面的 Fas 抗原,在特定条件下可诱导凋亡。
4. **细胞类** 如自然杀伤细胞(NK)、细胞毒性 T 细胞(CTL)可通过诱导靶细胞的凋亡来完成其杀伤作用。

5. 药物类 如某些外源性糖皮质激素、细胞毒药物及抗肿瘤药物等。

6. 外源性刺激 如小剂量辐射、冷刺激、缺血性和再灌注性损伤等。

从现有资料看,不同种类、不同生长发育阶段的细胞、不同的诱导凋亡因素具有不同的细胞凋亡途径。至今已发现了很多与细胞凋亡相关的信号转导途径。

一、细胞外部信号触发的凋亡——死亡受体路径

在细胞表面,存在一类能与细胞外的凋亡刺激分子结合,并将信号传至细胞内引起细胞凋亡的受体,称为"死亡受体"(death receptor, DR),它们隶属于肿瘤坏死因子受体(TNFR)超家族。现已发现至少有八类这种受体,包括 Fas(又称 APO1/CD95)、TNFR1、TNFR2、DR3(又称 APO3/Wsl1)、DR4(又称 TRAIL-R1)、DR5(又称 APO2/TRAIL-R2/KILLER)、DcR1(TRID)和 DcR2 等。参与细胞凋亡的死亡因子主要是 TNF 家族成员,包括 TNF、FasL、TRAM、TRAIL、CD30L、CD40L、CD27L、4-1BBL、淋巴毒素等。它们均是膜结合蛋白,N 端位于胞质,C 端位于胞外,胞外区约 150 个氨基酸,其中 20% ~25% 是保守的,胞质内的部分各不相同。通常 FasL 分子以三聚体形式和三个 Fas 分子结合,Fas 以其位于胞内的"死亡结构域"(death domain, DD)为中介结合 Fas 相关的死亡结构域(FADD),形成死亡诱导信号复合体(death-inducing signal complex, DISC)。随后 FADD 通过其死亡效应结构域(death effector domain, DED)和 Caspase-8 的 DED 区相互作用,导致 Caspase-8 形成寡聚体,并驱使其自身活化。活化的 Caspase-8 进一步活化效应 Caspase,如 Caspase-3 等,使细胞发生凋亡。TNF 与 TNFR 结合后诱导细胞凋亡的机制是:TNF 和 TNFR1 结合导致 TNFR1 形成同三聚体。随后,TNFR1 的 DD 与 TNFR 相关的死亡结构域蛋白(TRADD)分子的 DD 交联。后者作为一种辅助因子分别结合不同的信号分子和产生不同的效应,如与 TRAF(TNF receptor-associated factor)-2 和 RIP(receptor interacting protein)结合,导致 NF-κB 和 AP-1 的活化,抑制凋亡。而与 FADD 的结合则通过和 Fas/FasL 相同的途径诱导细胞凋亡。在脑和神经组织中,TNFR1 和 Fas 与其配基结合激活磷脂酶,如 PLA_2、PLC 和鞘磷脂水解酶(SMase),使鞘磷脂水解,神经酰胺水平增加,激活 CAPK、CAPP、PKC,导致细胞凋亡。TRAIL 被称为继 FasL 和 TNF 之后的第三个死亡因子,他不仅能迅速激活诱导细胞凋亡,而且肿瘤细胞对 TRAIL 诱导的凋亡敏感性远高于正常细胞。TRAIL 受体为 DR4 或 DR5,两者结合后同样活化 Caspase 家族的级联反应,最终导致表达 TRAIL 受体的靶细胞发生凋亡,这一过程与 FADD 或 TRADD 无关。TRAIL 诱导细胞凋亡的特异性是由另一个 TRAIL 的受体 DcR1/TRID 决定的。TRID 与 DR4(或 DR5)相似,具有胞外 TRAIL 结合序列和跨膜区,没有胞内功能区,仅在多种正常组织细胞中表达,在大多数肿瘤细胞中不表达。此类受体虽然能与 TRAIL 特异结合,却不能启动细胞凋亡途径(图 8-3)。

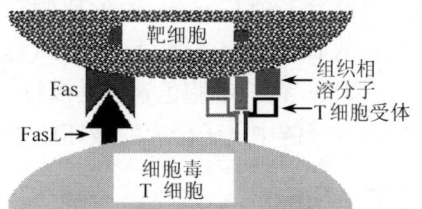

图 8-3 CTL 通过死亡受体路径诱导靶细胞凋亡

二、细胞内部信号触发的凋亡
——线粒体路径

线粒体在细胞凋亡中的作用包括释放 Caspase 激活因子(如细胞色素 c)、丧失电子转移功能并减少能量的产生、线粒体跨膜电位的消失以及与 Bcl-2 蛋白家族促凋亡和抑制凋亡功能的改变等方面。线粒体为双层膜结构,内外膜的通透性不同,外膜通透性大于内膜,但内膜存在一些载体蛋白和通道(如质子泵)。它能有效地将线粒体基质内的质子泵入外室,形成跨线粒体内膜、内负外正的线粒体跨膜电位。研究发现,细胞凋亡时都伴随线粒体跨膜电位的下降,且发生在凋亡细胞的形态学和生物化学改变之前。线粒体跨膜电位的维持部分依赖于线粒体膜通透性转运孔(MPT)。MPT 的持续开放和关闭分别诱导和抑制细胞凋亡。几乎所有诱导细胞凋亡的因素都可造成 MPT 的破坏。在 Bax 过表达、紫外线照射、氧化剂、神经酰胺等因素的作用下,MPT 开放,外膜破坏,释放细胞色素 c、Smac、AIF 和 Endo G 等凋亡相关分子(图 8-4)。

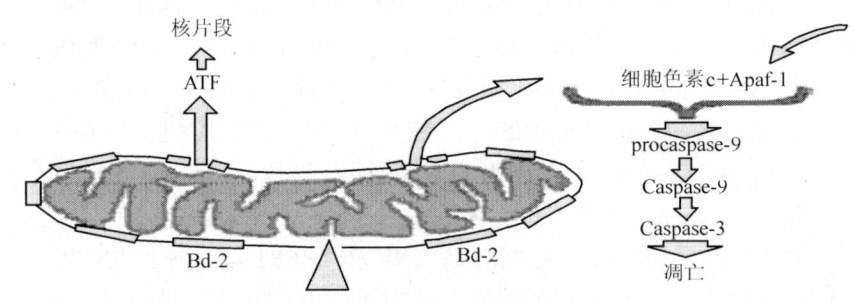

图 8-4 诱导细胞凋亡的线粒体路径

(一) 细胞色素 c(Cyt c)

在正常情况下,线粒体外膜表达 Bcl-2 蛋白,并与细胞凋亡蛋白酶激活因子-1(Apaf-1)结合。损伤情况下引起 Bcl-2 释放 Apaf-1。被释放到胞质中的细胞色素 c 在 ATP 或 dATP 的辅助下可特异的与胞质接头蛋白 Apaf-1 结合并促进 Apaf-1 寡聚化,Apaf-1 借其 N 端 CARD 选择性地直接结合多个 Caspase-9,形成凋亡体复合体(apoptosome complex),并引起 Caspase-9 活化。活化的 Caspase-9 激活下游分子(包括 Caspase-3 以及可能随后被激活的 Caspase-2、6、8、10)诱导凋亡。同时细胞色素 c 是线粒体呼吸链的重要组成成分。线粒体内细胞色素 c 的耗竭可能因呼吸链中电子传递的破坏使 ATP 生成受阻和产生氧自由基,进而诱导细胞死亡。

(二) Smac

Smac(second mitochondria-derived activator of caspase)是线粒体释放的 Caspase 活化蛋白,分子质量为 25kDa。Smac 进入胞质后,与 Caspase 活性抑制蛋白 IAPs 家族分子结合,解除 IAPs 分子对 Caspase 的抑制。Smac 在 p53 诱导的细胞凋亡信号通路中起重要的促进作用,而 Bcl-2 和 Bax 分别可以通过抑制和促进 Smac 的释放对细胞凋亡进行调控。

(三) 凋亡诱导因子(apoptosis-inducing factor, AIF)

AIF 是一种位于线粒体内膜空间的蛋白质,当线粒体受损后 AIF 被释放进入胞质,并直接移到细胞核,与 DNA 结合,导致染色质断裂、浓缩、细胞死亡,其作用并不通过 Caspase。

(四) 内核酸酶 G

内核酸酶 G(endonuclease G, Endo G)是线粒体特异的核酸酶,由核基因编码,在胞质内翻译。N 端 48 个氨基酸是线粒体的靶序列,当 Endo G 进入线粒体内,N 端 48 肽被除去。Endo G 参与线粒体复制,它能产生线粒体启动 DNA 合成所需要的 RNA 引物。Endo G 与 Cyt C 主要定位在膜间隙,在凋亡过程中,转位到细胞核,不依赖于 Caspase,直接裂解染色质 DNA 成核小体片段。

三、粒酶 B 诱导细胞凋亡的途径

细胞毒性 T 淋巴细胞杀伤靶细胞的机制之一是诱导细胞凋亡,而这种诱导细胞凋亡的作用主要是由它们分泌的粒酶 B 来实现的。粒酶(granzyme, Gr)是 CTL 和 NK 细胞杀伤性颗粒中丝氨酸蛋白酶家族的总称,目前发现的人类粒酶共有五种:GrA、GrB、GrH、GrM 和类胰蛋白酶-2,其中 GrB 的促凋亡作用最强。当 CTL 识别靶细胞表面 MHC I 类分子呈递的抗原时,杀伤性颗粒迅速移向与靶细胞接触的位置,这一过程称为极化现象。同时发生脱颗粒,使 GrB 等蛋白释放至两细胞间隙,接着进入靶细胞。GrB 介导的死亡途径是多层次、多水平的,其中 Caspase 依赖的死亡通路是重要的途径之一。GrB 可切割激活多种 Caspase 前体,其中 Caspase-10 和 Caspase-7 为最适底物。但 Caspase-10 缺失时,也可直接激活下游的其他 Caspase 分子。此外,GrB 还能直接切割 Caspase 的下游底物,如 PARP、DFF45、Bid 等。GrB 激活多种 Caspase 及其底物,可为 CTL 杀伤靶细胞提供强有力的保障。另外,GrB 介导的线粒体参与的死亡通路不依赖于 Caspase,也占有重要地位。该通路主要有三种方式。第一,GrB 可高效切割胞质中的关键底物 Bid,产生截短型 Bid(tBid),tBid 转位到线粒体并聚集 Bax 嵌入线粒体膜,诱导线粒体释放 Cyt C、Smac 等多种促凋亡分子。若 Bcl-2 过度表达,抑制 tBid 向线粒体的信号转导,可阻断细胞死亡。第二,GrB 还可通过诱导线粒体开启膜通透性孔道和破坏线粒体的膜电位,损伤线粒体功能,导致细胞死亡。上述两种途径均需要 Bid、Bax、Bak 参与。第三,GrB 还能使线粒体发生去极化,直接引起细胞死亡。GrB 还可直接切割 DFF45 使之失活,释放出核酸酶 CAD,引起 DNA 片段化;作用于细胞骨架的重要结构蛋白细丝蛋白(filamin),导致细胞骨架的破坏而死亡;核蛋白 NuMA、PARP(poly ADP-ribose polymerase)和 DNA-PKC 等,启动和促进核凋亡,如 PARP 裂解后,N 端的 DNA 结合区与 C 端的催化结构区分离,由于缺乏结合区的指引,催化结构区无法修复 DNA,受 PARP 调节的 Ca^{2+}/Mg^{2+} 依赖性核酸内切酶被激活,裂解核内 DNA 引起凋亡。这些途径相互协同、相互补充以确保异常细胞的清除。多药耐药的机制是机体表达 P-糖蛋白,抑制 Caspase 级联反应,故利用 GrB 诱导非 Caspase 死亡途径来避免多药耐药极具应用潜力。

四、细胞凋亡的其他途径

(一) 细胞的脱落凋亡

细胞与基质之间的相互作用对细胞的生长和增殖具有重要的调节作用。如果失去基质的支持,细胞会发生程序性死亡,称为脱落凋亡(anoikis)。其信号转导机制非常复杂。研究表明,整合素(integrin)介导的相关蛋白激酶途径起着非常重要的作用,包括黏着斑激酶(FAK),受体酪氨酸蛋白激酶(PTK),磷酸肌醇-3 激酶(PI-3K/Akt),有丝分裂原活化的蛋白激酶(MAPK),SAPK/JNK(stress-activated protein kinase/c-jun N-terminal protein kinase)等信号通路等。

(二) 内质网相关的凋亡诱导途径

主要定位于内质网(endoplasmic reticulum,ER)膜表面的 Caspase-12 前体,在 brefeldin A(抑制内质网转运到高尔基体)、tunicamycin(抑制内质网 N-糖基化)、钙离子通道剂 A23187、Ca^{2+}稳态改变等因素的作用下,活化并释放至胞质中,可引起神经细胞、PC12 等细胞凋亡。

(三) 其他

Ca^{2+}、cAMP、T 细胞受体等均可介导细胞凋亡。细胞凋亡时常伴有 Ca^{2+}、cAMP 的持续升高,说明 Ca^{2+}、cAMP 在细胞凋亡时有重要作用。氧化损伤、钙稳态失衡、线粒体损伤是许多凋亡诱导因素的共同通路,这三者相互联系、互为因果,因而有学者将三者合而为一,提出恶性网络假说,以更好地解释细胞凋亡发生机制。T 细胞的发育过程中通过其表面标志经阴性选择使可能识别自身组织抗原的细胞走向死亡,经阳性选择使 T 细胞逐步成熟。

第四节 细胞凋亡的调控

一、Bcl-2 家族蛋白的调控作用

Bcl-2 基因家族:Bcl-2 基因最早是从小鼠 B 细胞淋巴瘤中发现的原癌基因,在寿命较长的组织细胞(如心肌细胞、神经细胞等)中的表达量较高,其不能促进细胞的增殖,而是通过抑制细胞凋亡来延长细胞的存活时间,被认为是凋亡抑制基因。新发现的成员使 Bcl-2 家族越来越庞大,包括抑制细胞凋亡的 Bcl-2、Bcl-Xl、A1/BfL-1、Bcl-w、Nr13、Mcl-1 以及促进细胞凋亡的 Bax、Bik、Bak、Bad、Bid、Hrk、Bcl-xS 等。Bcl-2 家族成员主要包含两大结构域,即位于羧基端的跨膜结构域(transmembrane region, TM)和数量不等(1~4 个)的 Bcl-2 同源结构域(Bcl-2 homology,BH)(图 8-5)。根据它们的结构特点,Bcl-2 家族可分为三个亚家族:Bcl-2 亚家族,包括 Bcl-2、Bcl-Xl 等,具有促进细胞存活的作用,分子中至少含 BH1、BH2 结构域;Bax 亚家族,包括 Bax、Bak 等,含 BH1、BH2、BH3 三种结构域;BH3 亚家族,包括 Bik、

Bad、Bid 等，一般仅含 BH3 结构域。Bax 亚家族和 BH3 亚家族具有促进细胞凋亡的作用。Bcl-2 是一种细胞内膜蛋白，主要定位于线粒体、内质网和核膜。TM 结构域是 Bcl-2 定位于细胞内膜所必需的，缺乏或替代该结构域可使该蛋白定位于线粒体外膜，并完全恢复 Bcl-2 活性。BH 结构域是介导 Bcl-2 家族各成员之间或 Bcl-2 家族成员与其他蛋白（如 Raf-1 等）相互作用的重要功能区。

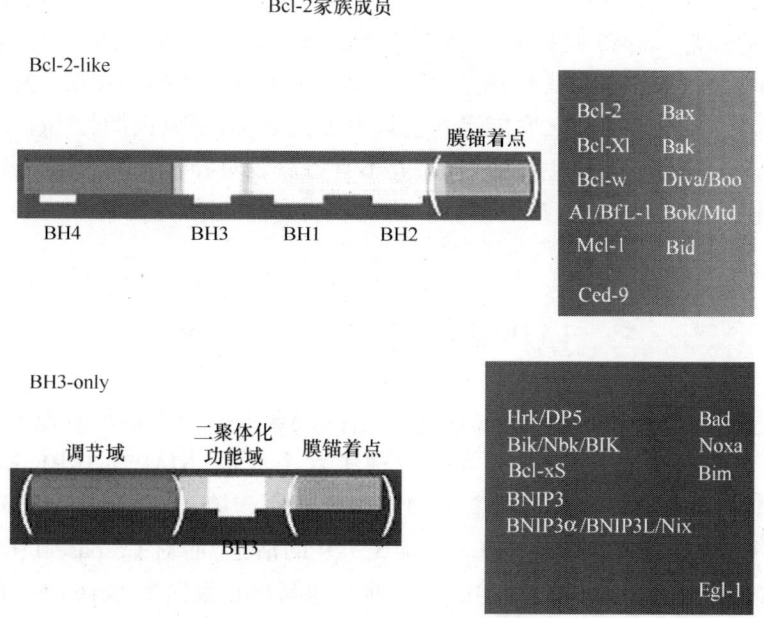

图 8-5 Bcl 家族成员及其结构模式

Bcl-2 和 Bax 以同源或异源二聚体形式发挥作用。当 Bax 同源二聚体形成时，便诱导凋亡。随着 Bcl-2 蛋白表达量上升，越来越多的 Bax 二聚体分开，并与 Bcl-2 形成更稳定的异源二聚体，从而抑制了 Bax-Bax 诱导凋亡的作用，细胞内 Bcl-2 与 Bax 的比例调节着凋亡的发生。而当 Bcl-Xs 存在时，优先与 Bcl-2 形成异源二聚体，使游离的 Bax 得以形成同源二聚体，从而诱导凋亡。Bcl-Xl 与 Bax 结合抑制凋亡，而 Bad 优先与 Bcl-Xl 结合置换出 Bax，使 Bax 形成同源二聚体，启动凋亡。

Bcl-2 家族对细胞凋亡的调节作用，一方面表现在 Bcl-2 亚家族分子（如 Bcl-Xl 等）可以通过 BH4 结构域与 Apaf-1 结合，从而阻止后者对 Caspase-9 的活化，而 BH3 亚家族（如 Bik 等）与 Bcl-Xl 结合抑制上述活性；另一方面 Bcl-2 和 Bax 亚家族可以在细胞器（如线粒体）膜上形成性质不同的孔道，从而保护或破坏该细胞器。Bcl-2 通过抑制内质网膜上 Caspase-12 的活性和减少内质网对 Ca^{2+} 的释放并增加摄取来维持细胞 Ca^{2+} 稳态，从而抑制细胞凋亡。

二、p53 的调控作用

p53 基因可分为野生型（wp53）和突变型（mp53）两种。wp53 是一种重要的抑癌基因，在正常的细胞周期中无明显作用，当细胞内 DNA 出现异常时，p53 的复制、转录和蛋白表达均显著增加。p53 蛋白是一种 DNA 结合蛋白,在细胞周期的 G_1 期发挥检查点(checkpoint)的功能,可激活 WAF1 基因(其产物可抑制细胞从 G_1 期进入 S 期),使细胞的有丝分裂周期停留于 G_1 期,从而防止异常的 DNA 复制,有利于 DNA 的修复。当停留于 G_1 期的细胞 DNA 因异常或破坏严重而修复困难时,wp53 则可通过促进一系列细胞凋亡相关分子[如 Fas、DR5、Bax、Apaf-1、bad 和 IGF-DP3(胰岛素样生长因子结合蛋白 3)等]基因表达,增强细胞对凋亡刺激的敏感性,而诱导细胞凋亡,从而防止了异常基因的表达以及细胞本身在形态、数量和功能方面的异常。wp53 是抑制细胞周期还是诱导凋亡,可能取决于细胞的类型、DNA 损伤的程度、生长因子的有无、其他癌基因表达等多种因素。DNA 损伤或去除生长因子引起的细胞凋亡,需要 p53 的存在,它能迅速上调 Bax 的表达,下调内源性 Bcl-2 的表达,促进细胞凋亡。mp53 系由 wp53 发生突变而成,其不具备后者对异常基因的抑制作用,反而可对抗 wp53 的作用,促进细胞增殖,抑制凋亡。研究表明,p53 基因突变是 50% 以上肿瘤逃逸凋亡的重要原因。

三、IAP 家族蛋白的调控作用

凋亡抑制蛋白(inhibitor of apoptosis protein,IAP)家族是一类最早发现于杆状病毒中的细胞凋亡抑制蛋白家族,迄今已在人类中发现了六个成员:NIAP、c-IAP1、c-IAP2、XIAP、survivin、BRUCE。IAP 主要通过两种途径抑制细胞凋亡。第一,直接抑制 Caspase 的活化。IAP 主要抑制 Caspase 级联反应中的 Caspase-3、7、9 的活性,而对 Caspase-1、6、8、10 等的活性没有影响,如在 Fas/Caspase-8 途径中,IAP 通过抑制核心蛋白酶 Caspase-3 的活性发挥凋亡抑制作用。在 Cyt c/Apaf-1 途径中,一方面 c-IAP1、c-IAP2、XIAP 等直接与 Caspase-9 酶原结合,抑制其活化;另一方面,还结合 Caspase-3,抑制其对下游底物的切割作用。第二,作用于 TNFR 介导的信号转导通路。已知 TNFR1 与配体结合后,可通过 TRADD 介导两种信号通路,一是与 FADD 结合,通过 Caspase-10,活化 Caspase-1、3,引起细胞凋亡;二是与 TNF 受体相关因子(TRAF)结合,激活 NF-κB,使细胞表达生存必需的基因。TNFR2 直接结合 TRAF,通过活化 NF-κB 促进细胞增殖和生存。研究发现,c-IAP1、c-IAP2 与 TNFR2 信号转导途径相关,TNF-α 通过刺激核转录因子 NF-κB,诱导包括 c-IAP2 在内的多种抗凋亡基因的表达,c-IAP2 的表达可以降解 I-κB,引起 NF-κB 活化,抑制细胞凋亡的发生。另外,XIAP 等也对 NF-κB 的活性发挥调节作用。

四、病毒蛋白的调控作用

许多病毒及其基因产物对宿主细胞凋亡具有重要的调节作用,一方面一些病毒在感染期间能够诱发细胞凋亡,另一方面一些病毒进化出抑制被感染细胞凋亡的机制,加速和维持感染,以产生更大量的子代病毒,如腺病毒编码的 E1A 蛋白既能激活静止期细胞进入细胞增殖期,又能在增殖受阻时促进细胞凋亡。而 E1A 的表达受 p53 的调控,同时 E1A 诱导的 p53 介导的细胞凋亡可被腺病毒 E1B 蛋白抑制。E1B 基因编码 E1B-19kDa 和 E1B-55kDa 两种蛋白,其中 E1B-19kDa 在结构和功能上与 Bcl-2 相似,为病毒的 Bcl-2 同源蛋白,通过与

Bax 等促凋亡的 Bcl-2 家族分子相互作用,抑制 p53 介导的细胞凋亡。另外一些病毒蛋白通过抑制 Caspases 的活化来抑制凋亡,如昆虫病毒蛋白 p35,牛痘病毒产生的 CrmA, Caspase-8 抑制蛋白(Caspase-8/FLICE inhibitory protein,FLIP)家族及 IAP 家族等。HIV 除了导致感染细胞死亡外,还通过两种途径诱导未被感染的 $CD4^+$ T 淋巴细胞的凋亡:一是未被感染的 T 细胞和感染细胞表面的 HIV 外壳蛋白结合,在后者的诱导下发生凋亡;二是 HIV 外壳蛋白介导的 $CD4^+$ 交叉连接诱导未被感染的 T 淋巴细胞分泌可溶性 FasL,然后通过 Fas/FasL 途径促进 T 淋巴细胞凋亡。

另外,c-myc 基因是调控细胞周期的主要基因,具有诱导凋亡和促进细胞增殖的双重作用。在血清中,有生长因子存在时可促进细胞增殖,若去除生长因子或加入抑制细胞周期的因子时,则可诱导细胞凋亡的发生。Bcl-2 能阻断 c-myc 诱导凋亡的作用。

第五节 细胞凋亡与疾病

在正常生理状态下,无论在发育期还是在成人体内,既有大量的新细胞产生,也有大量的旧细胞死亡,这是生物体的一种自然现象。为了维持机体组织中适宜的细胞数量,在细胞分裂和细胞死亡之间需要保持一种精确的动态平衡。一旦这种平衡被打破,将导致疾病的发生(如肿瘤、自身免疫性疾病、神经退行性病变及一些病毒性疾病等)。细胞凋亡过度或不足均可能导致疾病(表 8-3)。

表 8-3 细胞凋亡失调所导致的疾病

与细胞凋亡减少有关的疾病	与细胞凋亡增多有关的疾病
癌症	神经退变性疾病
前列腺癌	帕金森病
囊泡淋巴瘤	阿尔茨海默病
乳腺癌	肌萎缩侧索硬化
卵巢癌	视网膜色素沉着症
自身免疫病	血液系统疾病
风湿性关节炎	慢性中性粒细胞减少症
SLE	再生障碍性贫血
糖尿病	缺血性损伤
银屑病	心肌梗死
	脑卒中
病毒感染	再灌注损伤
疱疹病毒	急性重型肝炎
痘病毒	AIDS
腺病毒	免疫排斥反应

一、细胞凋亡与自身免疫性疾病

细胞凋亡受阻在自身免疫性疾病发病机制中起重要作用。细胞凋亡对机体免疫系统的成熟和维持正常功能具有重要作用。经过胸腺细胞的阴性选择,能够对自身抗原产生免疫应答的淋巴细胞克隆通过细胞凋亡清除。同时在正常免疫应答中,有靶细胞和病原体活化的淋巴细胞在免疫反应后也适时地走向凋亡。这类凋亡主要是由 Fas/FasL 介导的。用自身免疫性疾病(如 SLE、干燥综合征、类风湿关节炎等)的小鼠模型,证实该模型小鼠存在 Fas/FasL 功能缺陷。由于小鼠胸腺细胞 Fas 或 FasL 表达水平明显下降,体内大量自身反应性 T 细胞逃避了胸腺细胞的阴性选择,堆积在周围淋巴器官,导致大量自身抗体的产生,发生类似于人类 SLE 的自身免疫性疾病。有研究结果表明,SLE 病人血清中存在高水平的可溶性 Fas,它能与细胞上 Fas 蛋白竞争性地与 FasL 结合,抑制 Fas 介导的淋巴细胞的克隆选择。

除了 Fas/FasL 在诱导细胞凋亡中起重要作用外,其他因素(如自身抗体、Bcl-2 等)对于细胞凋亡的调控也十分重要。自身抗体是自身免疫性疾病的重要标志之一。目前认为 SLE 病人巨噬细胞吞噬凋亡小体的功能下降,凋亡细胞内容物(包括 DNA、RNA、核蛋白等成分)外溢,作为自身抗原刺激外周血 B 淋巴细胞,诱导自身抗体产生。这种自身抗体反过来又能穿入淋巴细胞内,与胞内核抗原结合,使细胞停止在某一周期,抑制某些基因的表达,进而引起细胞凋亡。已证实能引起细胞凋亡的自身抗体有抗 DNA 抗体、抗 RNP 抗体、狼疮抗凝因子、抗恢复蛋白(recoverin)抗体等。迄今为止,发现与细胞凋亡功能下降有关的自身免疫疾病还有类风湿关节炎、1 型糖尿病(IDDM)、银屑病等。

二、细胞凋亡与肿瘤

人类许多肿瘤细胞特别是一些代谢性肿瘤细胞,对某些细胞凋亡因子不敏感。正常机体组织细胞只在特异性生长因子存在的内环境中维持其存活,在非生理环境下则不能存活,而某些肿瘤细胞则能逃避这一环境限制。目前认为,造成这种异常表现的原因从分子机制上考虑有以下几种可能:①Bcl-2 基因异常表达,Bcl-2 是第一个被确认的存活基因,是在人囊泡淋巴瘤细胞中染色体易位断点上发现的,最初认为是癌基因。Bcl-2 可抑制许多因素引起的细胞凋亡。Bcl-2 的抑制基因可阻断 Bcl-2 的作用,从而诱导肿瘤细胞凋亡。Bcl-2 及其相关基因产物异常表达能抑制肿瘤细胞发生凋亡。前列腺癌、结肠癌、神经母细胞瘤等细胞存在 Bcl-2 过度表达,常提示这些病人预后不良。Bcl-2 及其同源蛋白的过度表达还能增强细胞对化疗药物(如阿糖胞苷、甲氨蝶呤、长春新碱及顺铂)的耐药性。体外实验表明,过度表达 Bcl-2 及相关基因可导致抗药表型的形成。②p53 基因表达下降,p53 是一种细胞凋亡诱导基因,是介导由 DNA 损伤引起细胞凋亡的重要基因。肿瘤细胞 p53 基因表达不足,使细胞对由 DNA 损伤诱导的细胞凋亡不敏感,因而对化疗及放疗效果不佳,这种细胞比正常细胞更易发生基因突变。

三、细胞凋亡与病毒感染

病毒感染导致宿主靶细胞发生凋亡，是机体预防病毒扩散的防御机制之一，其作用借助于细胞毒性 T 淋巴细胞(CTL)发挥。携有 FasL 的 CTL 遇到 Fas 阳性的病毒感染细胞后，可诱导其凋亡。CTL 的这一作用在抗病毒感染中有重要意义，因为随着靶细胞基因组 DNA 的降解，可以有效地阻止病毒基因的扩增，防止病毒扩散。人体感染 HIV 后，HIV 中糖蛋白 120(gp120)与 $CD4^+$ 细胞上的受体分子结合，被认为是导致 $CD4^+$ 细胞凋亡的重要因素，可能有直接启动细胞凋亡基因的作用。此外，HIV 感染后的免疫细胞产生细胞因子（如 TNF）或表达 Fas，也可能导致 $CD4^+$ 细胞因细胞凋亡而耗竭。病毒感染细胞后，细胞可利用细胞凋亡来杀死病毒，控制病毒扩散；同时病毒为了生存需要，也调动自身防御机制抑制凋亡的发生，如腺病毒产生的分子质量 19kDa 蛋白 EIB 能直接抑制细胞凋亡。此外，EB 病毒的 BHRF1，非洲猪瘟病毒的 LMW5-HL 均是 Bcl-2 类似基因；棒状病毒产生的细胞凋亡基因抑制物(I 细胞凋亡)及 p35 也对细胞凋亡具有抑制作用。病毒抑制细胞凋亡基因的产生对于病毒感染潜伏期的维持具有重要意义。

四、细胞凋亡与神经系统疾病

迄今发现的与细胞凋亡有关的神经系统疾病包括阿尔茨海默病、帕金森病、肌萎缩侧索硬化(ALS)、色素性视网膜炎、脊肌萎缩症等。细胞凋亡导致中枢神经系统(CNS)特定部位神经元细胞渐进性死亡是产生上述疾病 CNS 功能障碍的重要机制之一。体外试验表明，遗传性 ALS 与编码铜-锌超氧化物歧化酶的基因发生突变有关，此类患者由于细胞内自由基解毒功能下降而造成自由基堆积引起细胞凋亡。用存活生长因子或抗氧化剂治疗可抑制细胞凋亡。脊肌萎缩症是一种多发于儿童的伴有脊索运动神经元进行性缺失的神经退变性疾病。最近研究发现，其发病与一种被称为神经元细胞凋亡抑制蛋白(NAIP)基因有关，NAIP 与棒状病毒凋亡抑制蛋白(I 细胞凋亡)具有同源性，而后者目前发现能抑制昆虫细胞凋亡，NAIP 基因突变势必导致运动神经元对细胞凋亡敏感性增高。阿尔茨海默病常伴有 β 淀粉样肽的堆积，β-淀粉样前体蛋白的基因突变与某种类型的家族性阿尔茨海默病有关。目前研究已证实，β 淀粉样肽能诱导神经元细胞的凋亡。与色素性视网膜炎发病有关的基因包括三种光感受器基因：视紫红质、环鸟苷酸磷酸二酯酶、外周蛋白(peripherin)基因，其中任何一种基因发生突变均可导致光感受器细胞凋亡。

五、细胞凋亡与缺血性损伤

以往的观点认为，组织器官发生缺血性损伤（如心肌梗死、脑卒中等）是由急性血流灌注障碍而导致细胞坏死引起的。最近的研究发现，缺血损伤中心部位的细胞确实由于坏死而快速死亡，而位于中心部位外周的细胞则发生凋亡现象。体外试验表明心肌或神经元细胞缺氧可导致凋亡，推测心肌细胞或神经元细胞因缺血而死亡可能与细胞凋亡有关。体外试验也发现,凋亡抑制剂可控制缺血损伤部位的扩散。Gottlieb 等发现,兔缺血-再灌注心肌细胞出现 DNA 降解片段及核染色质浓缩现象,而正常或缺血但未再灌注的心肌细胞无此现象。提示心肌细胞凋亡是再灌注心肌损伤的特征之一,此现象可能与再灌注引起自由基和 Ca^{2+} 内流增加有关。

六、细胞凋亡与心血管疾病

在心血管临床中较早报道的是细胞凋亡与心律失常的关系。James 曾从形态学上总结了自己近 30 年来对心脏传导系统紊乱病例研究的结果,指出心脏电活动的紊乱,如阵发性心律失常、传导系紊乱及心律失常源性右心室发育不良与细胞凋亡有关,并通过对 3 例心脏传导阻滞猝死的患者进行尸检,发现其窦房结、房室结缺如,且心脏传导系统的心肌细胞数量极度减少,从而证实此类心律失常的发生与心肌细胞凋亡有关。

细胞凋亡在心血管临床中的另一方面表现是其与心脏超负荷及心力衰竭的关系。心肌细胞凋亡造成心肌细胞数量减少是心力衰竭发生、发展的原因之一。心脏超负荷的早期,心肌细胞出现代偿性肥大,若心脏负荷持续过大,则心肌细胞数量减少;心力衰竭主要表现为心脏收缩功能下降,射血分数减少,其决定因素是心肌细胞数量的减少及心肌组织的纤维化。Teiger 等通过 DNA 凝胶电泳和原位 3′末端标记证实,小鼠心脏在压力负荷过大时可引起心肌细胞肥大,并伴随心肌细胞数量的减少,尤其在压力超负荷的早期,细胞数量的减少主要源于细胞凋亡,且在第 4 天凋亡细胞的数量达到峰值。氧化应激、负荷过重、神经内分泌失调、缺血缺氧都可诱导心肌细胞凋亡。

动脉粥样硬化的主要病理学特征是动脉内膜的损伤和血管平滑肌细胞的增生。通过对再次行冠状动脉旁路移植的患处取出的已狭窄或闭塞的大隐静脉移植片段研究发现,移植片段的狭窄和闭塞是由于平滑肌细胞凋亡后的纤维化增生,且增生多于凋亡,从而导致了平滑肌层增厚。Bennett 等进一步观察了人粥样硬化的冠状动脉、正常冠状动脉和主动脉,发现粥样硬化的和正常的冠状动脉平滑肌细胞均存在凋亡,但正常动脉的平滑肌细胞只是在去除血清中生长因子后才发生凋亡,而粥样斑块中的平滑肌细胞在有血清的情况下亦可发生凋亡,去除血清则凋亡率明显增加,故推测血管壁上的粥样斑块的脱落崩解是平滑肌细胞异常凋亡所致。

研究表明,缺血性心脏病也存在细胞凋亡,其特点为:缺血早期以细胞凋亡为主,晚期以坏死为主;梗死灶中央以坏死为主,周围以凋亡为主;轻度缺血以凋亡为主,重度缺血以坏死为主;在一定时间范围内,缺血-再灌注损伤所致的细胞凋亡比同时间单纯缺血更严重。Tanaka 等将离体新生大鼠的心肌细胞置于无氧的培养环境中,发现其在 12 小时后出现细胞凋亡,对照组的非心肌细胞在 72 小时后仍无凋亡,反而出现增殖。Itoh 等观察了 19 例死于急性心肌梗死患者的心肌细胞,发现这些患者的心肌细胞除坏死外还存在凋亡。Kajstura 等通过阻断大鼠的冠状动脉,观察到在心肌缺血的早期,心肌细胞发生凋亡者显著多于发生坏死者。另外研究证明缺血后的再灌注也可引起心肌细胞的凋亡。缺血引起心肌细胞凋亡的机制有:缺血、缺氧可引起心肌细胞 Fas 显著上调;缺血、缺氧可增加 p53 基因转录、氧化应激等。

总之，随着对细胞凋亡研究的深入，细胞凋亡与疾病的关系将更加明确而复杂。一方面，细胞凋亡与某一疾病的关系将更加明确，与细胞凋亡有关的疾病不断被发现，随着与两者有关的新基因、蛋白的发现，新机制的提出，两者之间的关系将变得更加复杂。另一方面，细胞凋亡的出现及发生规律也为这类疾病的治疗开辟了新的途径。根据发病机制，信号转导机制，调控机制，通过各种不同手段和方法诱导细胞凋亡（如恶性肿瘤）或抑制细胞凋亡（如神经退行性疾病），以达到治疗的目的。所采用的方法包括：合理利用凋亡相关因素（如放疗、化疗治疗恶性肿瘤）；干预凋亡信号转导（如利用多柔比星刺激肿瘤细胞表达 Fas/FasL）；调节凋亡相关基因表达（如通过转基因技术使神经细胞表达 Bcl-2 增加，治疗神经退行性疾病）；控制凋亡相关的酶学机制（如控制 Caspase 的激活可控制凋亡的发展）；防止线粒体跨膜电位下降（如利用环孢素可防止线粒体膜电位下降，防止细胞凋亡的发生）等。

第六节 细胞凋亡的研究方法

一、细胞凋亡的形态学观察

（一）光学显微镜观察

凋亡细胞的主要特征为核染色质致密深染，形成致密块，有时可碎裂。在 HE 染色的组织切片中细胞体积缩小，胞质致密、嗜酸性染色增强，并可形成凋亡小体。在组织中凋亡细胞常以分散成单个的形式存在，凋亡细胞与周围细胞分离，不引起炎症反应。本方法简便易行，但在细胞密集的组织中对于改变不典型的细胞判断较困难，常缺乏较为特异的指标，具有较强的主观性，重复性差。本方法可用于凋亡现象的初步观察，作为分析指标之一。

1. 试剂 Giemsa 染色液，称取 Giemsa 染料 0.8g，加入 50ml 甲醇，加热至 58℃，溶解后，缓慢加入 50ml 甘油，充分摇匀，置 37℃ 温箱中保温 8~12 小时。然后在棕色瓶中密封保存，即为 Giemsa 原液，一般在 12~24 小时后即可使用。临用时，取 1ml Giemsa 原液与 10ml PBS 混合，即为 Giemsa 工作液。

2. 检测方法 细胞涂片或组织石蜡切片做 HE 染色或 Giemsa 染色，在高倍物镜下观察凋亡细胞的形态改变，结合显微测量工具可做凋亡细胞计数。以 Giemsa 染色为例，下文介绍具体方法。

3. 操作步骤

（1）细胞悬液于 4℃、500r/min 离心，去上清，将细胞重悬于 PBS 中，细胞浓度为 10^6 个/ml。

（2）取 100μl 细胞悬液均匀涂于载玻片上，晾干后用甲醛固定 1 分钟。

（3）在细胞上滴加两滴 Giemsa 工作液，室温下染色 5 分钟。

（4）用水轻轻洗去染液，室温下晾干 24 小时。

（5）用二甲苯浸泡 3 分钟，去除杂质，以树胶封片。

（6）在普通光学显微镜下观察细胞核的形态。

4. 结果评价 在普通光学显微镜下可观察到凋亡细胞的染色质浓缩、边缘化、染色质分割成块状和凋亡小体等典型的凋亡形态。

(二) 视频时差显微技术

视频时差显微技术(video time-lapse microscopy)用于细胞培养,通过相差显微镜可动态观察细胞凋亡的变化过程,尤其是观察细胞表面和外形的变化。凋亡细胞与基质分离,胞体变圆、收缩、出泡,有的细胞拉长,出现钉状突起,持续数小时后细胞膜破裂,细胞溶解。本方法可连续观察培养中的凋亡细胞,但不能用于病理组织。

检测方法:收集 $2×10^5$ 个细胞/ml 置于多孔培养板,加入凋亡诱导剂,在带有自动摄像装置的相差显微镜下观察凋亡细胞的动态改变,每隔 30 秒做序列摄影,连续 24 小时,若同时进行荧光染色,则可在荧光显微镜下观察和摄影。

(三) 电子显微镜观察

1. 检测方法　透射电镜标本经戊二醛和锇酸双重固定,丙酮脱水,环氧树脂包埋,超薄切片,乙酸铀橼酸铅染色,透射电镜观察。扫描电镜标本经戊二醛和锇酸双重固定,乙醇逐级脱水,CO_2 临界点干燥,真空喷金,扫描电镜下观察。

2. 结果评判　凋亡细胞体积变小,细胞质浓缩。凋亡Ⅰ期的细胞核内染色质高度盘绕,出现许多称为气穴现象的空泡结构(图 8-6);Ⅱa 期细胞核的染色质高度凝聚、边缘化;Ⅱb 期为细胞凋亡的晚期,细胞核裂解为碎块,产生凋亡小体。

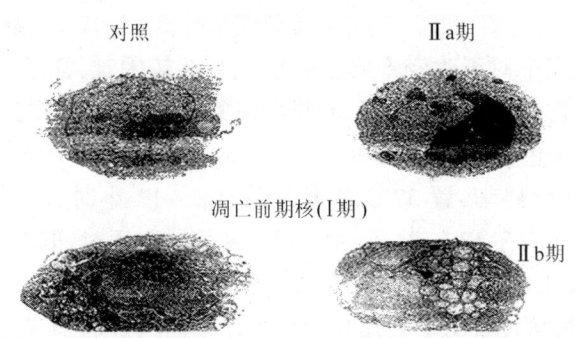

图 8-6　电子显微镜观察 Jurkat 细胞凋亡过程中染色的形态学变化

(四) 荧光显微镜观察

对体外培养的活细胞经荧光色素处理,可在荧光显微镜下观察细胞形态改变。常用荧光色素有:①吖啶橙(AO);②Hoechst 33258 或 Hoechst 33342(Ho);③碘化丙啶(PI)。④溴乙锭(EB)。前两种可分别进入活细胞和死细胞,而后两种荧光素仅能进入死细胞。不同的荧光素使核着染不同颜色的荧光,正常细胞呈均匀荧光染色,而凋亡细胞呈致密浓染的颗粒状或块状荧光。可采用对正常细胞和凋亡细胞跨膜通透性不同的两种染料同时染色的方法来区分凋亡细胞和坏死细胞。其中最常用的为 AO/EB 和 Ho/PI 双重染色。对于正常和凋亡细胞 AO 染色呈强绿色荧光,Ho 染色呈强蓝色荧光;对于坏死细胞 EB 染色和 PI 染色呈强红色荧光。从正常细胞、早期凋亡细胞、晚期凋亡细胞到坏死细胞 Ho 染色逐渐减弱，PI 染色逐渐增强。荧光镜检查简便易行，但定量定位均不如后面提到的流式细胞计数法可靠。

注意事项：可用不加染料的正常培养细胞作为阴性对照，地塞米松处理的小鼠胸腺细胞作为阳性对照。

二、流式细胞仪检测细胞凋亡

流式细胞仪通过检查其光散射特征及荧光参数检测凋亡细胞。细胞穿过流式细胞仪的激光束焦点时使激光发生散射，分析散射光可以提供细胞大小及结构的信息。散射光包括前向角散射光和90°角散射光两种，前向散射光的强度与细胞大小、体积相关，90°角散射光的强度与细胞结构的折射性、颗粒性（granularity）有关。细胞凋亡过程中出现的形态改变（如细胞皱缩、胞膜起泡、核浓缩和碎裂等）可以使光散射特性发生改变。早期凋亡细胞主要表现为前向角散射光减弱而右向角散射光增强或不变，前者反映了细胞的皱缩，后者反映了细胞的核浓缩及碎裂。晚期凋亡细胞的前向角散射光和右向角散射光均减弱。由于前向角光散射降低并非凋亡细胞的特异性指标，细胞的机械性损伤和细胞坏死也可以使前向角散射光减弱。因此，只有将光散射特性的检测与荧光参数的检测结合起来才能准确地辨认凋亡细胞。

细胞凋亡过程中核酸内切酶在 DNA 分子核小体间的降解，导致小分子 DNA 漏出，核 DNA 含量下降，细胞荧光染色后做流式细胞仪分析，可以发现在 DNA 直方图上正常二倍体细胞的 G_0/G_1 峰前出现一个亚二倍体峰[xub-G_1 峰，即 AP 峰（apoptotic peak）]，代表凋亡细胞。根据此亚二倍体峰可以计算凋亡细胞的百分率。此外，流式细胞仪技术还可以通过测定线粒体膜的电位、溶酶体质子泵的活性及细胞 DNA/总蛋白质比例等方法辨认凋亡细胞。

检测方法：获取密度 1×10^6 个细胞/ml 左右的细胞悬液，清洗，固定，荧光染料染色，上流式细胞仪分析。

（一）固定细胞的染色方法

1. PI 单染色法

【方法1】

（1）收集细胞 $1\times10^6 \sim 5\times10^6$ 个，500～1000r/min 离心 5 分钟，弃去培养液。

（2）3ml PBS 洗一次。

（3）离心去 PBS，加入冰预冷的 70% 乙醇溶液固定，4℃、1 小时。

（4）离心弃去固定液，3ml PBS 重悬 5 分钟。

（5）400 目的筛网过滤一次，500～1000r/min 离心 5 分钟，弃去 PBS。

（6）用 1ml PI 染液，4℃避光 30 分钟。

（7）流式细胞仪检测：PI 用氩离子激发荧光，激发光波波长为 488nm，发射光波波长大于 630nm，产生红色荧光，可分析前散射光对侧散射光的散点图及 PI 荧光的直方图。

【方法2】

（1）收集细胞（1×10^6 个），500～1000r/min 离心 5 分钟，弃去培养液。

（2）1ml PBS/FCS 洗一次。

(3) 500～1000r/min 离心 5 分钟去 PBS/FCS,加入 500μl PBS/FCS 和 500μl 的多聚甲醛固定液,轻轻混匀,在 4℃下固定 4 分钟。

(4) 500～1000r/min 离心 5 分钟,弃去固定液,室温加入含 0.2% Tween 的 PBS 1ml,37℃孵育 15 分钟。

(5) 1ml PBS/FCS 洗 3 次,每次 5 分钟。

(6) 400 目的筛网过滤一次。

(7) 500～1000r/min 离心 5 分钟去 PBS/FCS,用 1.0ml PI 染液,4℃避光至少 30 分钟。染色在 24 小时之内皆可行,流式细胞仪分析。

2. 凋亡细胞 TUNEL 染色的流式细胞仪分析

(1) 离心收集细胞,PBS 洗 1～2 次。

(2) 1% 多聚甲醛溶液低温下固定 15 分钟。

(3) 3ml PBS 洗一次,70% 乙醇溶液固定,冰箱内放置 1～3 天。

(4) PBS 轻洗一次。

(5) 细胞与 TdT 标记液 37℃孵育 1～2 小时。

(6) PBS 轻洗一次。

(7) 细胞在黑暗中 37℃与 100μl 的染色缓冲液孵育 30 分钟。

(8) 含 0.1% TritonX-100 的 PBS 轻洗一次。

(9) 1ml PBS(含 5mg/ml PI、0.1% RNase A)重悬。

(10) 流式细胞仪分析红色(PI)对绿色荧光(FITC)的地形图。

3. ISNT 的流式细胞仪分析

(1) 离心收集细胞,PBS 洗 1～2 次。

(2) 1% 多聚甲醛溶液低温下固定 15 分钟。

(3) 3ml PBS 洗一次,70% 乙醇溶液固定,冰箱内放置 1～3 天。

(4) PBS 轻洗一次。

(5) 2×10^5 个细胞与 12.5μl 的缺口平移缓冲液在 15℃共孵育 6 小时,每过 15 分钟振荡一次。

(6) PBS 轻洗一次。

(7) 细胞在黑暗中 37℃与 100μl 的染色缓冲液孵育 30 分钟。

(8) 含 0.1% TritonX-100 的 PBS 轻洗一次。

(9) 1ml PBS(含 5mg/ml PI、0.1% RNase A)重悬。

(10) 流式细胞仪分析红色(PI)对绿色荧光(FITC)的地形图。

(二) 非固定细胞的染色方法

1. Hoechst 33342/PI 双染色法

(1) 悬浮生长的细胞在培养状态下加入 Heochst 33342,终浓度为 1μg/ml;贴壁生长细胞用含有 0.02% EDTA 的 0.25% 胰蛋白酶消化成单细胞悬液,离心,弃上清,用 1ml 全培养液重悬细胞,加入 Heochst 33342,终浓度为 1μg/ml,37℃孵育 7～10 分钟。

(2) 4℃、500～1000r/min 离心弃去染液。

(3) 加入 1.0ml PI 染液,4℃、避光染色 15 分钟。
(4) 400 目的筛网过滤一次。
(5) 流式细胞仪分析。

2. Annexin V/PI 双染色法

(1) 细胞收集:悬浮细胞直接收集 10ml 的离心管中,而贴壁细胞先用滴管轻轻吹打,凋亡细胞一经吹打可能脱壁,收集到 10ml 的离心管中,没脱壁的细胞用 0.02% 的 EDTA 溶液消化使之脱壁,每样本细胞数为 $1×10^6 \sim 5×10^6$ 个,500~1000r/min 离心 5 分钟,弃去培养液。

(2) 孵育缓冲液洗一次,500~1000r/min 离心 5 分钟。

(3) 用 100μl 的标记溶液重悬细胞,室温下避光孵育 10~15 分钟。

(4) 500~1000r/min 离心 5 分钟沉淀细胞,孵育缓冲液洗一次。

(5) 加入荧光溶液 4℃下孵育 20 分钟,避光并不时振动。

(6) 流式细胞仪分析:将 Annexin V-FITC/PI 荧光标记染色成功的细胞样品,用流式细胞仪检测,经 488nm 的激发光激发,被激发的细胞发射 525nm 绿色(FITC)荧光和 610nm 红色(PI)荧光,分别用不同的荧光通道接收,然后用 LMD 软件和 Motilcycle 软件对所测数据进行分析,可获得任意一群细胞的细胞凋亡率,继发性坏死率和细胞周期各时相的百分比。

Annexin V/PI 法是目前检测细胞凋亡和区分坏死细胞特异性较强的方法,其原理是正常活细胞带负电的磷脂酰丝氨酸定位于细胞膜的内侧。在细胞凋亡的早期,由于细胞膜失去对称性,磷脂酰丝氨酸从胞膜内侧暴露于胞膜外,成为巨噬细胞清除凋亡细胞识别的标志。Annexin V-FITC 是一种标记有荧光素的钙依赖磷脂结合蛋白,与磷脂酰丝氨酸有很高的亲和力,可特异性的与磷脂酰丝氨酸结合。

凋亡早期细胞仍保持膜的完整性,碘化丙啶(PI)不能进入细胞内,而凋亡晚期和发生继发坏死的细胞可同时被 Annexin V-FITC 和 PI 染色(见彩图 2)。利用流式细胞仪进行双参数分析,即可将凋亡细胞(Annexin V^+)与继发坏死细胞(Annexin V^+PI^+)区分开来,并能计算出阳性细胞的百分率。由于该方法染色时间短(仅 10 分钟即可完成),检测速度快(半分钟即可完成一份样品的测量),对细胞活性影响不大,用该样品进一步地打孔,再加入饱和剂量的 DNA 染料对细胞内的 DNA 进行染色,然后进行 DNA 含量检测和细胞周期分析,可在很短的时间(35 分钟)内获得理想的细胞凋亡、细胞坏死和细胞周期各时相的百分率变化结果,该方法的建立,弥补了细胞凋亡和细胞周期同时检测信息获取不全的遗憾,同时简化了操作步骤,减少了人为因素的影响误差,节约了培养细胞的用量,为细胞生物学、肿瘤学、放射治疗和药物的细胞动力学研究提供了技术支持。同时,用生物素标记膜联蛋白 V 还可以做体内试验。将生物素标记膜联蛋白 V 注射到小鼠体内,30 分钟后处死,迅速取出要研究的组织,并置于甲醛内固定,然后,常规石蜡切片、脱蜡、水化,用抗生物素蛋白标记的过氧化物酶按酶组化程序孵育,DAB 显色,光镜下观察凋亡细胞。

三、细胞凋亡的生物化学研究方法

(一) 染色体 DNA 断裂的测定

细胞凋亡时,在内源性核酸内切酶的作用下,染色质 DNA 在核小体间被切割成 50~

300kb 长的 DNA 片段,或 180～200bp 整数倍的单或寡核苷酸片段,在凝胶电泳时表现为特征性的"梯形带"(DNA ladder)。细胞经处理后,采用常规方法分离提纯 DNA,进行琼脂糖凝胶电泳和溴化乙啶染色,在凋亡细胞群中可观察到典型的连续的梯形 DNA 图谱。如果细胞量很少,还可在分离提纯 DNA 后,用 ^{32}P-ATP 和脱氧核糖核苷酸末端转移酶(TdT)使 DNA 标记,然后进行电泳和放射自显影,观察凋亡细胞中 DNA ladder 的形成。而细胞凋亡的早期,染色体断裂成 50～300kb 长的 DNA 大片段。所有超过一定分子质量大小的双链 DNA 分子在琼脂糖凝胶中的迁移速度相同。线性 DNA 的双螺旋半径超过凝胶半径时,即达到分辨力的极限。此时凝胶不再按分子质量的大小来筛分 DNA,DNA 像通过弯管一样,以其一端指向电场一极而通过凝胶,这种迁移模式称之为"爬行"。因此,细胞凋亡早期产生的 50～300kb 长的 DNA 大片段不能用普通的琼脂糖凝胶电泳来分离。通常采用脉冲电泳技术可圆满地解决这一问题;这个方法是在凝胶上外加正交的交变脉冲电场。每当电场方向改变后,大的 DNA 分子便滞留在爬行管中,直至新的电场轴向重新定向后,才能继续向前移动。DNA 分子质量越大,这种重排所需要的时间就越长。当 DNA 分子变换方向的时间小于电脉冲周期时,DNA 就可以按其分子质量大小而分开。

但此方法敏感性不高,大量凋亡细胞同时存在时才出现典型的结果,且只能被用于细胞群体,不能用于组织的原位检测。

此外,在凋亡细胞中,其核发生裂解,细胞质中可产生低分子质量的 DNA,因此,通过测定比较细胞内的 DNA 变化也是鉴别群体凋亡细胞的重要生物化学方法。

检测方法:培养细胞清洗、离心,加入细胞裂解液裂解,高速离心,取上清液用酚/氯仿抽提两次,RNA 酶消化,然后加到含溴乙锭的 1%～2% 琼脂糖凝胶的样品孔中进行电泳,最后在紫外线灯下观察和摄影。

结果评价:正常细胞的 DNA 电泳后只出现一条距加样孔很近的大分子条带;凋亡细胞的 DNA 电泳表现为数条梯状条带(图 8-7);坏死细胞的 DNA 电泳则呈现弥漫的片状图谱。

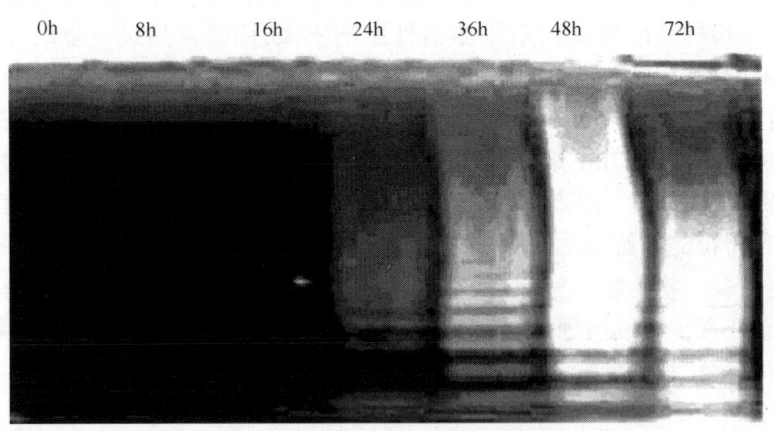

图 8-7　撤除 GM-CSF 诱导凋亡的 TF-1 细胞出现 DNA 条带

注意事项:实验过程中,关键要防止 DNA 酶的作用和剧烈振荡造成的 DNA 断裂。本实验在细胞裂解后,进行离心,因而一些大分子核蛋白被去除了。若要保留全部细胞 DNA,则可采用细胞裂解后加入 RNA 酶消化,将 DNA 提取物加热到 70℃,加入样品缓冲液,混匀,立即于 1% 琼脂糖凝胶上电泳,结束后将凝胶浸入溴乙锭溶液染色 5 分钟,然后于紫外线灯下照相并记录实验结果。

(二) 同时分析凋亡细胞染色体 DNA 断裂及其细胞形态的方法

细胞用乙醇固定时,其内部已经降解的低分子质量 DNA 可在洗涤和染色等步骤中漏出细胞外而丢失。在洗涤时,如用 pH7.8 的磷酸盐/枸橼酸缓冲液,可促进已降解的 DNA 从凋亡细胞中被抽提出来,并且通过加入磷酸盐/枸橼酸缓冲液的量可有效地控制抽提 DNA 的多少,从而通过测定细胞内 DNA 的含量可以把凋亡细胞和活细胞更加明确地区分开来。被抽提到缓冲液中的 DNA 可通过琼脂糖凝胶电泳分析 DNA 条带,而剩余的细胞则可继续进行 PI 等染色,通过流式细胞仪测定凋亡细胞的表型。

四、细胞凋亡的免疫化学分析方法

细胞凋亡时,细胞染色体 DNA 断裂,断裂的 DNA 与组蛋白 H2A、H2B、H3 和 H4,形成复合物,保护其 DNA 不被核酸内切酶降解。采用抗组蛋白和抗 DNA 的单克隆抗体酶联免疫分析法(ELISA)进行测定,即可显示凋亡细胞。首先用抗组蛋白抗体包被酶标测定板,接着用封闭试剂封闭,然后加入含有核小体和寡聚核小体的凋亡细胞裂解物,核小体则可与抗组蛋白抗体结合。最后,加入过氧化物酶(POD)标记的抗 DNA 抗体,此抗体可与已固定在酶标板上的核小体和寡聚核小体中的 DNA 结合,在 POD 底物 DAB 存在下,产生显色反应,通过酶标测定仪,即可定量测定凋亡细胞。其优点是:①可定量测定凋亡细胞。②不需要预先标记细胞,因而也可测定体外不增殖的细胞,如从组织中分离的细胞等。③本方法测定的是与组蛋白结合的断裂 DNA,因而可以显示在细胞凋亡过程中基因组 DNA 的降解。④所使用的抗体没有种属特异性,可以测定各种不同种属的细胞凋亡。⑤可同时进行大量样品的检测。⑥灵敏度高,需要的细胞数少。

结果评价:待测样品光密度值代表正在死亡和已经死亡的细胞数目。凋亡细胞以富集系数(enrichment factor, EF)表示,EF 值的高低代表释放到胞质中的核小体和寡聚核小体的多少,等于待测样品光密度值除以阴性对照孔的光密度值。计算公式如下:

$$EF = (待测样品光密度值 - 本底光密度值)/阴性对照光密度值$$

五、细胞凋亡的分子生物学研究方法

细胞凋亡中染色体 DNA 的非随机降解是个渐进的分阶段过程。染色体 DNA 首先在内源性核酸酶作用下降解为 50~300kb 的大片段,然后大约 30% 的染色质 DNA 在 Ca^{2+} 和 Mg^{2+} 依赖性的内切核酸酶作用下,核小体单位间的 DNA 被随机切断,形成 180~200bp 核小体 DNA 及其多聚体。这一变化被认为是细胞凋亡的主要生化特征,也是细胞凋亡的最后阶段。在细胞水平检测 DNA 裂解的原位标记技术已越来越多地被用于组织切片和培养细胞。细胞凋亡时,由于 DNA 的裂解,形成单或寡核小体的双链相对分子质量小的片段及在相对分子质量大的 DNA 上形成单的断裂(缺口,nick)。此类断裂可用生物素、地高辛或荧光素标记的核苷酸在 3′-OH 端予以显示。通常采用的酶是 DNA 聚合酶Ⅰ或末端脱氧核苷酸转移酶(TdT),前者使核苷酸结合于缺口,需要模板存在,标记方法通常被称为"原位缺口平移"(in situ nick translation, ISNT),后者使核苷酸在双链的断端延伸,不需要模板的存在,其方法被称为末端标记(end labeling)或 TUNEL(TdT-mediated d-UTP nick end labeling)(图 8-8)。

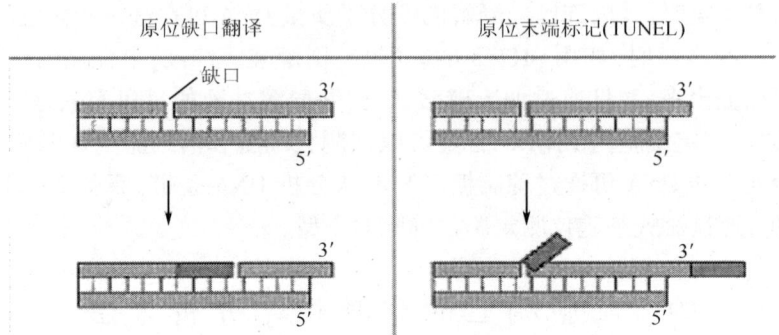

图 8-8　ISNT 与 TUNEL 原理模式图

上述方法,尤其是 TUNEL 的应用已很广泛,其优点是可用于原位标记,可用于病理组织,并可进行定量分析。DNA 双链断裂或一条链上出现缺口而产生的一系列 DNA 的 3′-OH 末端,可在脱氧核苷酸末端转移酶(TdT)的作用下,将脱氧核糖核苷酸经荧光素、过氧化物酶、碱性磷酸酶或生物素形成的衍生物标记后结合到 DNA 的 3′-OH 末端,从而进行凋亡细胞的检测。这类方法一般称为脱氧核糖核苷酸末端转移酶介导的缺口末端标记法(terminal-deoxynucleotidyl transferase mediated d-UTP nick end labeling, TUNEL),由 Gavrieli 等于 1992 年首先提出并使用。由于正常的或正在增殖的细胞几乎没有 DNA 断裂,因而没有 3′-OH 形成,很少能够被染色。TUNEL 法和缺口平移法实际上是分子生物学与形态学相结合的研究方法,对完整的凋亡细胞核或凋亡小体进行原位染色,能准确地反映细胞水平细胞凋亡最典型的生物化学和形态特征,可用于石蜡包埋组织切片、冰冻组织切片、培养的细胞和从组织中分离细胞的细胞形态测定,并可检测出极少量的凋亡细胞,灵敏度远比一般的形态学方法和 DNA 条带测定法要高,而且快速、简单,通过阳性细胞计数和流式细胞光度计可进行定性和定量分析,因而在细胞凋亡的研究中被广泛采用。

(一) 过氧化物酶标记测定法

1. 原理　脱氧核糖核苷酸衍生物地高辛-11-dUTP 在 TdT 酶的作用下,可以掺入到凋亡细胞双链或单链 DNA 的 3′-OH 末端,与 dATP 形成异多聚体,并可与连接了过氧化物酶或碱性磷酸酶的抗地高辛抗体结合,在适合底物存在下,过氧化物酶或碱性磷酸酶可产生颜色反应,特异准确地定位出正在凋亡的细胞,可在普通光学显微镜下观察。本法可用于甲醛溶液固定的石蜡包埋组织切片、冰冻切片和培养的或从组织中分离的细胞凋亡测定。

2. 试剂

(1) PBS, pH7.4。

(2) 蛋白酶 K 0.02g 溶于 100ml PBS, pH7.4。

(3) 2% H_2O_2 的 PBS。

(4) TdT 酶缓冲液,pH7.2(新鲜配制):Trizma 碱 3.63g,加蒸馏水至 800ml,二甲胂酸钠 29.96g,$CoCl_2 \cdot 6H_2O$ 0.238g,用 6mol/L HCl 调节 pH 至 7.2,加蒸馏水至 1000ml。

(5) TdT 酶反应液(新鲜配制):酶缓冲液 75μl、地高辛-11-dUTP 2μl、TdT 酶 25μl,混匀,置冰上备用。

(6) 洗涤与终止缓冲液:NaCl 17.4g、枸橼酸钠($Na_3C_6H_5O_7 \cdot 2H_2O$)8.82g,加蒸馏水至 1000ml。

(7) 0.5g/L DAB 溶液(新鲜配制):DAB 5g,PBS 10ml,pH7.4,临用前过滤,加 H_2O_2 至 0.02%的溶液。

(8) 0.5g/L 甲基绿:甲基绿 0.5g,0.1mol/L 乙酸钠 100ml,pH4.0。

(9) 100% 丁醇,100%、95%、90%、80%、70% 乙醇溶液,二甲苯,10% 中性甲醛溶液,乙酸,松香水。

(10) 过氧化物酶标记的抗地高辛抗体。

3. 标本处理

(1) 石蜡包埋的组织切片预处理

1) 将组织切片置于染缸中,用二甲苯洗两次,每次 5 分钟。

2) 用无水乙醇洗两次,每次 3 分钟。

3) 用 95%、75% 乙醇溶液各洗一次,每次 3 分钟。

4) 用蒸馏水洗 5 分钟。

5) 加入蛋白酶 K 溶液(终浓度为 20mg/L),于室温水解 15 分钟,去除组织蛋白。

6) 用 PBS 洗两次,每次 2 分钟,然后按下面的实验步骤进行操作。

(2) 冰冻组织切片预处理

1) 将冰冻组织切片置于 4% 多聚甲醛溶液中,于室温固定 20 分钟后,去除多余液体。

2) PBS 2×5 分钟。

3) 置乙醇:乙酸=2:1 的溶液中,于 -20℃ 处理 5 分钟,去除多余的液体。

4) PBS 2×5 分钟,然后按下面的实验步骤进行操作。

(3) 培养的或从组织分离的细胞的预处理

1) 将约 $5×10^7$ 个细胞/ml 于 4% 中性甲醛溶液中室温固定 10 分钟。

2) 在载玻片上滴加 50~100μl 细胞悬液并使之干燥。

3) PBS 2×5 分钟,然后按下面的实验步骤进行操作。

4. 实验步骤

(1) 将组织切片或细胞涂片置染缸中加入 2% H_2O_2 溶液的 PBS,室温 5 分钟;PBS 2×5 分钟。

(2) 用滤纸吸取载玻片上组织周围的多余液体,立即在切片上加两滴 TdT 酶缓冲液,室温 1~5 分钟。

(3) 用滤纸吸去切片周围的多余液体,在切片上滴加 50μl TdT 酶反应液,置湿盒中于 37℃ 反应 1 小时(阴性对照加不含 TdT 酶的反应液)。

(4) 将组织切片置染缸中,加入已预热到 37℃ 的洗涤与终止缓冲液,于 37℃ 保温 30 分钟,每 10 分钟将载玻片轻轻提起和放下一次,使液体轻轻搅动。

(5) PBS 3×5 分钟,然后,直接在切片上滴加两滴过氧化物酶标记的抗地高辛抗体,于湿盒中室温反应 30 分钟。

(6) PBS 4×5 分钟。

(7) 滴加 0.05% DAB 溶液,室温显色 3~6 分钟。

(8) 蒸馏水洗 4 次,前三次×1 分钟,后一次 5 分钟。

(9) 于室温用甲基绿复染胞质 10 分钟,蒸馏水洗 3 次(前两次将载玻片提起放下 10 次最后一次静置 30 秒),依同样方法再用正丁醇洗 3 次。

(10) 二甲苯脱水 3 次,每次 2 分钟,封片,干燥后在光镜下观察并记录实验结果。

5. 注意事项 必须设立阳性和阴性细胞对照。阳性对照的切片可使用 DNase 部分降解的标本,阳性细胞对照可使用地塞米松(1mmol/L,3~4 小时)处理的大小鼠胸腺细胞或人外周血淋巴细胞,阴性对照不加 TdT 酶,其余步骤与实验组相同。

(二) 荧光素标记测定法

1. 原理 脱氧核糖核苷酸衍生物地高辛-11-dUTP 在 TdT 酶的作用下,可以掺入到凋亡细胞双链或单链 DNA 的 3'-OH 末端,与 dATP 形成异多聚体,与荧光素连接的抗地高辛抗体可与反应部位结合,在波长为 494nm 的激发光下,荧光素产生波长为 523nm 的发射光,从而可在荧光显微镜下观察计数,或使用流式细胞仪进行定量测定。本法可用于甲醛溶液固定的石蜡包埋组织切片、冰冻切片和培养的或从组织中分离的细胞凋亡测定。

另外还有其他标记物,如 TMR(四甲基若丹明,一种红色荧光染料),TMR 标记的 dUTP 在 TdT 催化下结合到 DNA 游离的 3'-OH 端,并合成多聚体,可通过荧光显微镜或流式细胞光度计检出和定量。可用于冰冻或甲醛固定的组织切片(见彩图 3)。

2. 试剂

(1) PBS,pH7.4。

(2) 蛋白酶 K 0.02g 溶于 100ml PBS,pH7.4。

(3) 含 1% 多聚甲醛的 PBS,pH7.4。

(4) 100%、95%、90%、80%、70% 乙醇溶液,二甲苯,10% 中性甲醛溶液,乙酸,RNA 酶。

(5) TdT 酶缓冲液,pH7.2(新鲜配制):Trizma 碱 3.63g,加蒸馏水至 800ml,二甲胂酸钠 29.96g,$CoCl_2 \cdot 6H_2O$ 0.238g,用 6mol/L HCl 调节 pH 至 7.2,加蒸馏水至 1000ml。

(6) TdT 酶反应液(新鲜配制):酶缓冲液 75μl,地高辛-11-dUTP 2μl,TdT 酶 25μl,混匀,置冰上备用。

(7) 洗涤与终止缓冲液:NaCl 17.4g,枸橼酸钠($Na_3C_6H_5O_7 \cdot 2H_2O$) 8.82g,加蒸馏水至 1000ml。

(8) 荧光素(FITC)标记的抗地高辛抗体工作液:56μl 含 1% BSA 的 PBS,pH7.4,49μl 荧光素(FITC)标记的抗地高辛抗体混匀,置于冰上备用。

(9) 含 0.1% Triton X-100 的 PBS:1.3ml Triton X-100,128.7ml PBS,pH7.4,混匀,4℃ 保存。

（10）PI 染色液（新鲜配制，冰上保存）：50μg PI，0.5mg RNA 酶，10ml PBS，pH7.4。

3. 标本预处理 同过氧化物酶标记测定法。

4. 实验步骤

（1）用滤纸吸取载玻片上组织周围的多余液体，立即在切片上加两滴 TdT 酶缓冲液，室温 1~5 分钟。

（2）用滤纸吸去切片周围的多余液体，在切片上滴加 54μl TdT 酶反应液，置湿盒中于 37℃反应 10 小时（阴性对照加不含 TdT 酶的反应液）。

（3）将组织切片置染缸中，加入已预热到 37℃的洗涤与终止缓冲液，于 37℃保温 30 分钟；每 10 分钟将载玻片轻轻提起和放下一次，使液体轻轻搅动。

（4）PBS 洗 3 次，每次 3 分钟，然后，直接在切片上，滴加 52μl 荧光素（FITC）标记的抗地高辛抗体工作液，于湿盒中室温反应 30 分钟。

（5）PBS 洗 3 次，每次 5 分钟。

（6）加 PI 复染，封片，干燥后于-20℃避光保存。

（7）在荧光显微镜下观察或计数。

5. 注意事项 同过氧化物酶标记测定法。

（三）生物素-dUTP/酶标亲和素测定法

1. 原理 生物素（biotin）标记的 dUTP 在 TdT 酶的作用下，可以掺入到凋亡细胞的双链或单链 DNA 的 3′-OH 末端，并可与连接了过氧化物酶的抗生物素蛋白（avidin）特异结合，在底物 DAB 存在下，可产生很强的颜色反应，特异准确的定位正在凋亡的细胞，在普通光学显微镜下即可观察。可用于石蜡包埋的组织切片、冰冻切片和培养的或从组织中分离的细胞凋亡测定。

2. 试剂

（1）proteinase K：20μg/ml。

（2）2% H_2O_2 溶液。

（3）2% BSA：2g BSA 溶于 100ml 双蒸水。

（4）TdT/dUTP 溶液：1μl TdT，1μl dUTP，168μl 的 TdT 缓冲液。

（5）extraavidin-peroxidase（1∶10）。

（6）AEC 底物（5ml H_2O 加入 2 滴 A、3 滴 B、2 滴 C 混匀）。

（7）TdT Buffer。

3. 实验步骤（以石蜡切片为例）

（1）加热到 70℃ 10 分钟或 60℃ 30 分钟。

（2）将玻片放入二甲苯两次，每次 5 分钟；95%、90% 乙醇溶液各一次，每次 3 分钟，双蒸水洗两次。

（3）用蜡笔画圈后再放入双蒸水中。

（4）蛋白酶 K（20μg/ml）室温孵育 30 分钟。

（5）双蒸水漂洗 4×2 分钟。

（6）2% H_2O_2 溶液室温孵育 10 分钟。

(7) 双蒸水漂洗。

(8) TdT 缓冲液覆盖标本,然后让其流出。

(9) 加入 TdT/dUTP(生物素标记)溶液。

(10) 湿盒中 37℃孵育 1 小时。

(11) TB 缓冲液中室温 15 分钟。

(12) 双蒸水漂洗。

(13) 2% BSA 溶液室温 10 分钟。

(14) 双蒸水漂洗。

(15) PBS 室温 5 分钟。

(16) 稀释的特异的过氧化物酶标记的抗生物素蛋白(1∶80)中 37℃下孵育 30 分钟。

(17) 双蒸水冲洗干净。

(18) 浸入 PBS,然后吸干。

(19) 混匀 AEC 底物并加入。

(20) 室温显色到适当强度,大约 3 分钟。

(21) 双蒸水漂洗。

(22) 改良的 Harris 苏木精蓝色复染。

(23) 脱水、透明、封片,于光学显微镜下观察,凋亡细胞呈棕褐色。

(四) 荧光素-dUTP/碱性磷酸酶标记荧光抗体检测法

1. 原理 荧光素(FITC)标记的 dUTP 在 TdT 酶的作用下,可以掺入凋亡细胞的双链或单链 DNA 的 3′-OH 末端,并可与连接了碱性磷酸酶的荧光抗体特异结合,在底物坚牢蓝或坚牢红存在下,可产生很强的颜色反应,特异准确的定位正在凋亡的细胞,在普通光学显微镜下即可观察。可用于石蜡包埋的组织切片、冰冻切片和培养的或从组织中分离的细胞凋亡测定。

2. 试剂

(1) 3L PBS。

(2) 10mmol/L Tris-HCl 及 100mmol/L Tris-HCl,pH8.2。

(3) 20mg/ml 蛋白酶 K。

(4) 100μl/玻片 X-磷酸盐/BCIP 或坚牢红底物。

(5) DNase Ⅰ溶液(1mg/ml～1μg/ml)用于阳性对照。

(6) 4% 多聚甲醛溶液/PBS,pH7.4。

(7) 0.1% Triton X-100 用 0.1% 枸橼酸钠溶液(SSC)配制。

(8) 2ml 2% SSC 溶液。

(9) 400μl Triton X-100。

3. 实验步骤一——石蜡切片

(1) 石蜡切片脱蜡:玻片 55℃孵育 30 分钟。二甲苯中两次,每次 2 分钟。100% 乙醇两次,每次 2 分钟。95% 乙醇溶液两次,每次 2 分钟。80% 乙醇溶液 2 分钟,75% 乙醇溶液 2 分钟,50% 乙醇溶液 2 分钟。

（2）蒸馏水漂洗。

（3）在 1μg/ml 蛋白酶 K/10mmol/L Tris 溶液中室温孵育 15 分钟（7.5μl 的 20μg/μl PK 入 150ml 10mmol/L Tris，pH 7.4~8.0）。

（4）所有玻片：PBS 漂洗两次（非阳性对照片延长 10 分钟）。

（5）阳性对照玻片：在 100μl DNase Ⅰ 溶液（200μg/ml）中室温下孵育 10 分钟。在不同容器中 PBS 漂洗两次，然后与其他玻片一起进入下面的步骤。

（6）擦去组织周围的液体。

（7）使用时配好阴性对照溶液（仅为包含 FITC 的标记溶液）和 TUNEL 溶液：①从管 2（标记溶液）中取 100μl 滴加到两个阴性对照的玻片上（每个 50μl）。②将管 1（TdT）总溶液（50μl）加入管 2 剩余的液体中（450μl）。

（8）每张玻片滴加 100μl TUNEL 反应混合液（或阴性对照片滴加 50μl 对照标记溶液）。

（9）在湿盒中 37℃ 孵育 60 分钟。

（10）PBS 漂洗 3 次。

（11）擦去组织周围的液体。

（12）每个标本滴加 100μl 碱性磷酸酶标记的抗荧光素抗体溶液。

（13）在湿盒中 37℃ 孵育 30 分钟。

（14）PBS 漂洗 3 次。

（15）100mmol/L Tris 缓冲液，pH8.2，室温 5 分钟。

（16）加入 50~100μl 底物溶液（每张玻片滴加 5~6 滴坚牢蓝或坚牢红底物溶液）：5ml 100mmol/L Tris，pH 8.2，一滴左旋咪唑，任一底物的溶液 1、2、3 各两滴。

（17）室温避光孵育，坚牢蓝 10 分钟；坚牢红 5~8 分钟。

（18）蒸馏水一次终止显色反应。

（19）脱水，透明，封片，观察。

（20）结果：阳性细胞呈红色（坚牢红显色）或蓝色（坚牢蓝显色）。

4. 实验步骤二——冰冻切片

（1）将玻片放入 150ml 4% 多聚甲醛溶液（PBS 稀释）中室温固定 20 分钟。

（2）PBS 漂洗两次。

（3）PBS 中室温 30 分钟。同时将 Triton/SSC 放入冰块中快速冷却。

（4）0.1% Triton/0.1% 枸橼酸钠溶液 4℃ 2 分钟。

（5）所有的玻片 PBS 漂洗两次（非阳性对照的玻片延长 10 分钟）。

（6）阳性对照的玻片：DNase Ⅰ 溶液（100μl，200μg/ml），室温下 10 分钟，PBS 单独漂洗两次，然后与其他玻片一起进行下面步骤。

（7）擦干组织周围的液体。

（8）配制阴性对照溶液（仅为包含 FITC 的标记溶液）和 TUNEL 溶液。使用时再配。

1）从管 2（标记溶液）取 100μl 溶液分别加到两个阴性对照片上（每个 50μl）。

2）管 2 剩余的液体（450μl）中加入管 1（TdT）全部液体（50μl）。

（9）每张玻片滴加 100μl TUNEL 反应混合液（或阴性对照玻片滴加 50μl 阴性对照液）。

(10) 湿盒中37℃孵育60分钟。
(11) PBS 漂洗3次。
(12) 擦干组织周围的液体。
(13) 每一标本滴加100μl 碱性磷酸酶标记的抗荧光素抗体溶液。
(14) 湿盒中37℃孵育30分钟。
(15) PBS 漂洗3次。
(16) 100mmol/L Tris 缓冲液，pH 8.2，室温，5分钟。
(17) 加入50～100μl 底物溶液(每张玻片滴加5～6滴坚牢蓝或坚牢红底物):5ml 100mmol/L Tris，pH 8.2，1滴左旋咪唑，每种媒介底物的溶液1、2、3各2滴。
(18) 室温避光孵育，坚牢蓝10分钟，坚牢红20分钟。
(19) 蒸馏水一次终止显色反应。
(20) 脱水，透明，封片，观察。
(21) 结果：阳性细胞呈红色(坚牢红显色)或蓝色(坚牢蓝显色)。

六、凋亡蛋白质酶及其底物的检测

凋亡蛋白质酶(Caspase-3)是一类半胱氨酸蛋白质酶，具有特异性水解底物分子天冬氨酸(Asp)残基C端肽键的功能，是近年随着凋亡研究的深入而发现的重要凋亡分子。迄今已有13个分子得到命名，分别为Caspase-1～13。其中Caspase-3是被认为在多种组织、细胞类型中最常涉及凋亡效应分子。Caspase-3正常以酶原(32kDa)的形式存在于胞质中，在凋亡的早期阶段，它被激活，活化的Caspase-3由两个大亚基(17kDa)和两个小亚基(12kDa)组成，裂解相应的胞质胞核底物，最终导致细胞凋亡。但在细胞凋亡的晚期和死亡细胞，Caspase-3的活性明显下降。活化的Caspase-3仅在凋亡细胞中发现，因此，检测Caspase-3的活性有助于发现早期凋亡细胞。一般采用人工合成四肽荧光底物，如DEVD-AMC，Caspase-3在D与AMC之间水解，释放荧光物质AMC，后者在紫外线激发下发出波长为430～460nm的荧光，通过流式细胞仪或分光光度计对其强度进行定量，从而测定Caspase-3的活性。由于醛对Caspase-3的水解活性有抑制作用，因此同时加入含醛四肽(如DEVD-CHO)可以抑制Caspase-3对DEVD-AMC的水解，不产生荧光。这样的抑制试验可作为对照，使Caspase-3的活性分析更有特异性。还可应用Western blot分析procaspase-3的活化，以及活化的Caspase-3及对底物多聚(ADP-核糖)聚合酶[poly(ADP-ribose) polymerase，PARP]等的裂解(图8-9和图8-10)。

检测方法：培养细胞(也可以预先做凋亡诱导并在不同时段收集细胞)在裂解液内裂解、离心、去上清液。加入Caspase-3的底物(如DEVD-AMC)孵育，同时用不加底物的样品做对照，用流式细胞仪检测，加有底物的样品释放出的荧光强度较对照样品明显增强，如加入DEVD-AMC时再加入DEVD-CHO，样品释放的荧光强度与对照样品无差异。Caspase-3导致细胞凋亡是通过水解或灭活一些细胞关键蛋白质来实现的，因而检测Caspase-3底物的改变也有助于辨认细胞的凋亡。PARP是第一个被认识的Caspase-3底物，它的分子质量为116kDa，水解后形成分子质量为85kDa及25kDa的两个片段，用运载分子质量为85kDa片段的抗体可以观察细胞是否发生凋亡。细胞骨架蛋白中的 CK-18 被 Caspase-3 水解后,在其 C 端的第 387~396 位氨基酸残基上形成一个新的抗原表位,用抗此表位的抗体可以在组织切片上辨认凋亡细胞。另外一种细胞骨架蛋白质肌动蛋白(actin)被水解后产生一种称为 "fractin" 的片段,在凋亡早期出现,并认为与细胞膜的起泡有关,可能有助于早期凋亡细胞的辨认。总之,随着对凋亡蛋白质酶及其底物的进一步研究,将会发现更有价值的、有助于检测凋亡细胞的方法。

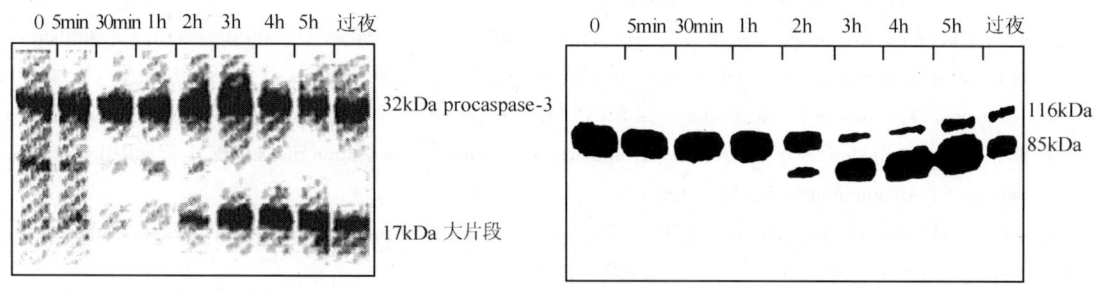

图 8-9　Western blot 检测 Caspase-3 的活化片段　　图 8-10　Western blot 检测活化的 Caspase 对底物的裂解

七、其他检测方法

线粒体膜势能的检测:线粒体在细胞凋亡的过程中起着枢纽作用,多种细胞凋亡刺激因子均可诱导不同的细胞发生凋亡,而线粒体跨膜电位 DYmt 的下降,被认为是细胞凋亡级联反应过程中最早发生的事件,它发生在细胞核凋亡特征(染色质浓缩、DNA 断裂)出现之前,一旦线粒体 DYmt 崩溃,则细胞凋亡不可逆转。

线粒体跨膜电位的存在使一些亲脂性阳离子荧光染料｛如 rhodamine 123、3,3-dihexyloxacarbocyanine iodide[DiOC6(3)]、tetrechloro-tetraethylbenzimidazol carbocyanine iodide(JC-1)、tetramethyl rhodamine methyl ester(TMRM)等｝可结合到线粒体基质,其荧光的增强或减弱说明线粒体内膜负电性的增高或降低。

方法:将正常培养的细胞和诱导凋亡的细胞加入终浓度为 rhodamine 123 1mmol/L 或终浓度为 DiOC6 25nmol/L、JC-1 1mmol/L、TMRM 100nmol/L 中,37℃下平衡 30 分钟,流式细胞计检测细胞的荧光强度。

注意事项:

(1)始终保持平衡染液中 pH 的一致性,因为 pH 的变化将影响膜电位。

(2)与染料达到平衡的细胞悬液中如果含有蛋白,它们将会与部分染料结合,从而降低染料的浓度,引起假去极化。

(苏吉春　王廷华　邹晓莉)

参 考 文 献

卢圣栋. 1999. 现代分子生物学实验技术. 北京:中国协和医科大学出版社

彭黎明,王曾礼. 2000. 细胞凋亡的基础与临床. 北京:人民卫生出版社

盛树力. 2003. 临床神经科学前沿. 北京:北京大学医学出版社

温进坤,韩梅. 2002. 医学分子生物学理论与研究技术. 北京:科学出版社

查锡良. 2003. 医学分子生物学. 北京:人民卫生出版社

Adamus G, Machnicki M, Seigel GM. 1997. Apoptotic retinal cell death induced by antirecoverin autoantibodies of cancer-associated retinopathy. Invest Ophthalmol Vis Sci, 38(2):283~291

Alarcon-Segoovia D, Liorente L, Ruiz-Arguelles A. 1996. The penetration of autoantibodies into cells may induce tolerance to self by apoptosis of autoreactive lymphocytes and cause autoimmune disease by dysregulation and/or cell damage. J Autoimmunity, 9:295~300

Amundson SA, Myers TG, Fornace AJ. 1998. Roles for p53 in growth arrest and apoptosis: putting on the brakes after genotoxic stress. Oncogene, 17(25): 3287~3299

Ashkenazi A, Dixit VM. 1998. Death receptors: signaling and modulation. Science, 281: 1305

Brown DG, Sun XM, Cohen GM. 1993. Dexamethasone-induced apoptosis involves cleavage of DNA to large fragments prior to internucleosomal fragmentation. J Biol Chem, 268: 3037~3039

Brunner T. 1995. Apoptosis induced by ligation of the T cell receptor on T cell hybridomas proceeds via a cell autonomous Fas (CD95)/Fas-ligand interaction. Nature, 373: 441~443

Cheng J, Zhou T, Liu C, et al. 1994. Protection from Fas-mediated apoptosis by a soluble from of the Fas molecule. Science, 263:1759~1762

Cohen JJ, Duke R. 1992. Apoptosis and programmed cell death in immunity. Annu Rev Immunol, 10: 267~293

Coultas L, Strasser A. 2000. The molecular control of DNA damage-induced cell death. Apoptosis, 5: 491~507

Darzynkiewicz Z. 1992. Features of apoptotic cells measured by Flow Cytometry. Cytometry, 13: 795~808

Earnshaw WC, Martins LM, Kaufmann SH. 1999. Mammalian caspase: structure, activation, substrates and functions during apoptosis. Annu Rev Biochem,68: 383~424

Gavrieli Y, Sherman Y, Shmuel A, et al. 1992. Identification of programmed cell death in situ via specific labeling of nuclear DNA fragmentation. J Cell Biol, 119: 493~501

Gong JP, Traganos F, Darzynkiewicz Z. 1994. A selective procedure for DNA extraction from apoptotic cell applicable for gel electrophoresis and flow cytometry. Anal Biochem,218: 314~316

Gottlieb RA, Burleson KO, Kloner RA, et al. 1994. Reperfusion injury induces apoptosis in rabbit cardiomyocytes. J Invest, 94(4):1621~1628

Herrmannm M, Lorenz HM, Voll R, et al. 1994. A rapid and simple method for the isolation of apoptotic DNA fragments. Nucleic Acid Res,22: 5506~5507

Hotz MA. 1994. Flow cytometric detection of apoptosis: comparison of the assays of in situ DNA degradation and chromatin changes. Cytometry, 15: 237~244

Jerry MA, Suzanne C. 1998. The Bcl-2 protein family: arbiters of cell survival. Science, 281: 1322~1326

Joza N, Susin SA, Daugas E, et al. 2001. Essential role of the mitochondrial apoptosis-inducing factor in programmed cell death. Nature, 410: 549~554

Kerr JFR, Wyllie AH, Currie AR. 1972. Apoptosis: A basic biological phenomenon with wide-ranging implications in tissue kinetics. British Journal of Cancer, 26: 239~257

King KL, Cidlowski JA. 1998. Cell cycle regulation and apoptosis. Annu Rev Physiol, 60: 601~617

Leist M. 1995. Application of the cell death detection ELISA for the detection of tumor necrosis factor-induced DNA fragmentation in murine models of inflammatory organ failure. Biocemica, 11: 20~23

Maria RD, Testi R. 1998. Fas-fasl interaction: a common pathogenetic mechanism in organ-specific autoimmunity. Immunol Today, 19:121

Matlson MP. 2000. Apoptotic and anti-apoptotic signaling mechanisms. Brain Pathol, 10(2): 300~312

Meier P, Finch A, Evan G. 2000. Apoptosis in development. Nature, 407(6805): 796~801

Nagata S, Golstein P. 1995. The Fas death factor. Science, 267: 1449~1456

Nijhawan D, Honarpour N, Wang X. 2000. Apoptosis in neural development and disease. Annu Rev Neurosci, 23: 73~87

Pinkoski MJ, Waterhouse NJ, Heibein JA, et al. 2001. Granzyme B-mediated apoptosis proceeds predominantly through a Bcl-2-inhibitable mitochondrial pathway. J Biol Chem, 276(15): 12060~12067

Rathmell JC, Thompson CB. 2002. Pathways of apoptosis in lymphocyte development, homeostasis, and disease. Cell, 109:S97~S107

Rudner J, Jendrossek V, Belka C. 2002. New insights in the role of Bcl-2 and the endoplasmic reticulum. Apoptosis, 7: 441~447

Shresta S, Heusel JW, Macivor DM, et al. 1995. Granzyme B plays a critical role in cytotoxic lymphocyte-induced apoptosis. Immunol Rev, 146: 211~221

Shigekazu N. 1997. Apoptosis by death factor. Cell, 88: 355~365

Thornberry NA, Lazebnik Y. 1998. Caspases: enemies within. Science, 281(5381): 1312~1316

Thome M, Schneider P, Hofmann K, et al. 1997. Viral FLICE-inhibitory proteins (FLIPs) prevent apoptosis induced by death receptors. Nature, 386: 517~521

Valerie D. 1997. Fas and other cell death sigaling pathways. Immunology, 9: 93~107

下篇 组织细胞化学技术

第九章 组织化学技术的应用

第一节 免疫组织化学 ABC 法检测猫背根节 c-jun、c-fos 的表达

即刻早期基因(immediate early gene,IEG)被认为是急性活动依赖性事件与基因长期表达之间联系的纽带。该家族包括 c-fos、c-jun 在内的近百个成员。c-fos、c-jun 基因在很多种类的细胞(也包括神经细胞)中均有较低水平的表达,并参与细胞的生长、分化、信息传递等生理功能。在外来刺激下,它们常被激活,两者的表达产物相结合可调节下游基因的表达,对细胞的结构、功能产生长期影响,从而被称为核内"第三信使"。

c-fos 是 v-fos 的细胞同源物,后者是 FBJ 和 FBR 鼠成骨肉瘤病毒所携带的转化基因。正常情况下,大多数细胞中有低水平的 c-fos 表达。人类的 c-fos 基因定位于 14q21—q31,长度为 3.5kb,含四个外显子和三个内含子。c-fos mRNA 长为 2.2kb,它编码的核磷蛋白(fos)由 380 个氨基酸组成,分子质量为 62kDa。以后陆续发现了三种 c-fos 相关抗原,包括 fos-b、fra-1 和 fra-2,三者与 c-fos 共同构成 c-fos 家族,它们的 cDNA 均已被克隆。

c-jun 是 v-jun 的细胞同源序列,后者是禽类肉瘤病毒 17(asv17)所携带的转化基因。正常情况下,大多数细胞中也有低水平的 c-jun 表达。c-jun 基因长 3.5kb,无内含子。c-jun mRNA 长 3.2kb,编码的核蛋白 jun 的分子质量为 39kDa,由 334 个氨基酸组成。已克隆的 c-jun 相关基因包括 jun-B 和 jun-D 两种,与 c-jun 共同构成 c-jun 基因家族。

c-fos、c-jun 蛋白的主要分子结构极为相似,都含有一个高度保守的亮氨酸拉链结构域、一个碱性氨基酸区和一个反式激活活动域(TAD)。前者为 α 螺旋,大约由 30 个氨基酸盘绕而成,每 7 个氨基酸就有一个亮氨酸。fos-jun 复合物通过各自 α 螺旋区的 5 个重复亮氨酸以非共价键的方式相互连接,这种连接方式称为"亮氨酸拉链"。c-fos 和 c-jun 家族的其他成员也都具有这种高度保守的结构,均可形成二聚体与靶基因位点(AP-1 位点、CRE 位点)结合;碱性氨基酸区毗邻于亮氨酸拉链的上游位置,功能是与靶基因启动子上的特异位点相连接。另外,c-jun 蛋白氨基末端和 c-fos 蛋白羧基末端还存在着反式激活活动域(TAD),TAD 是一个铺展的酸性氨基酸区域,为诱导转录所必需。

本实验介绍用免疫组化 ABC 法显示正常猫背根节(dorsal root ganglion, DRG)c-fos、c-jun 蛋白分布的方法。

一、材料和方法

(一) 实验仪器、试剂及其配制

1. 实验仪器

37℃恒温箱	上海市跃进医疗器械一厂
恒温水浴箱	黄骅市渤海电器厂
恒冷切片机	America AO
低温冰箱	Sanyo(-20℃,-60℃)
显微镜	Olympus
1000μl、100μl、20μl 可调微量加样枪	Pipetman

2. 试剂

(1) 第一抗体

兔抗 c-fos 多克隆抗体(中杉试剂公司,效价 1∶1000)

兔抗 c-jun 多克隆抗体(中杉试剂公司,效价 1∶200)

(2) ABC 试剂盒:Vector

1) 封闭用羊血清(Vector):工作浓度 5%。

2) 生物素标记羊抗兔 IgG(Vector):工作浓度 1∶200。

3) 抗生物素蛋白:工作浓度 1∶100。

4) 辣根过氧化物酶标记生物素:工作浓度 1∶100。

(3) 浓缩型 DAB 试剂盒 ZLI-9033(北京中杉)

试剂 A:浓缩缓冲液(20×)。

试剂 B:DAB 溶液(20×)。

试剂 C:浓缩过氧化氢溶液。

(4) 免疫组化常规试剂:$Na_2HPO_4 \cdot 12H_2O$、$NaH_2PO_4 \cdot 2H_2O$、NaCl、Tris(三羟甲基氨基甲烷)、多聚甲醛、HCl、NaOH、TritonX-100。

3. 主要试剂的配制

(1) 0.2mol/L pH7.4 的 PB 的配制

A 液:$NaH_2PO_4 \cdot 2H_2O$(分子质量 136.08Da)27.6g,溶解后倒入 1000ml 容量瓶中,加双蒸水到终刻度。

B 液:$Na_2HPO_4 \cdot 12H_2O$(分子质量 358.14Da)71.632g,溶解后倒入 1000ml 容量瓶中,加双蒸水到终刻度。

取 A 液 19ml,B 液 81ml,充分混合,pH 即为 7.4 左右,用 pH 计测试。若偏酸或偏碱,可增加 A 液或 B 液调节,通过改变两者的比例调整 pH。室温保存或 4℃储放。

(2) 0.05mol/L PBS:取 NaCl 8.5~9g 及 0.2mol/L PB 250ml 加入 1000ml 容量瓶中,加双蒸水至终刻度,充分摇匀。

(3) 含 0.3% TritonX-100 的 0.05mol/L PBS(pH7.4):取 0.05mol/L PBS(pH7.4)于

100ml 容量瓶中至终刻度,从其中吸出 0.3ml 溶液丢弃,将 TritonX-100 原液(100%)放入孵育箱中升温(40~50℃),再用 1ml 吸管吸取已升温的 TritonX-100 原液 0.3ml,加入上述容量瓶中,倒置、摇匀。

(4) 4% 多聚甲醛磷酸缓冲液(pH7.4):多聚甲醛 40g、0.05mol/L PBS(pH7.4)500ml,两者混合加热至 60℃,搅拌并滴加 1mol/L NaOH 溶液至澄清为止,冷却后加 0.05mol/L PBS 液至总量 1000ml。

(5) 20% 蔗糖溶液:取蔗糖 20g,用 0.05 mol/L PBS 缓冲液 100ml 溶解。

(二) 样本的获取

1. 实验动物 取成年健康雄猫(体重 3~3.5kg)5 只,饲养于室内,安静,供应充足的水和食物,喂养 2 天。

2. 取材 将动物用 3.5% 戊巴比妥钠溶液(1.3ml/kg)由腹膜腔注射麻醉后,仰卧固定,暴露胸腔,快速心内插管,以 500ml 生理盐水冲洗 5 分钟,4% 多聚甲醛溶液心内灌注固定 0.5 小时,取 L_6 DRG 后固定 12 小时,放入 20% 蔗糖 PBS 溶液过夜,使组织块下沉。组织块在 -40℃ 正戊烷中速冻,恒冷箱(美国 AO)连续切片,片厚 20μm。分别用 c-fos、c-jun 抗体行免疫组织化学染色。

(三) c-fos、c-jun 的免疫组织化学染色

(1) 0.05mol/L PBS 溶液漂洗　　　　　　　　　　15 分钟×3 次
(2) 15% H_2O_2 溶液/0.05mol/L PBS　　　　　　　室温 30 分钟
(3) 0.05mol/L PBS 溶液漂洗　　　　　　　　　　15 分钟×3 次
(4) 5% 羊血清(Triton PBS 配制)　　　　　　　　37℃、0.5 小时
(5) c-fos 蛋白抗体(1∶1000,Triton PBS 配制)
　　或 c-jun 蛋白抗体(1∶200,Triton PBS 配制)　4℃、48 小时
(6) 0.05mol/L PBS 漂洗　　　　　　　　　　　　15 分钟×3 次
(7) 羊抗兔 IgG(1∶200,Triton PBS 配制)　　　　37℃、1.5 小时
(8) 0.05mol/L PBS 漂洗　　　　　　　　　　　　15 分钟×3 次
(9) AB 复合物(1∶100,Triton PBS 配制)　　　　 37℃、1.5 小时
(10) 0.05mol/L PBS 漂洗　　　　　　　　　　　15 分钟×3 次
(11) 0.05mol/L Tris-HCl　　　　　　　　　　　　37℃、15 分钟
(12) DAB 显色　　　　　　　　　　　　　　　　10 分钟
(13) 0.05mol/L PBS 漂洗　　　　　　　　　　　15 分钟×3 次
(14) 裱片:室温晾干。
(15) 梯度乙醇溶液脱水:70%→80%→90%→95%→100%Ⅰ→100%Ⅱ,每次 10 分钟。
(16) 透明:二甲苯Ⅰ→二甲苯Ⅱ,每次 30 分钟。
(17) 树胶封片。

(四) 免疫组化对照实验

1. 空白对照 用 0.05mol/L PBS 代替一抗,其余步骤不变。

2. 置换实验 用正常羊血清代替一抗同样进行免疫组化染色。

(五) 结果观察及测量

观察 c-fos、c-jun 免疫反应阳性产物在 DRG 的分布概况。

二、结　　果

(一) c-jun 在正常背根节的表达

在正常背根节中,可见部分 c-jun 阳性神经元。c-jun 的阳性反应物分布于各类神经元内。阳性反应物主要定位于神经元细胞核,部分胞质亦有弱阳性染色(见彩图4)。

(二) c-fos 在正常背根节的表达

在正常背根节,c-fos 的阳性反应物分布于各类神经元的细胞核,部分胞质亦有着色(见彩图5)。

三、结　果　分　析

(一) c-jun 在正常背根节表达及其功能意义

本实验观察到,在正常背根节各类神经元中均可见 c-jun 阳性反应物,阳性细胞以中小神经元为主。表明在 DRG 有 c-jun 表达,此结果提示 c-jun 可能参与成体 DRG 各类神经元的生理功能。

目前,c-jun 在 DRG 的生理作用仍不清楚。c-jun 是即刻早期基因家族成员。细胞在受到各种刺激(如细胞因子作用)时,这些细胞因子与细胞膜表面的受体结合,进而激活细胞内的第二信使和第三信使 c-fos、c-jun 系统,形成异源二聚体 jun：fos 或同源二聚体 jun：jun,再与靶基因的特异序列结合,激活转录蛋白1(activator protein 1,AP-1)的结合位点(5′-TGACTCA-3′)或 cAMP 反应元件(CRE)结合位点,从而启动具有 AP-1 和 CRE 位点的靶基因表达,进而指导功能蛋白 mRNA 的转录,以合成功能蛋白。了解细胞内 c-fos、c-jun 的表达情况对探讨它们是否参与信号转导过程有参考价值。在本实验中,观察到在正常生理条件下,DRG 神经元内存在 c-jun 蛋白,表明 c-jun 蛋白可能为 DRG 的生理过程所必需。其存在也可能为各种刺激出现时的应激做出快速反应奠定了物质基础。

(二) c-fos 在正常背根节的表达及其功能意义

在正常背根节内,各类神经元均可见 c-fos 的阳性表达物,表明 DRG 有 c-fos 表达。提示 c-fos 与 DRG 神经元的生理功能有关。

c-fos 基因也是即刻早期基因家族成员。在外来因素刺激下,c-fos 基因表达产物 c-fos 蛋白和 c-jun 基因表达产物 c-jun 蛋白经过广泛的修饰加工(主要的修饰反应为苏氨酸和丝氨酸的磷酸化)后常形成异源二聚体 fos：jun。但与 c-jun 蛋白不同的是,c-fos 蛋白不能形成同源二聚体 fos：fos，因为此二聚体结构不稳定，所以只能形成异源二聚体 fos：jun 才能发挥作用。异源二聚体 fos：jun 能与 AP-1 的结合位点(5′-TGACTCA-3′)或 CRE 位点结合。启动具有 AP-1 和 CRE 位点的靶基因表达。c-fos、c-jun 通过这些基因参与细胞的生长、分化和信息传递等生理功能。本实验观察到在 DRG 神经元有 c-fos 表达，支持 fos 参与了 DRG 神经元生理功能的调控。

（三）经验体会

（1）ABC 法是免疫组织化学染色的经典方法，较为敏感。在染色中抗体质量是关键，只有注重抗体质量，才会有好的实验效果。一般 chemicon、Abacam 等的抗体较好。

（2）要保证组织抗原未受损害，用新鲜组织直接切片染色最好。

（3）合适的抗体浓度及显色时间也很重要，可根据抗原属性、含量多少、抗体质量来确定。

第二节　免疫组织化学 SP 法在检测成年猴脑 BDNF、NT-4 和 NGF 中的应用

免疫组织化学方法有多种，SP 法是近年推广应用的一种新的方法，是根据链霉抗生物素蛋白-过氧化物酶(SP)连接系统设计的用于检测组织和细胞内抗原的一种高效方法。链霉抗生物素蛋白(SA)是从链霉菌中分离的不含糖基的蛋白质，有四个与生物素结合的位点，并且有高度的亲和力，利用生物素标记的二抗与酶标记的链霉抗生物素蛋白结合，而后显色就构成了 SP 法。本节介绍用 SP 法显示猴脑 BDNF、NT-4 和 NGF 分布的方法。

一、材料和方法

（一）实验仪器、试剂及其配制

1. 实验仪器　光学显微镜，恒冷式切片机，4℃恒温冰箱，10μl、100μl、200μl 和 1000μl 可调微量加样枪，可调式干燥机，可调式恒温箱，电热蒸馏水器，微量进样器，简易手术台，手术显微镜，眼科常规手术器械，虹膜剪，显微剪，pHS-3C 型精密 pH 仪。

2. 试剂

（1）明胶、磷酸氢二钠(Na_2HPO_4)、磷酸二氢钠(NaH_2PO_4)、多聚甲醛、无水乙醇、30% H_2O_2、TritonX-100、3,3′-二氨基联苯胺(3,3′-diaminobenzidine, DAB)、显色剂、中性树胶。

一抗：兔抗人 BDNF 多克隆抗体：　　工作浓度 1：300
　　　兔抗人 NT-4 多克隆抗体：　　　工作浓度 1：200
　　　兔抗人 NGF 多克隆抗体：　　　 工作浓度 1：2000

（2）SP 试剂盒(采用 SP 即用型试剂盒，操作更为简便)

1）常规免疫组化使用的试剂，如 PBS 缓冲液、DAB 显色液等。

2）一抗(根据实验所需选用)。

3）SP kit(根据一抗为兔抗或鼠抗选择 SP kit 的类型)。

A液:过氧化物酶阻断剂。

B液:阻断血清,10%非免疫动物血清。

C液:生物素标记的第二抗体。

D液:链霉抗生物素蛋白-过氧化物酶溶液。

3. 主要试剂的配制

(1) 0.1mol/L PBS(pH7.2):取30.8g Na_2HPO_4、2.8g NaH_2PO_4、9g NaCl 溶于800ml 双蒸水中,用双蒸水将体积调至1L,高压灭菌。

(2) 0.2mol/L PB(pH 7.2):取61.6g Na_2HPO_4、5.6g NaH_2PO_4 溶于800ml 双蒸水中,用双蒸水将体积调至1L,高压灭菌。

(3) 0.1mol/L PBS/0.3% TritonX-100:取30.8g Na_2HPO_4、2.8g NaH_2PO_4、9g NaCl 溶于800ml 双蒸水中,加3ml 100% TritonX-100,用双蒸水将体积调至1L,高压灭菌。

(4) 0.9% NaCl 溶液(生理盐水):9g NaCl 溶于1000ml 双蒸水中,高压灭菌。

(5) 4% 多聚甲醛:80g 多聚甲醛溶于800ml 双蒸水中,加热至60℃,加入2ml 10mol/L NaOH,用双蒸水调至1L,过滤后,加等量 0.2mol/L PB。

(6) 20% 蔗糖-PBS 液:20g 蔗糖溶于 0.1mol/L PBS 至 100ml,高压灭菌,储存于4℃。

(7) 1mol/L Tris-HCl

1) pH7.5:将60.55g Tris 溶于400ml 双蒸水中,并加 36.5% HCl 37.5ml。

2) pH8.0:将60.55g Tris 溶于400ml 双蒸水中,并加 36.5% HCl 21ml。使溶液冷却至室温,对 pH 做最后调节,将溶液体积调整为500ml,分装成小份,进行高压灭菌。

(二) 实验方法

1. 标本的获取及切片 成年雄性恒河猴(体重平均6kg)7只,氯氨酮(0.25ml/kg)肌内注射麻醉,Zamboni 液心脏灌注固定,取脑组织各部位进行石蜡包埋或直接行冰冻切片。

2. 免疫组织化学染色(SP法) 组织切片分别以抗 BDNF、NT-4、NGF 抗体行免疫组织化学 SP 法染色。

(1) 石蜡切片脱蜡和水化后,用0.01mol/L PBS(pH7.4)洗3次,每次3~5分钟,冰冻切片直接入 PBS 液。

(2) 每张切片加一滴或50μl 过氧化物酶阻断剂(A液),以阻断内源性过氧化物酶的活性。室温、20分钟。

(3) 0.01mol/L PBS(pH7.4)洗3~5分钟,下同。

(4) 每张切片加一滴或50μl 的非免疫动物血清(B液),室温、30分钟,不洗。

(5) 每张切片加一滴或50μl 的一抗,室温1小时,4℃过夜。

(6) 0.01mol/L PBS 洗3~5分钟。

(7) 每张切片加一滴或50μl 的生物素标记的二抗(C液),37℃、1小时。

(8) 0.01mol/L PBS 洗3~5分钟。

(9) 每张切片加一滴或50μl 的链霉抗生物素蛋白-过氧化酶溶液(D液),37℃、1小时。

(10) 0.01mol/L PBS 洗3~5分钟。

(11) 每张切片加两滴或100μl 新鲜配制的 DAB 显色液,显微镜下观察5~10分钟。

（12）自来水冲洗终止反应。

（13）苏木精复染（根据需要）。

（14）常规脱水，透明，封固。

3. 对照实验 空白对照：用 0.05mol/L PBS 代替一抗，其余步骤不变。结果为阴性。

4. 结果观察 在 Olympus 光学显微镜下观察 NGF、BDNF、NT-4 免疫阳性反应物在大脑各部位的分布情况，以及免疫阳性反应物在神经元、胶质细胞内的定位等。

二、结　　果

（一）BDNF-IR 在成年猴脑的分布

BDNF-IR（BDNF-immunoreactivity）广泛地分布于猴脑各部位。在大脑运动区皮质，BDNF-IR 主要分布在第Ⅲ~Ⅴ层，第Ⅱ、Ⅵ层亦可见少数阳性神经细胞，以锥体细胞为主，多为大中型细胞，胞质及近端突起内呈棕色阳性反应（图 9-1），细胞核未着色。白质内可见阳性的胶质细胞；在小脑分子层，可见篮状细胞少量 BDNF-IR 阳性纵行纤维，梨状神经层可见中等阳性的浦肯野细胞（图 9-2）及位于胞体周围密集排列的强阳性点状结构，为膨体断面；在海马的 CA_1、CA_2、CA_3 和 CA_4 各区可见中等阳性的中小型锥体细胞（图 9-3）。此外，齿状回的颗粒细胞（图 9-4）及少数胶质细胞可见阳性反应；尾状核、豆状核（图 9-5）、室旁核的部分神经细胞胞质和纤维以及神经胶质细胞可见中等阳性的 BDNF-IR；脑干的脑桥核、网状结构（图 9-6）、舌下神经核、前庭神经核、迷走神经背核（图 9-7）、下橄榄核（图 9-8）等处均可见散在的 BDNF-IR 阳性神经元及形成网状结构的阳性纤维。

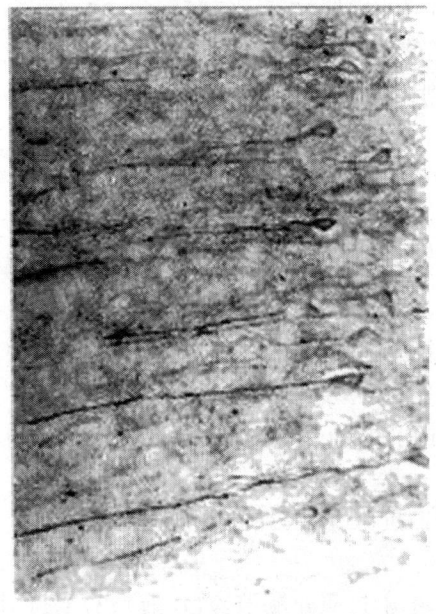
图 9-1　BDNF-IR 在成年猴大脑皮质运动区的分布（200×）

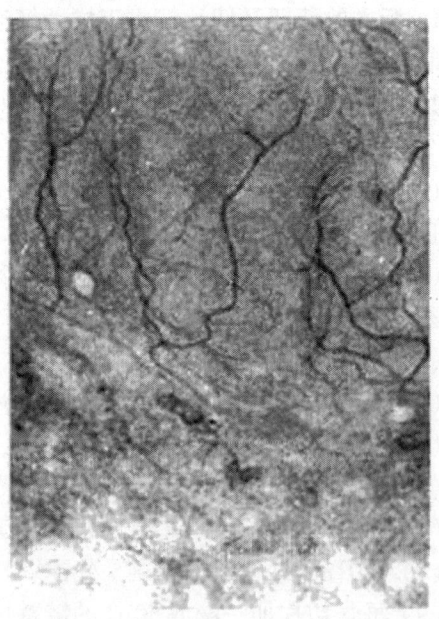
图 9-2　BDNF-IR 在成年猴小脑的分布（200×）

(二) NT-4-IR 在成年猴脑的分布

NT-4-IR 在大脑皮质运动区主要分布在第Ⅲ~Ⅴ层的神经细胞的胞体,有的细胞突起也呈弱至中等阳性(图 9-9),依其分布及形态,多为锥体细胞、星形细胞和篮状细胞;NT-4-IR 在小脑分布较为广泛,可见中等阳性的浦肯野细胞(图 9-10),有的还可见其伸向分子层的扇形树突,在分子层及颗粒层还可见到少量胞体较小的星形细胞和高尔基细胞及其阳性纤维。在小脑白质的齿状核和顶核内可见少量散在的阳性神经细胞及突起;海马的 CA_1、CA_2、CA_3 及齿状回的颗粒细胞胞质和近端突起可见 NT-4-IR(图 9-11);豆状核(图 9-12)、尾状核、脑桥核、前庭神经核(图 9-13)、迷走神经背核(图 9-14)、下橄榄核(图 9-15)、薄束核、楔束核及副神经核等核团中可见散在分布的阳性神经细胞,多为中等阳性。在延髓,可见阳性的神经细胞及交织成网的阳性纤维(图 9-16);此外,在大脑白质内可见弱阳性的星形胶质细胞。

(三) NGF-IR 在成年猴脑的分布

大脑皮质运动区各层都有部分细胞呈 NGF-IR 阳性反应,但以第Ⅲ层的锥体细胞和第Ⅴ层的节细胞反应最强(图 9-17);此外,白质内也见到不少 NGF-IR 阳性星形胶质细胞。在小脑,NGF-IR 主要分布于浦肯野细胞,胞质阳性,神经突起反应不明显(图 9-18)。另外,小脑深部核团也存在 NGF-IR 阳性反应(图 9-19)。纹状体的部分神经元(图 9-20),齿状回颗粒细胞及海马 CA_1、CA_2、CA_3 区均出现阳性反应神经元,反应产物定位于核周质(图 9-21)。脑干网状结构也观察到阳性神经元(图 9-22)且白质内也有少量 NGF-IR 阳性胶质细胞。NGF-IR 阳性细胞还见于黑质、脑桥核、舌下神经核、迷走神经核(图 9-23)、前庭神经核、三叉神经核、疑核、下橄榄核(图 9-24)等处。

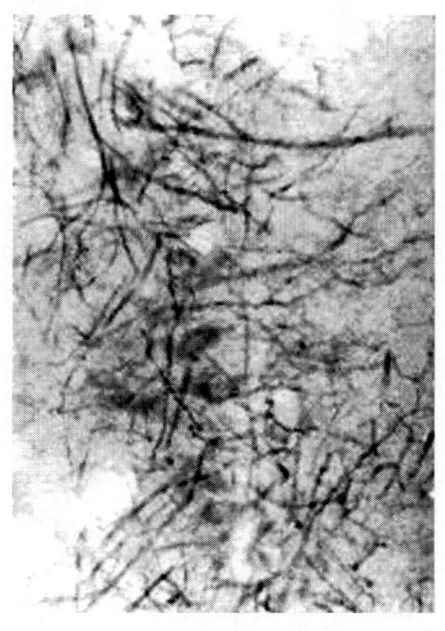

图 9-3 BDNF-IR 在成年猴脑海马的分布 (200×)

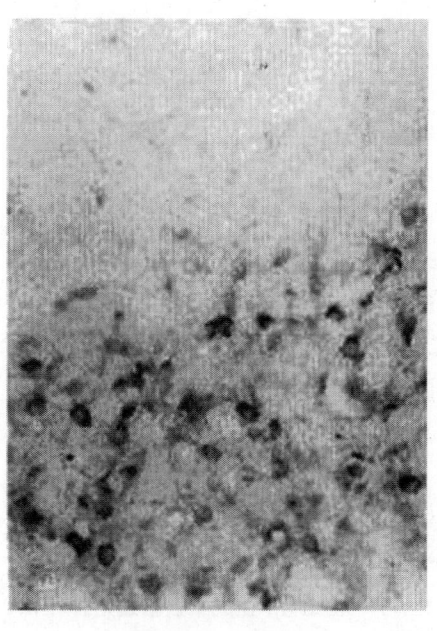

图 9-4 BDNF-IR 在成年猴脑齿状回颗粒细胞的分布(200×)

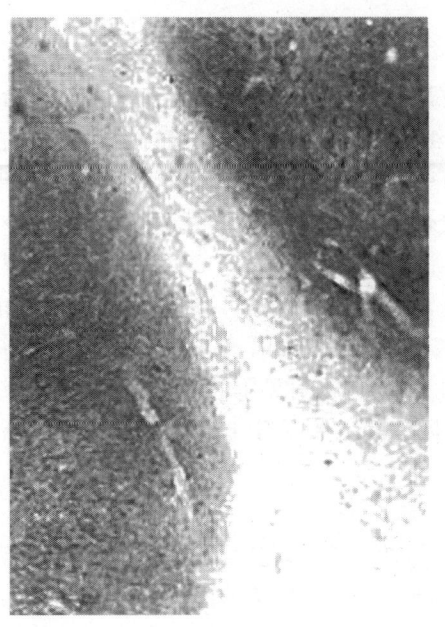

图 9-5　BDNF-IR 在成年猴脑豆状核的分布（40×）

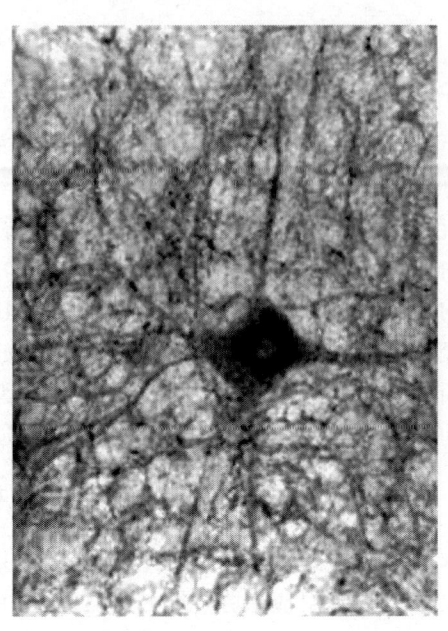

图 9-6　BDNF-IR 在成年猴脑干网状结构的分布（400×）

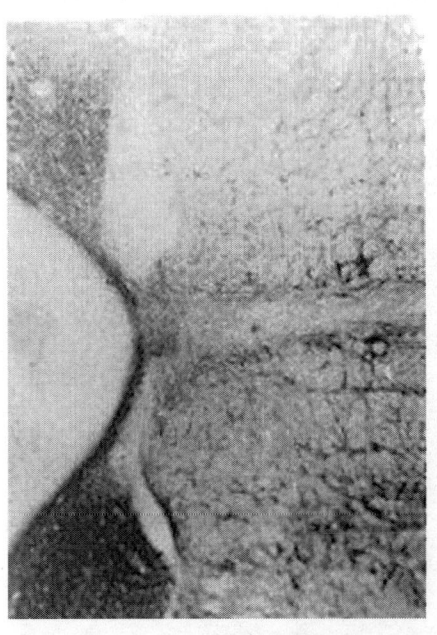

图 9-7　BDNF-IR 在成年猴脑迷走神经背核的分布（40×）

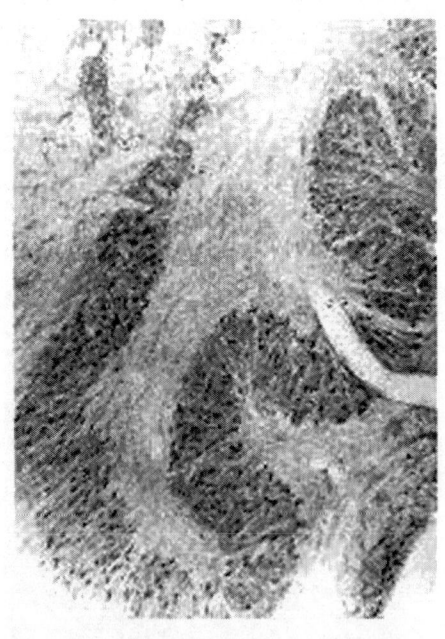

图 9-8　BDNF-IR 在成年猴脑下橄榄核的分布（100×）

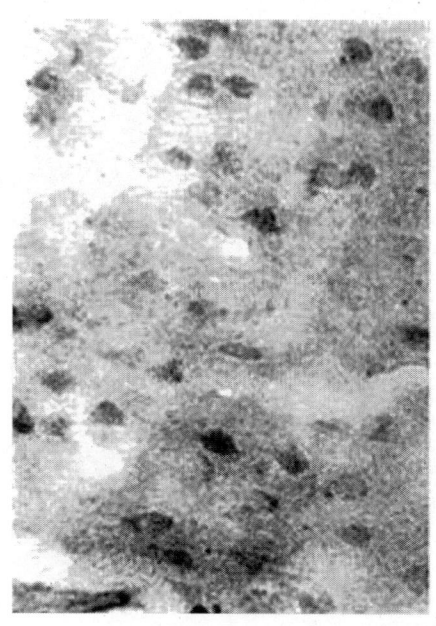

图 9-9　NT-4-IR 在成年猴大脑皮质的分布（200×）

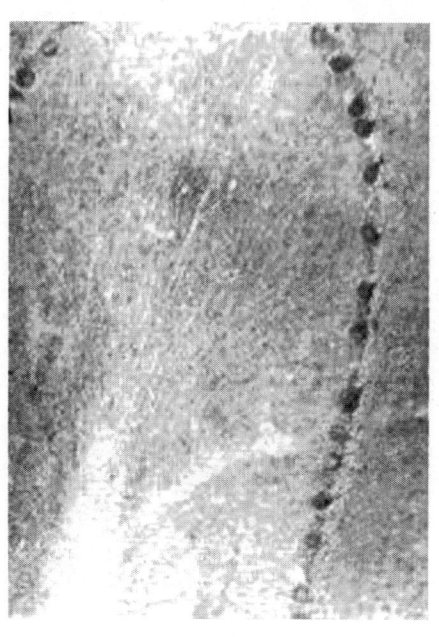

图 9-10　NT-4-IR 在成年猴小脑皮质的分布（200×）

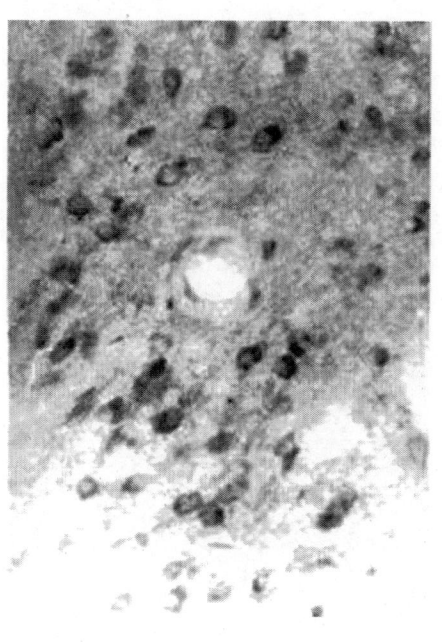

图 9-11　NT-4-IR 在成年猴脑海马的分布（200×）

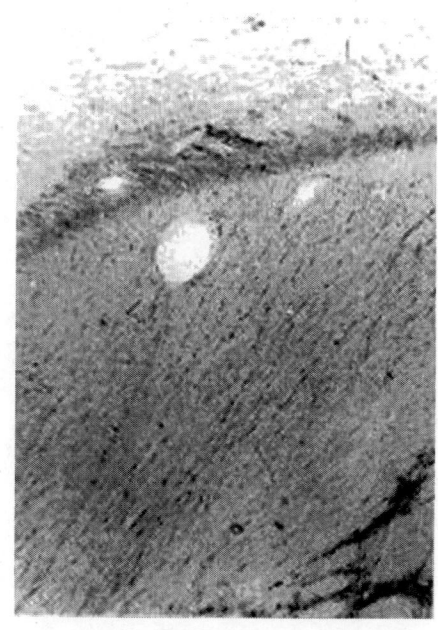

图 9-12　NT-4-IR 在成年猴脑豆状核的分布（40×）

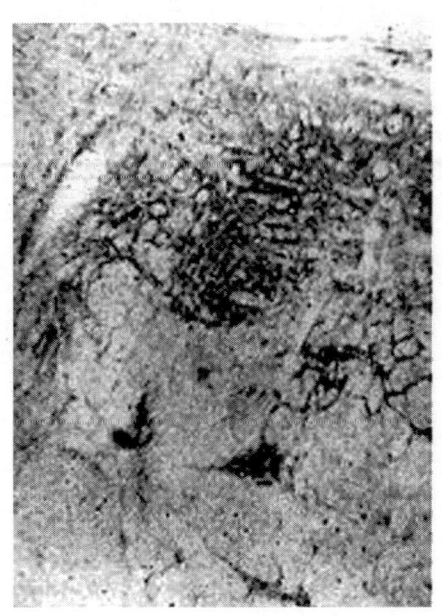

图9-13　NT-4-IR在成年猴脑前庭核的分布(40×)

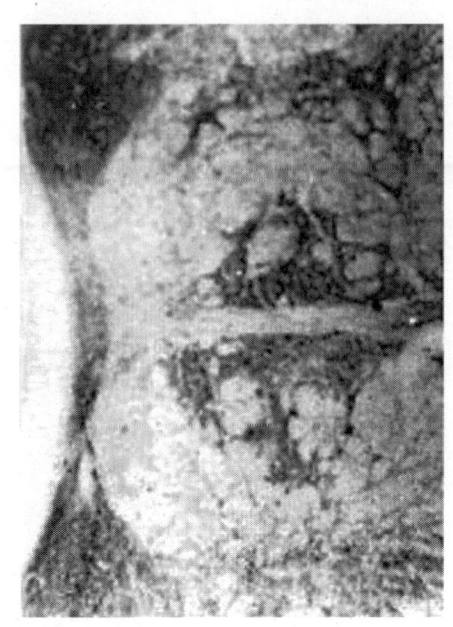

图9-14　NT-4-IR在成年猴脑迷走神经核的分布(40×)

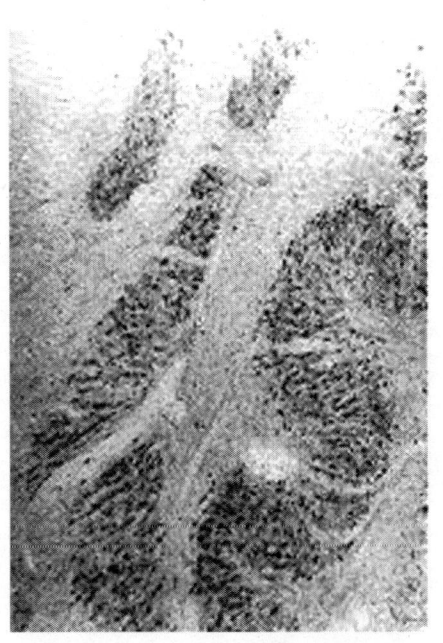

图9-15　NT-4-IR在成年猴脑下橄榄核的分布(100×)

图9-16　NT-4-IR在成年猴脑干网状结构的分布(40×)

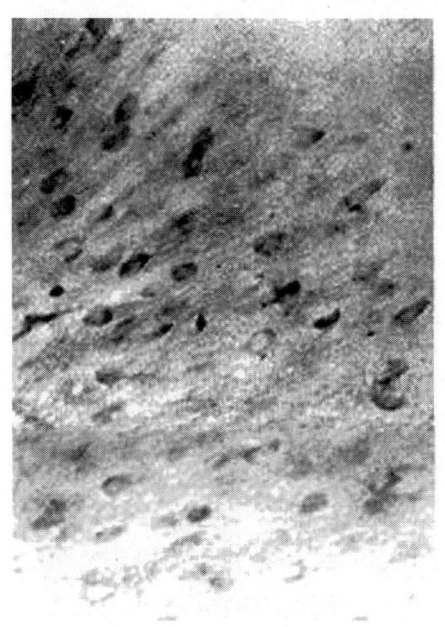

图 9-17 NGF-IR 在成年猴大脑皮质的分布（200×）

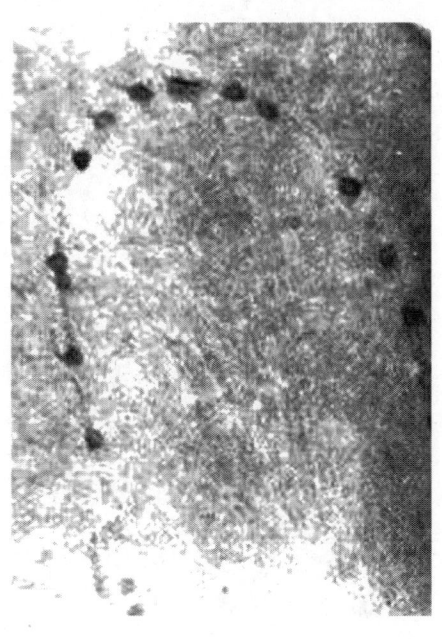

图 9-18 NGF-IR 在成年猴小脑皮质的分布（200×）

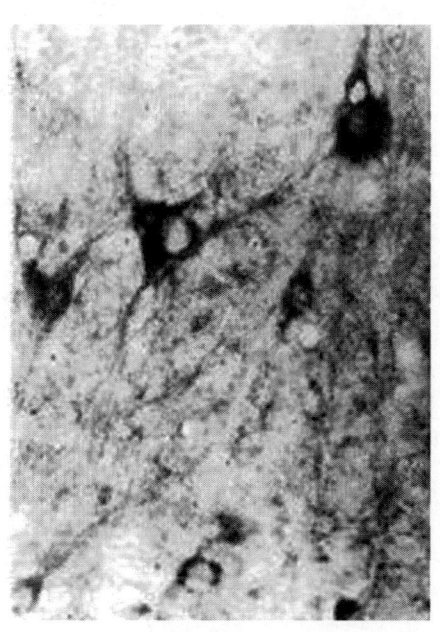

图 9-19 NGF-IR 在成年猴小脑深核的分布（400×）

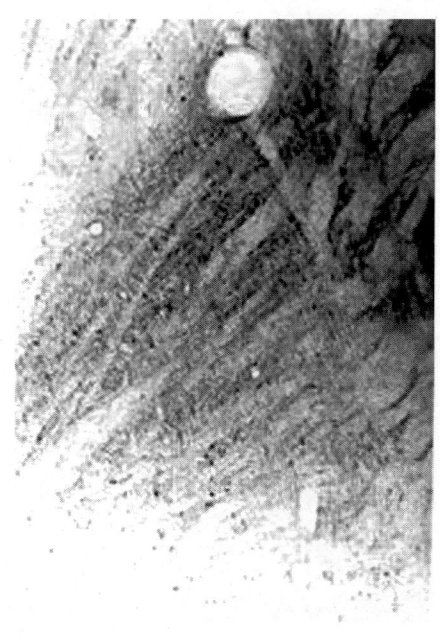

图 9-20 NGF-IR 在成年猴脑纹状体的分布（40×）

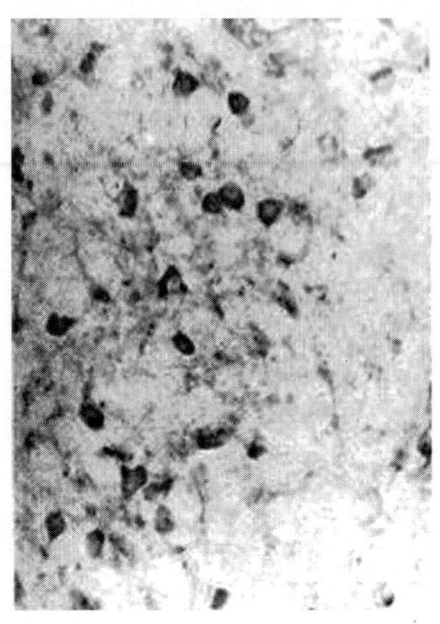

图 9-21　NGF-IR 在成年猴脑海马的分布（200×）

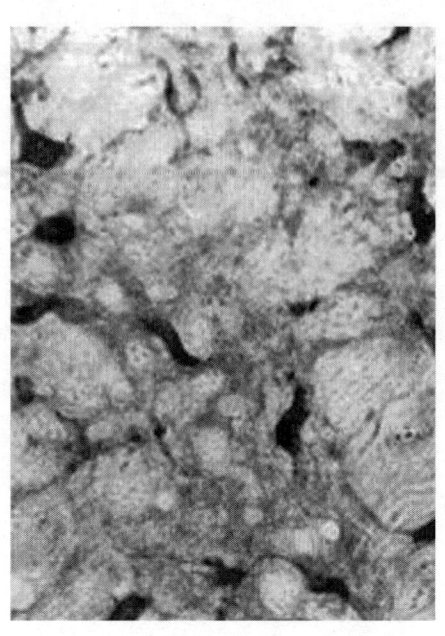

图 9-22　NGF-IR 在成年猴脑干网状结构的分布（200×）

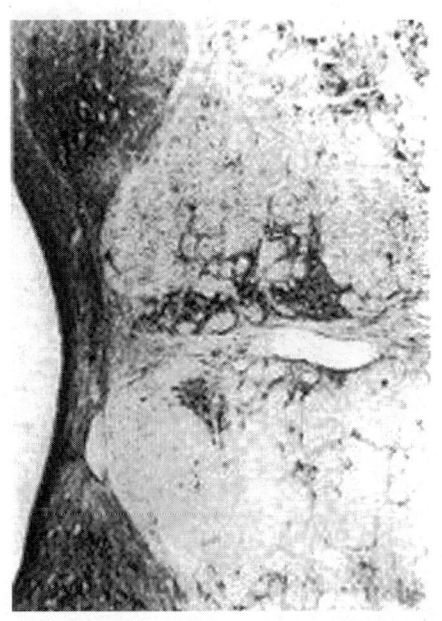

图 9-23　NGF-IR 在成年猴脑迷走神经背核的分布（40×）

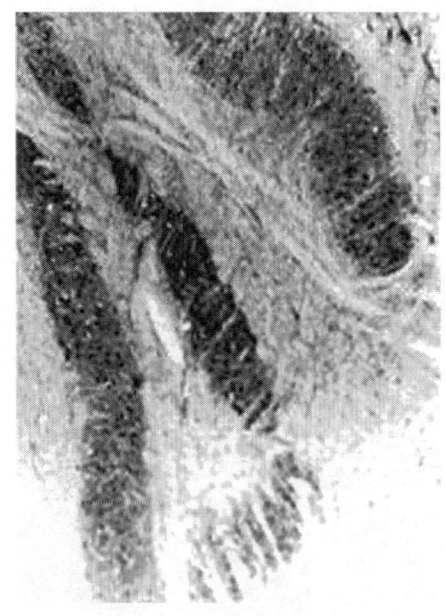

图 9-24　NGF-IR 在成年猴脑下橄榄核的分布（100×）

三、结果分析与体会

本实验用 SP 法显示了 BDNF、NT-4、NGF 在成年猴脑的分布,说明该技术能较好地显示生长因子在猴脑的分布。进行 SP 免疫组化需注意下列事项:

(1) 标本处理:取较大的动物脑组织,一定要进行灌注固定,否则难以达到理想的染色效果。

(2) 取材前一定要熟悉各神经核团的分布与结构,掌握不同取材部位的位置、切面及角度,否则在切片中难以分辨各神经核团甚至未切到所需的结构。

(3) 采用 SP 即用型试剂盒,操作更为简便、省时,但 SP 试剂盒应根据一抗为兔抗或鼠抗选择 SP 试剂盒的类型。SP 试剂盒中的各种试剂 4℃保存即可,不可冷冻。

(4) SP 法操作相对简单,也常在实验中采用,但敏感性不如 ABC 法。

(5) 对阳性反应的认识一定要有阴性对照片,只有在阴性对照片不染色的情况下,阳性切片染色才特异。组化染色中最需避免的是将非特异染色当成阳性,所以并排看到染色就是阳性。

(吴林艳　王廷华)

参 考 文 献

李朗,李力燕,王廷华,等.2003.神经生长因子(NGF)在成年猴脑的分布.神经解剖学杂志,19(1):81~84

李力燕,王廷华,杨正伟,等.2002.脑源性神经营养因子(BDNF)在成年猴脑的分布.神经解剖学杂志,18(1):67~70

李力燕,王廷华,杨正伟,等.2002.神经营养素-4 在成年猴脑的分布.解剖学杂志,25(1):25~29

第十章 用酶组化技术显示猫脊髓Ⅱ板层一氧化氮合酶的表达

一氧化氮(nitric oxide,NO)是一种新发现的非经典的神经递质和信息分子,其在神经系统的主要作用是参与突触的可塑性变化,与损伤、疼痛、脑缺血和神经毒等病理作用有关。已有研究表明,NO在神经系统的分布与一氧化氮合酶(nitric oxide synthase,NOS)的分布一致,且NO来源于NOS,而用NADPH-d酶组化法可显示出NOS的分布。故本文介绍用NADPH-d酶组织化学技术显示猫脊髓Ⅱ板层内NOS分布的方法。

一、材料和方法

健康成年雄性家猫5只,体重为2.5~3.5kg,用3.5%戊巴比妥钠腹腔注射麻醉(1.25ml/kg),4%多聚甲醛心内灌注固定2小时,取脊髓L_2节段后固定6小时,经20%蔗糖PBS(0.1mol/L)使组织块下沉,做20μm厚冰冻切片,PBS洗后入含1mmol/L β-NADPH(Sigma,TypeⅠ),12mmol/L硝基四唑氮蓝和0.3% TritonX-100的0.05mol/L PBS缓冲液(pH8.0),37℃下孵育90分钟,随后将切片移入0.01mol/L PBS液终止反应。PBS甘油封片,显微镜下观察。

二、结　果

NOS的阳性反应物主要分布在脊髓Ⅰ、Ⅱ板层的神经膨体,呈豆点状,Ⅱ板层还可见到个别NOS阳性反应神经元(见彩图6)。此外,在脊髓中间带,也可见NOS阳性神经元(见彩图7)。

三、结果分析与注意事项

(一) NOS在成年猫脊髓分布的意义

NO是一种新型神经递质,它作为一种信息分子,可通过增强或抑制作用参与突触的可塑性变化。既往研究已证实NO的生成部位与NOS的分布一致,且NO来源于NOS,故学者们常通过观察NOS的分布来确定NO的生成部位。本实验用NADPH-d酶组织化学方法成功地观察到成年猫L_2脊髓Ⅰ、Ⅱ板层及中间带有大量NOS强阳性反应的神经膨体和神经元,提示Ⅰ、Ⅱ板层及中间带内有NO存在。通过本实验成功显示了脊髓内NOS的分布。

(二) 经验总结

(1) 切片应新鲜,避免酶活性破坏。

（2）与酶底物一起孵育时,应控制好时间。若时间太短,阳性不能有效显示;太长则会造成背景显色太深。

（3）要根据待染色结构决定切片厚薄:若是显示大神经元内的物质,厚切片也没关系;若是显示细微结构成分,如神经膨体,则切片越薄越好。

（巴迎春　吴林艳）

参 考 文 献

徐振波,王廷华,王伟民. 2000. 切断 L_4 背根对脊髓Ⅱ板层一氧化氮合酶表达影响. 华西医科大学学报,31(4):471

Haley JE, Malen PL, Chapman PF. 1993. Nitric oxide synthase inhibitors block LTP induced by weak, but not strong, ettanic stimulation at physiological brain temperatures in rat hippocam palslices. Neurosci Lett, 160(1):85

Kuonen DR, Kemp MC, Reberts PJ. 1998. Dem onstration and biochem ical charatetization of brain NADPH dependent diaphorase. J Neurochem, 50(4):1017

Rettori V, Gimeno M, Lyson K et al. 1992. Nitric oxide mediates norepinephrme induced prostaglandin E2 release from the hypothalam us. Proc Natl Acad Sci USA, 89(23):11543

Schuman EM, Madson DU. 1994. Nitric oxide and synaptic function. Annu Rev Neurosci, 17:153~183

Snyder SH, Bredt DS. 1991. Nitric oxide as a neuronal messenger. TIPS, 12(4):125

Morretto M, Lopez FJ, Vilar AN. 1993. Nitric oxide regulates luteunizing horm one releasing horm one secretion. Endocrinology, 133(5):2399

第十一章 原位杂交组织化学技术检测猫背根节 BDNF 和 NT-3 的 mRNA 表达

在哺乳动物神经系统的发育过程中,一个基本的现象是在细胞增殖的同时伴有大量细胞的死亡。而发育至成体的细胞被认为是竞争到了靶区产生的有限量的神经营养因子(neurotrophic factor,NTF)。从 1951 年 Levi-Montacini 发现神经生长因子(nerve growth factor,NGF)至今,人们对 NTF 这一概念的认识已进一步深化。NTF 被定义为一类与神经元存活、分化和神经突起生长有关的小分子蛋白质。包括 NGF 家族成员即神经生长因子(nerve growth factor,NGF),脑源性神经营养因子(brain derived neurotrophic factor,BDNF),神经营养因子 3(neurotrophin-3,NT-3),神经营养因子 4、5、6、7[neurotrophin-4、5、6、7(NT-4、NT-5、NT-6、NT-7)],以及其他生长因子,如睫状神经营养因子(cilliary neurotrophic factor,CNTF)、胶质源性神经营养因子(glia derived neurotrophic factor,GDNF)等。其中 NGF、BDNF、NT-3 是 NGF 中认识比较深入的三个因子。

本文介绍用检测 BDNF mRNA、NT-3 mRNA 在成年猫成体背根节分布的原位杂交技术。

第一节 材料和方法

一、实验仪器、试剂及其配制

(一) 实验仪器

实验仪器包括超净工作台,37℃恒温箱,恒温水浴箱,恒冷切片机,低温冰箱,显微镜,摇床,DU-600 紫外分光光度仪,电泳仪,电泳槽,THW-500 型真彩色图像分析系统,200μl、20μl 可调微量加样枪,HB-EDT-Ⅱ型袖珍穴位诊治仪。

(二) 试剂

试剂包括地高辛标记和检测试剂盒、多聚甲醛、聚蔗糖、琼脂糖、硫酸葡聚糖、聚乙烯吡咯烷酮、乙酸酐、三乙醇胺、二乙基焦碳酸酯(DEPC)、二硫苏糖醇(DTT)、牛血清白蛋白(BSA)、蛋白酶 K、GIBCO-BRL、鲑鱼精 DNA、Triton X-100、酵母浸出粉、精解蛋白胨、硝基四氮唑蓝(NBT)、5-溴-4-氯二吲哚磷酸盐(BCIP)、DNA Marker、*Eco*R Ⅰ、去离子甲酰胺、GIBCO-BRI、BDNF cDNA 质粒、NT-3 cDNA 质粒。

(三) 主要试剂的配制

1. 1mol/L Tris-HCl pH7.5:60.5g Tris(三羟甲基氨基甲烷)溶于 400ml 双蒸水,加浓盐酸 37.5ml,调节 pH 至 7.5,最后将总体积补足至 500ml。pH8.0、pH9.0:配制方法同上,用

浓盐酸调 pH 至 8.0 和 9.0,最后将总体积补足至 500ml。

2. 0.2mol/L PBS(pH7.2) 51.6g $Na_2HPO_4·12H_2O$、8.7g $NaH_2PO_4·2H_2O$ 溶于双蒸水中,调节体积至 1L,高压灭菌。

3. 0.1mol/L PBS(pH7.2) 25.8g $Na_2HPO_4·12H_2O$、4.4g $NaH_2PO_4·2H_2O$、9g NaCl 溶于双蒸水中,调节体积至 1L,高压灭菌。

4. 75mmol/L $CaCl_2$(氯化钙) 无水氯化钙 0.833g 溶于 100ml 双蒸水,调节 pH 为 6.0,高压灭菌,4℃冰箱备用。

5. 3mol/L 乙酸钠(NaAc)**pH5.2** NaAc 408.1g 溶于 800ml 双蒸水,用冰乙酸调 pH 至 5.2,最后将体积补至 1000ml。

6. 0.5mol/L EDTA(乙二胺四乙酸二钠) EDTA 186.1g 加入 800ml 双蒸水,加热至 60℃,再加 20g NaOH,溶解后冷却至室温,用 10mol/L NaOH 调至 pH8.0,加双蒸水至 1000ml,高压灭菌。

7. 1mol/L $MgCl_2$(氯化镁) 292.2g $MgCl_2·6H_2O$,加双蒸水至 100ml,高压灭菌后备用。

8. 10% SDS(十二烷基磺酸钠) 取 10g SDS 溶于 90ml 双蒸水,加热至 68℃促进溶解,加数滴浓盐酸调 pH 至 7.0,冷却后加双蒸水至 100ml。

9. 20×SSC 175.3g NaCl,88.2g 枸橼酸钠,溶于 800ml 双蒸水中,调 pH 至 7.0,加水至 1L,分装高压灭菌。

10. 4% 多聚甲醛溶液 80g 多聚甲醛溶于 800ml 水中,加热至 60℃,加入 2ml 10mol/L NaOH,调体积至 1L,过滤,再加等体积 0.2mol/L PB。

11. 10mg/ml 蛋白酶 K 1ml 100mg/ml 蛋白酶 K 溶于 10ml 双蒸水,分成小份,-20℃保存。

12. LB 培养基 精解蛋白胨 10g、酵母浸出粉 5g、NaCl 10g、葡萄糖 2g 溶于 800ml 蒸馏水中,用 NaOH 调 pH 至 7.4,加水至 1000ml,高压灭菌。

13. 0.3% TritonX-100/PBS 30.8g $Na_2HPO_4·12H_2O$、2.8g $NaH_2PO_4·2H_2O$、9g NaCl 溶于 800ml 水中,加 3ml 100% TritonX-100,将体积调至 1L,高压灭菌。

14. 0.1mol/L 甘氨酸/PBS 7.5g 甘氨酸、25.8g $Na_2HPO_4·12H_2O$、4.4g$NaH_2PO_4·2H_2O$、9g NaCl 溶于 800ml 水中,加 3ml 100% Triton X-100 将体积调至 1L,高压灭菌。

15. 0.25% 乙酸酐/0.1mol/L 三乙醇胺 0.25ml 乙酸酐、1.333ml 三乙醇胺,双蒸水调体积至 100ml。

16. DAB 显色液(临用新配) 取 DAB 5mg,加 10ml 0.05mol/L Tris-HCl(pH7.6),搅拌均匀,中性滤纸过滤,加 H_2O_2 至终浓度为 0.01%,摇匀即可。

17. TE(Tris-HCl-EDTA 缓冲液,pH7.5)

工作浓度	储存液	用量
10mmol/L Tris-HCl(pH7.5)	1mol/L Tris-HCl	10ml
1mmol/L EDTA(pH8.0)	0.5mol/L EDTA	2ml
蒸馏水		988ml
总量		1000ml

18. 20×TAE(Tris-HCl-冰乙酸-EDTA 电泳缓冲液,1000ml)

储存液	用量	终浓度
1mol/L Tris-HCl 溶液 pH8.0	800ml	0.8mol/L
冰乙酸	22.84ml	2.28ml%
0.5mol/L EDTA 溶液 pH8.0	40ml	20mmol/L
双蒸水	137.16ml	

高压灭菌后室温保存。

19. 溶液 I(1000ml)

储存液	用量	终浓度
1mol/L 葡萄糖溶液	50ml	50mmol/L
1mol/L Tris-HCl 溶液 pH 8.0	25ml	25mmol/L
0.5mol/L EDTA 溶液 pH8.0	20ml	10mmol/L

加双蒸水至1000ml,高压灭菌,4℃保存。

20. 溶液 II(100ml)

储存液	用量	终浓度
5mol/L NaOH 溶液	4ml	0.2mol/L
10% SDS 溶液	10ml	1%

加双蒸水至1000ml(临用前新配)。

21. 溶液 III(100ml)

储存液	用量	终浓度
5mol/L 乙酸钾	60ml	3mol/L
冰乙酸	11.51ml	
双蒸水	28.5ml	

分为小份高压灭菌。

22. 40×Denhart 溶液

聚蔗糖	0.4g
聚乙烯吡咯烷酮	0.4g
BSA	0.4g
H_2O	40ml

过滤灭菌,分装成小份,-20℃储存。

23. 杂交缓冲液

工作浓度	储存浓度	储存液用量
50% 甲酰胺溶液	100% 甲酰胺溶液	5ml
10% 硫酸葡聚糖溶液	50% 硫酸葡聚糖溶液	2ml
1×Denhart	40×Denhart	50μl
10mol/L Tris-HCl 溶液 pH8.0	1mol/L Tris-HCl 溶液	0.1ml
0.3mol/L NaCl 溶液	5mol/L NaCl 溶液	0.6ml
1mol/L EDTA	0.5mol/L EDTA	0.02ml

0.25mg/ml 变性鲑鱼精 DNA	20mg/ml	0.125ml
10mmol/L DTT	100mmol/L DTT	1.0ml
	双蒸水	1.155ml
	总量	10ml

24. **TSM_1**(Tris-HCl-NaCl-$MgCl_2$)　100ml

Tris-HCl（pH8.0）	10ml
NaCl(5mol/L)	2ml
MgCl(1mol/L)	1ml
双蒸水	87ml

25. **TSM_2**(Tris-HCl-NaCl-$MgCl_2$)　100ml

Tris-HCl（pH9.5）	10ml
NaCl（5mol/L）	2ml
$MgCl_2$（1mol/L）	5ml
双蒸水	83ml

26. **NBT**(硝基四氮唑蓝)和**BCIP**(5-溴-4-氯二吲哚磷酸盐)**显色液**(临用新配)

储存液	用量	终浓度
50mg/ml NBT	80μl	400μg/ml
50mg/ml BCIP	40μl	200μg/ml
TSM_2	9.88ml	

二、实 验 方 法

（一）目的基因 cDNA 的检测

1. 转化菌液的准备

（1）琼脂平板的制备：取一培养皿，高压消毒后平放于超净工作台，将已消毒的 LB 培养基（培养基内不加氨苄西林）加入皿内铺成平板。盖上培养皿盖，静置于工作台上待其凝固，封口膜封皿后置4℃备用。

（2）JM109 单菌落的制备：于工作台上打开培养皿，取保存于-20℃ 的 JM109 菌液 50μl （用20%~30% 甘油保存）划板，待液体吸收后，翻转培养皿，37℃过夜，待单菌落长出。取长出的单个新鲜菌落接种于2ml LB 培养基中，37℃、180r/min 振摇过夜（12 小时）以获得较多的 JM109 菌液。

2. 感受态细胞的制备

（1）取过夜的菌液 0.5ml 加入 100ml LB 培养基中，37℃振荡4~6小时，使细菌大量增殖，刚达对数生长期（标准是液体刚变混浊时再摇 10 分钟左右即可）。

（2）将细菌倒入离心管中，离心沉淀（3000r/min、10 分钟）菌液中的菌体（此时细菌沉淀呈紧团状）获取细菌沉淀。

（3）用灭菌的 50mmol/L $CaCl_2$（50~100mmol/L 均可），20ml 悬浮菌液（用 $CaCl_2$ 的目

的是使细胞膜通透性升高,有利于质粒进入)。

(4) 冰浴10分钟(可省),4℃、3000r/min离心10分钟,弃上清液,收集细菌(此时细菌经 $CaCl_2$ 处理后,细菌沉淀已较为松散)。

(5) 用预冷灭菌的 50mmol/L $CaCl_2$ 1.5ml 再悬浮菌液,按 0.2ml/份分装于无菌的 1.5ml Eppendorf 管中,0℃放置12小时。至此,所获得的JM109细菌为感受态细菌。

3. 质粒的转化

(1) 取两份感受态细菌分别与BDNF、NT-3 Bluscript质粒各 $2\mu l$ 混匀,冰浴30分钟。间歇振荡3次。

(2) 热休克:取上述样品置于42℃水浴热休克90秒(目的是使细菌菌膜通透性关闭,此时细菌内已包含质粒)。然后置37℃水浴5分钟(可省)。

(3) 复苏:每管加1ml LB培养基,37℃水浴15分钟后,于37℃摇床上轻轻摇动45分钟使细菌复苏[若细菌少,可离心(5000r/min,2~3分钟)使菌体沉底,弃LB培养基(目的是缩小体积)。但其内仍有极少液体,混匀底层菌液后用于接种]。

(4) 接种:各取 $50\mu l$ 已转化的含质粒的JM109菌液接种于含20mmol/L $MgSO_4$ 和氨苄西林($50\mu g/ml$)的LB琼脂培养板上。用"Z"字形划线逐渐稀释摊匀后,加盖,将其平放于37℃恒温箱内,待液体全部吸收后(约20分钟),倒置平板于37℃培养12~16小时,待含质粒的菌落长出。

4. 质粒DNA的小量扩增 分别用接种环挑取中等大小、透亮的转化菌单菌落,接种于12ml含氨苄西林($100\mu g/ml$)的LB培养基中,37℃、200r/min振摇过夜,使含质粒的细菌大量繁殖。

5. 质粒的抽提

(1) 分别取上述已大量扩增的质粒菌液各1.5ml,4℃、10 000r/min离心30秒钟,弃上清液,并尽可能地干燥细菌沉淀。将细菌沉淀重悬于 $100\mu l$ 用冰预冷的溶液 I 中,剧烈振荡使细菌充分混匀。

(2) 剧烈振摇使菌膜破裂,细菌及质粒DNA释放,冰浴静置5分钟。

(3) 加 $200\mu l$ 新配制的溶液 II,轻轻呈"8"字形摇动或颠倒离心管5次,使内容物充分混匀,以利细菌和质粒DNA均在碱性条件下变性(此步不能振摇,否则会打断DNA)。冰浴静置5分钟。

(4) 加 $150\mu l$ 预冷的溶液 III,轻轻振摇10秒钟,使溶液 III 在黏稠的细菌裂解物中分散混匀。冰浴静置5分钟,4℃、12 000r/min离心10分钟,沉淀细菌DNA[溶液 III 含乙酸钾和乙酸,可中和溶液 II(含NaOH),使溶液变成中性,此时质粒DNA复性(大多为环状,少部分为线状),而细菌DNA则不能复性,故离心后,细菌DNA即被除去]。

(5) 取上清液入另一灭菌离心管中,加入等体积的饱和酚,充分混匀,4℃、12 000r/min离心5分钟,以沉淀变性的蛋白质。取上清液入另一离心管。

(6) 加等体积酚:氯仿(1:1)混合液,充分混匀,12 000r/min离心10分钟,使蛋白质沉淀。

(7) 小心吸出上层水相,于水相中加等体积氯仿,同上离心后取上清液入另一离心管。

(8) 加1/10体积的3mol/L乙酸钠,两倍体积预冷(-20℃)的无水乙醇,充分混匀(来回颠倒),-20℃静置1~2小时。

(9) 4℃、12 000r/min 离心10分钟,沉淀质粒双链DNA,弃上清液。将离心管倒置于消毒滤纸上吸净液体,并用消毒滤纸条将附于管壁上的乙醇吸净。

(10) 用1ml 70%乙醇溶液4℃洗涤双链DNA沉淀,并按(9)的方法清除残留乙醇。

(11) 空气干燥沉淀10分钟,至无乙醇气味。用灭菌TE缓冲液(含20μg/ml 无DNA酶的RNA酶)50μl溶解沉淀。将两种质粒DNA分别移入灭菌的Eppendorf管中,-20℃保存备用。

6. 质粒DNA的酶切　根据BDNF,NT-3质粒DNA的物理图谱(图11-1和图11-2)分别用相应的限制性内切酶进行单酶切和双酶切后琼脂糖凝胶电泳检测。

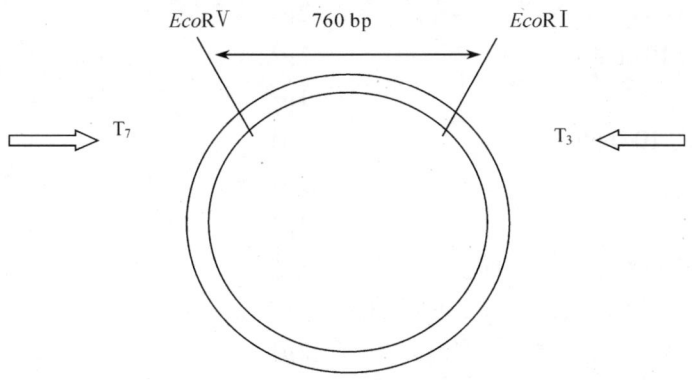

图11-1　BDNF重组质粒的物理图谱

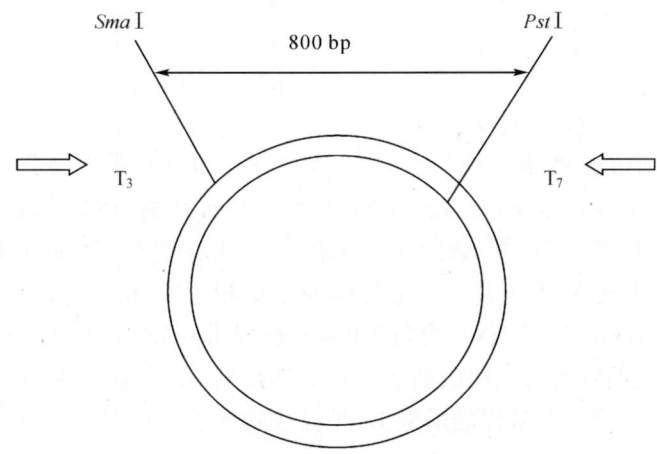

图11-2　NT-3重组质粒的物理图谱

(1) EcoRⅠ消化BDNF Bluscript SK-DNA

　　质粒DNA　　　　　　　　　　　2μl
　　EcoRⅠ的10×buffer　　　　　　1μl
　　EcoRⅠ　　　　　　　　　　　　1μl

双蒸水　　　　　　　　　　　　　　6μl
　　10μl 体积 37℃水浴 2 小时。
　（2）*Pst* I 消化 NT-3 Bluscript SK-DNA
　　质粒 DNA　　　　　　　　　　　　2μl
　　Pst I 的 10×buffer　　　　　　　2μl
　　Pst I　　　　　　　　　　　　　　1μl
　　双蒸水　　　　　　　　　　　　　　5μl
　　10μl 体积 37℃水浴 2 小时。
　（3）*Eco*R I，*Eco*R V 联合消化 BDNF Bluscript SK-DNA
　　质粒 DNA　　　　　　　　　　　　2μl
　　*Eco*R I 的 10×buffer　　　　　　1μl
　　*Eco*R I　　　　　　　　　　　　　1μl
　　*Eco*R V 的 10×buffer　　　　　　1μl
　　*Eco*R V　　　　　　　　　　　　　1μl
　　双蒸水　　　　　　　　　　　　　　4μl
　　10μl 体积 37℃水浴 2 小时。
　（4）*Sma* I，*Pst* I 联合消化 NT-3 Bluscript SK-DNA
　　质粒 DNA　　　　　　　　　　　　2μl
　　Sma I 的 10×buffer　　　　　　 2μl
　　Sma I　　　　　　　　　　　　　 1μl
　　Pst I 的 10×buffer　　　　　　　2μl
　　Pst I　　　　　　　　　　　　　　1μl
　　双蒸水　　　　　　　　　　　　　　2μl
　　10μl 体积 37℃水浴 2 小时。

7. 质粒 DNA 的电泳检测　　取以上反应液点样于 0.9% 琼脂糖凝胶进行电泳，并用 *Hind* III/*Eco*R I marker 和 1kb 的 β-actin DNA 做对照估计被测 DNA 片段的长度。

　　结果显示：单酶切者分别见一条约 3.7kb 和 3.75kb 的亮带（Lane 5：BDNF 者；Lane10：NT-3 者）。双酶切者可见两个片段，分别约为 2.96kb，760bp（lane11）；2.96kb，800bp（Lane13）。由于 Bluscript 质粒 DNA 约为 2.96kb，被提供的 BDNF 和 NT-3 DNA 片段长约为 760bp、800bp，因而说明双酶切获得的两个片段分别是外源性 BDNF 和 NT-3 的 cDNA 片段。以上情况说明含 BDNF、NT-3 基因的质粒 DNA 已成功地被转化至大肠杆菌 JM109 内。

（二）含目的基因的质粒 DNA 的大量制备

1. 质粒 DNA 的大量提取

　（1）分别取上述已鉴定的含 BDNF 和 NT-3 质粒的 JM109 菌种液 0.5ml 加入含 200ml LB 培养液（含氨苄西林 50μg/ml）的 500ml 烧瓶内，37℃、300r/min 振摇过夜。

　（2）将培养好的菌液分装于四个 50ml 的离心管内，4℃、4000r/min 离心 15 分钟。弃上清液，将离心管倒置于无菌滤纸上，使上清液尽量流尽。

(3) 每管细菌沉淀中加溶液 I 3ml(溶液 I 配制同前),剧烈振摇使细菌沉淀充分溶解。

(4) 每管加新配置的溶液 II 6ml(溶液 II 的配置同前),将离心管缓慢地上下颠倒 5~8 次,以充分混匀内容物,置冰浴上 5 分钟。

(5) 每管加溶液 III 4.5ml(溶液 III 的配置同前)。将离心管快速颠倒,摇动 5~8 次,以充分混匀内容物,置冰浴 10 分钟。

(6) 于 4℃、8000r/min 离心 10 分钟,将上清液转移至另一离心管内,加无 DNA 酶的 RNA 酶 15μl,37℃水浴 2 小时。

(7) 加入等量的酚:氯仿(1:1)混合液,振荡混匀,4℃、8000r/min 离心 10 分钟,将上清液转移至另一离心管内。

(8) 每管加入等量饱和酚,振荡混匀,4℃、8000r/min 离心 10 分钟,将上清液转移至另一离心管内。

(9) 每管加入等量氯仿,振荡混匀,4℃、8000r/min 离心 10 分钟,将上清液转移至另一离心管内。

(10) 每管加两倍体积预冷的无水乙醇,置 -20℃ 冰箱过夜,以充分沉淀质粒 DNA。4℃、8000r/min 离心 10 分钟,弃上清液,用无菌滤纸条吸净管壁上残留的乙醇。70%乙醇溶液再洗涤,4℃ 8000r/min 离心 5 分钟,弃上清液,同上吸净管壁上残留的乙醇,将离心管倒置于无菌滤纸上,在空气中干燥 10 分钟,每管加 TE 0.5ml 溶解质粒 DNA,储存于 -20℃ 备用。

2. 质粒 DNA 线性模板的制备及进一步纯化

(1) 将上述大量制备的质粒 DNA,各取 20μl 测 OD_{260} 值,以计算 DNA 含量(DNA 含量 = OD_{260}×40×稀释倍数×样品量)。

(2) 将上述已大量制备的含 PR BDNF,PR NT-3 并测定了 OD_{260} 值的质粒 DNA 各 250μl,分别加 EcoR I,Pst I 500μl 及对应的酶消化缓冲液 50μl,37℃水浴消化 4 小时。

(3) 取已消化的两种质粒 DNA 各 5μl,在 5V/cm 电压下电泳,约 1 小时在紫外灯下观察,如果只有一条带,说明酶切完全,可以终止酶切反应;如不止一条带,说明酶切不完全,需延长酶切时间。必要时再加适量的内切酶。1~2 小时后进行同样电泳分析直至酶切完全为止。而后加入 2μl,EDTA 终止酶切反应,-20℃保存。

(4) 取已线性化的质粒 DNA 加入等体积饱和酚:氯仿(1:1)各 50μl,混匀后静置数分钟,4℃、12 000r/min 离心 10 分钟,将上清液移至另一 Eppendorf 管中。

(5) 加入等体积氯仿,摇匀后,同上离心,再取上清液移入另一新的 Eppendorf 管中。

(6) 加 1/10 体积的 3mol/L NaAc(pH5.2)和两倍体积预冷的无水乙醇,混匀后置 -20℃冰箱过夜。

(7) 4℃、12 000r/min 离心 20 分钟,弃上清液。

(8) 真空干燥核酸沉淀物。

(9) 20μl TE 溶解沉淀。

(10) 电泳检测后用于 cRNA 探针的制备。

(三) 目的基因 BDNF、NT-3 cRNA 探针的合成(使用地高辛 cRNA 探针标记药盒标记)

1. BDNF cRNA 探针的制备按以下程序分别加入

10×转录缓冲液	2μl
100mmol/L DTT	1μl
RNasin	1μl
NTP	2μl
乙酰化 BSA(1μg/ml)	2μl
线性化 BDNF cDNA 模板	3μl
T_7 聚合酶	2μl
DEPC 处理的双蒸水	7μl

37℃水浴过夜。

2. NT-3 cRNA 探针的制备(在本室合成) 基本同 BDNF 者,区别在于 NT-3 cDNA 线性模板为 8μl,双蒸水为 2μl,所用聚合酶为 T_3 聚合酶。其余步骤同上。

(四) 样本的获取及原位杂交染色

1. 实验样本的获取

(1) 取材:5 只成年健康雄猫(体重 3~3.5kg),用 3.5% 戊巴比妥钠溶液(1.3ml/kg)腹腔内注射麻醉后,仰卧固定,暴露胸腔,快速心内插管,500ml 生理盐水冲洗 5 分钟,4% 多聚甲醛溶液心内灌注固定 2 小时,取 L_6 DRG 后固定 12 小时,入 20% 蔗糖 PBS 过夜使组织块下沉。

(2) 恒冷箱切片:组织块在-40℃正戊烷中速冻,恒冷箱冰冻切片机(美国 AO)连续切片,片厚 20μm,分别用 BDNF、NT-3 的 cRNA 探针行原位杂交单标染色。

2. BDNF mRNA、NT-3 mRNA 的原位杂交染色(按下列程序进行)

(1) 0.1mol/L PBS 漂洗 5 分钟×2 次。

(2) 0.1mol/L 甘氨酸/PBS 漂洗 5 分钟。

(3) 0.3% TritonX-100 溶液/PBS 孵育 30 分钟。

(4) 蛋白酶 K(4μg/ml)37℃孵育 30 分钟。

(5) 4% 多聚甲醛溶液后固定 5 分钟。

(6) 0.1mol/L PBS 漂洗 5 分钟×2 次。

(7) 1.33% 三乙醇胺和 0.25% 乙酸酐的 PBS 10 分钟。

(8) 2×SSC 洗 10 分钟。

(9) 分别入含 BDNF cRNA(1∶100)及 NT-3 cRNA(1∶100)探针的杂交液 45℃保温 20 小时。

(10) 4×SSC 洗 15 分钟。

(11) 2×SSC(含 RNase A 20μg/ml)37℃洗 30 分钟。

(12) 1×SSC 洗 10 分钟。

(13) 0.5×SSC 洗 10 分钟。

(14) 0.05mol/L PBS 漂洗 10 分钟×2 次。

(15) 入含碱性磷酸酶标记的羊抗地高辛抗体（1∶1000）反应液（含 1% BSA,0.3% TritonX-100 的 0.05mol/L PBS 配）37℃ 2 小时,4℃过夜。

(16) 0.05mol/L PBS 漂洗 10 分钟×3 次。

(17) TSM1、TSM2 各漂洗 10 分钟×3 次。

(18) 硝基四氮唑蓝/5-溴-4-氯-2 吲哚磷酸盐,即 NBT/BCIP（400μg/ml NBT 或 200μg/ml BCIP,TMS2 配制）显色 5 小时。

(19) PBS 终止反应后,裱片、脱水、树脂封片。

（五）对照实验

1. RNase 预处理 在杂交前,将切片用含 20μg/ml RNase A 37℃处理 30 分钟。其余步骤不变。

2. 阴性对照 在杂交液中用无 RNA 酶的双蒸水代替核酸探针,其余步骤不变。

3. 竞争性吸收实验 在杂交液内加入比标记探针浓度高 100 倍的未标记探针,其余步骤不变。

（六）结果观察

观察 BDNF 和 NT-3 的 mRNA 在 L_6 DRG 原位杂交阳性产物分布的概况。

第二节 结 果

一、BDNF mRNA 杂交信号在 DRG 的分布

在 DRG,可见 BDNF mRNA 的阳性细胞。这些细胞包括部分胞体偏小和少数胞体偏大的神经元,部分卫星细胞和少数施万细胞。阳性反应物的亚细胞定位于细胞质（见彩图 8）。

二、NT-3 mRNA 杂交信号在 DRG 的分布

NT-3 mRNA 的阳性反应物主要出现在大多数胞体偏大和少数胞体偏小的神经元内。部分卫星细胞和一些施万细胞及少数神经纤维亦有染色（见彩图 9）。

三、对 照 实 验

对照实验结果为阴性。

第三节 结果分析与经验体会

一、结果分析

本实验发现,在一些中小神经元观察到 BDNF 和 NT-3 的 mRNA 的杂交信号,提示这些中小神经元含有这两种因子的 mRNA。说明用本实验方法能成功检测出猫 DRG 内 BDNF 与 NT-3 的 mRNA。从而为今后应用该技术检测组织、细胞内 mRNA 的分布奠定了基础。

二、经验体会与注意事项

(1) 标本处理:最好灌注固定,灌注液中加 1‰DEPC 以抑制 RNA 酶。若组织块未灌注固定,应保存在至少 -80℃ 的低温冰箱中。此外,取材、保存时均应防 RNA 酶污染。

(2) 杂交前所需液体均需做无 RNA 酶处理。

(3) 蛋白酶 K 浓度及消化时间对结果有明显影响,应特别注意,若蛋白酶 K 消化不充分,则不足以暴露核酸,而在使用贴片染色法时,若过度消化又易致切片脱落和导致假阴性结果。实验中应根据情况摸索决定。

(4) 原位杂交的分子探针有两种:一种是 cRNA 探针,这种探针常以插入质粒 DNA 片段为模板转录获得,制备复杂,但特异性好,问题是若探针长度太长,则不利于进入细胞,所以对探针长度有一定限制。一般几百碱基对(bp)即可,500bp 以下为好,超过 1kb 就不太好。另一种是寡核苷酸探针,较短,与 cRNA 探针相比,其优点是易进入细胞,但易引起非特异性反应。

(邹晓莉)

参 考 文 献

刘彦仿,王伯沄.1990.免疫组织化学.北京:人民卫生出版社

温进坤,韩梅.2002.医学分子生物学理论与研究技术.第2版.北京:科学出版社

第十二章 组织化学双标技术

第一节 脊髓Ⅱ板层 NOS、BDNF 样神经膨体的免疫组化与酶组化双标技术

脊髓Ⅱ板层内的神经膨体大多是来源于背根节(dorsal root ganglion,DRG)中枢终末的膨大部分。既往研究证实,Ⅱ板层内的神经膨体含有丰富的 NOS 和 BDNF,但是脊髓Ⅱ板层神经膨体内是否同时含有 NOS 和 BDNF 却并不清楚。

本实验介绍用免疫组化与酶组化双标染色法显示脊髓Ⅱ板层 NOS 和 BDNF 阳性神经膨体的方法。

一、材料和方法

(一) 标本获取

成年健康雄猫(体重 2.5~3.5kg)5 只,用 3.5% 戊巴比妥钠溶液腹腔内注射麻醉(1.5ml/kg),4% 多聚甲醛溶液心内灌注固定 2 小时。取脊髓后固定,入 20% 蔗糖 PBS 过夜使组织块下沉。做 20μm 厚冰冻切片。

(二) 组织化学双标染色

1. 酶组化染色 将冰冻切片用 PBS 洗后入含 1mol/L β-NADPH(Sigma Type Ⅰ),12mmol/L 硝基四唑氮蓝(NBT)和 0.3% TritonX-100 的 0.05 mol/L PBS 缓冲液(pH8.0)中,37℃孵育 90 分钟。随后将切片移入 0.01mol/L PBS 液终止反应,继之用兔抗 BDNF 多克隆抗体(1:500)(Santa Cruz)行常规 ABC 组织化学染色。

2. 免疫组化染色程序

(1) 0.05mol/L PBS 漂洗　　　　　　　　　　15 分钟×3 次
(2) 15% H_2O_2 溶液/0.05mol/L PBS　　　　室温、30 分钟
(3) 0.05mol/L PBS 漂洗　　　　　　　　　　15 分钟×3 次
(4) 5% 羊血清(Triton PBS 配)　　　　　　　37℃、0.5 小时
(5) BDNF 抗体(1:500)　　　　　　　　　　4℃、48 小时
(6) 0.05mol/L PBS 漂洗　　　　　　　　　　15 分钟×3 次
(7) 羊抗兔 IgG(1:200,Triton PBS 配)　　　37℃、1.5 小时
(8) 0.05mol/L PBS 漂洗　　　　　　　　　　15 分钟×3 次

(9) AB 复合物(1：100,Triton PBS 配)　　　　37℃、1.5 小时
(10) 0.05mol/L PBS 漂洗　　　　　　　　　　15 分钟×3 次
(11) 0.05mol/L Tris-HCl　　　　　　　　　　37℃、15 分钟
(12) DAB 显色　　　　　　　　　　　　　　　10 分钟
(13) 0.05mol/L PBS 漂洗　　　　　　　　　　15 分钟×3 次
(14) 裱片：室温晾干。
(15) 梯度乙醇溶液脱水：70%→80%→90%→95%→100%Ⅰ→100%Ⅱ，每次 10 分钟。
(16) 透明：二甲苯Ⅰ→二甲苯Ⅱ，每次 30 分钟。
(17) 树胶封片。

3. 结果观察　在 Olympus 显微镜下观察阳性染色部位及双标染色情况。

二、结　果

在 NOS 与 BDNF 双标切片上，脊髓Ⅱ板层内分别观察到大量呈蓝色反应的 NOS 阳性和（或）呈棕色反应的 BDNF 阳性神经膨体，但大多为单标染色，双标染色者少。

三、结果分析与讨论

免疫组织化学结合酶组织化学技术可同时显示组织内某些抗原和酶的共存现象。本实验成功显示了 NOS 和 BDNF 在脊髓Ⅱ板层的分布。

结果发现，脊髓Ⅱ板层含有 NOS、BDNF 的阳性神经膨体，但每个神经膨体并非同时含有 NOS 和 BDNF。这间接表明，大多数 DRG 小细胞并非同时存在 NOS 和 BDNF。据此推测，NOS、BDNF 阳性神经膨体可能分别来源于不同的 DRG 小细胞，或者说，不同的神经膨体在功能上可能对应于特定的 DRG 小细胞类型。

注意事项：实验中应注意，先行酶组织化学染色时不可太深，否则棕色反应难以染色。

经验体会：一般免疫组织化学和酶组织化学双染不太多见，但在显示神经元和膨体关系时，该方法有一定优势。例如脊髓Ⅱ板层有神经元，从后根来源的膨体到达Ⅱ板层。若想了解神经元内 BDNF 和膨体内 NOS 的关系，本方法就是可行的。利用免疫组织化学和酶组织化学结合，为研究一些不同结构内不同分子间的关系提供了可能。但在该方法中，要注意酶组化和免疫组化显色成分的均一和平衡，使两者能清晰可见为佳。

第二节　免疫组织化学和原位杂交双标技术检测猫背根节 BDNF、NT-3 及其 mRNA 的表达

应用免疫组织化学技术，通过抗原、抗体反应可观察抗原在细胞中的分布，但仅仅在免疫组织化学水平常常不能确定抗原的合成部位，为此科学家们发展了免疫组织化学与原位杂交双标技术，即在检测抗原分布的同时，检测抗原 mRNA 的分布。若一个细胞内同时存

在某物质的 mRNA 和蛋白质,则提示该细胞可合成该蛋白质。本节介绍用免疫组化与原位杂交双标技术显示猫 DRG 内 BDNF、NT-3 及其 mRNA 的方法。

实验仪器、试剂及其配制分别参见本书与免疫组化、原位杂交有关的章节。

一、材料和方法

1. 实验样本的获取 5 只成年健康雄猫(体重 3~3.5kg),用 3.5% 戊巴比妥钠(1.3ml/kg)腹膜腔内注射麻醉后,仰卧固定,暴露胸腔,快速心内插管,用 500ml 生理盐水冲洗 5 分钟,4% 多聚甲醛溶液心内灌注固定 2 小时,取 L_6 DRG 后固定 12 小时,入 20% 蔗糖 PBS 过夜使组织块下沉。组织块在 -40℃ 正戊烷中速冻,做 20μm 厚的冰冻切片。切片用 PBS 漂洗后,用 BDNF、NT-3 抗体及其 cRNA 探针行免疫组织化学与原位杂交双标染色。

2. 免疫组化及原位杂交双标染色步骤

(1) 0.1mol/L PBS 漂洗 5 分钟×2 次。

(2) 0.1mol/L 甘氨酸/PBS 漂洗 5 分钟。

(3) 0.3% TritonX-100 溶液/PBS 37℃ 孵育 30 分钟。

(4) 蛋白酶 K(4μg/ml) 37℃ 孵育 30 分钟。

(5) 4% 多聚甲醛溶液后固定 5 分钟。

(6) 0.1mol/L PBS 漂洗 5 分钟 ×2 次。

(7) 含 1.33% 三乙醇胺和 0.25% 乙酸酐的 PBS 室温孵育 10 分钟。

(8) 2×SSC 漂洗 10 分钟。

(9) 分别入含 BDNF cRNA(1∶100)或 NT-3 cRNA(1∶100)探针的杂交液,45℃ 保温 20 小时。

(10) 4×SSC 漂洗 15 分钟。

(11) 2×SSC(含 RNase A 20μg/ml) 37℃ 漂洗 30 分钟。

(12) 1×SSC 漂洗 10 分钟。

(13) 0.5×SSC 漂洗 10 分钟。

(14) 0.05mol/L PBS 漂洗 10 分钟×2 次。

(15) 入含碱性磷酸酶标记的羊抗地高辛抗体(1∶1000)和兔抗 NT-3 或 BDNF 一抗(1∶1500/1∶500)的反应混合液(用含 1% BSA,0.3% TritonX-100 的 0.05mol/L PBS 配制)37℃ 2 小时,4℃ 过夜。

(16) 0.05mol/L PBS 漂洗 10 分钟×3 次。

(17) 羊抗兔 IgG(1∶200,Triton PBS 配制)37℃ 孵育 1.5 小时。

(18) 0.05mol/L PBS 漂洗 15 分钟 ×3 次。

(19) AB 复合物(1∶100,Triton PBS 配制)37℃ 孵育 1.5 小时。

(20) 0.05mol/L PBS 漂洗 15 分钟×3 次。

(21) 0.05mol/L Tris-HCl 37℃ 孵育 15 分钟。

(22) DAB 显色 10 分钟。

(23) 0.05mol/L PBS 漂洗 15 分钟×3 次。

(24) TSM1、TSM2 各漂洗10分钟×3次。

(25) 硝基四氮唑蓝/5-溴-4-氯-2 吲哚磷酸盐（400μg/ml 或 200μg/ml，TMS2 配制）显色5小时。

(26) PBS 终止反应后，裱片、脱水、树脂封片。

3. 对照实验

（1）免疫组化

1）空白对照：用 0.05mol/L PBS 代替 BDNF 或 NT-3 抗体，其余步骤不变。

2）置换实验：用正常羊血清代替 BDNF 或 NT-3 抗体，其余步骤不变。

（2）原位杂交

1）RNase 预处理：在杂交前，将切片用含 20μg/ml RNase A 37℃处理30分钟，其余步骤不变。

2）阴性对照：在杂交液中用无 RNA 酶的双蒸水代替核酸探针，其余步骤不变。

3）竞争性吸收实验：在杂交液内加入比标记探针浓度高 100 倍的未标记探针，其余步骤不变。

二、结　　果

（一）BDNF 免疫反应(immunoreactivity, IR)及 BDNF mRNA 双标杂交信号在 DRG 的分布

在 DRG，可见 BDNF 及 BDNF mRNA 的阳性细胞。这些细胞包括部分胞体偏小和少数胞体偏大的神经元，部分卫星细胞和少数施万细胞。阳性反应物的亚细胞定位于细胞质。双标的 BDNF 和 BDNF mRNA 细胞主要是偏小的神经元，染色深浅不等，亦可见少量的 BDNF 或 BDNF mRNA 单标神经元。在部分卫星细胞和施万细胞亦观察到 BDNF 和 BDNF mRNA 的双标反应物（见彩图10）。

（二）NT-3 免疫反应及 NT-3 mRNA 双标杂交信号在 DRG 的分布

NT-3 及 NT-3 mRNA 的阳性反应物主要出现在大多数胞体偏大和少数胞体偏小的神经元内。部分卫星细胞和一些施万细胞及少数轴突亦有染色。NT-3-IR 的亚细胞定位在不同细胞中有差异：神经元为胞质染色，而卫星细胞主要是核染色；相比之下，施万细胞既有核染色，又有胞质染色（核染色相对较深）。而 NT-3 mRNA 反应物则主要位于胞质。绝大多数偏大的神经元既显 NT-3-IR 又显 NT-3 mRNA 杂交信号；而偏小的神经元有的为双标细胞，有的则仅显 NT-3 或 NT-3 mRNA 阳性。此外，一些施万细胞和少数轴索亦有双标染色，而卫星细胞仅少数见其胞核呈 NT-3 强阳性而胞质呈 NT-3 mRNA 弱阳性（见彩图11）。

三、结　果　分　析

（一）BDNF-IR 及其 mRNA 双标杂交信号在 DRG 的分布

实验观察到，BDNF-IR 主要分布于 DRG 的部分中小神经元、卫星细胞和少数施万细胞，

提示在成年猫 L_6 DRG，BDNF 的生理作用主要与上述细胞有关。由于在一些中小神经元也观察到 BDNF mRNA 的杂交信号，提示这些中小神经元可能合成 BDNF。双标结果还见到一些偏小的神经元内既有 BDNF，也有 BDNF mRNA，说明在部分小神经元内，BDNF 和 BDNF mRNA 的分布是一致的。

（二）NT-3-IR 及 NT-3 mRNA 双标杂交信号在 DRG 的分布

NT-3 及 NT-3 mRNA 的阳性反应物主要出现在大多数胞体偏大和少数胞体偏小的神经元内，提示 NT-3 的作用主要与大神经元有关，但也涉及少数中小神经元。双标结果表明部分大神经元内既有 NT-3 又有其 mRNA，表明 NT-3 主要由大神经元自身合成。

四、经验体会与注意事项

（1）标本处理灌注固定很重要，固定不好易致抗原活性及 mRNA 丢失。另外，取材保存均应防止 RNA 酶污染。

（2）杂交前所需液体均需做无 RNA 酶处理。

（3）要做好免疫组化与原位杂交双标技术，首先应掌握好免疫组化、原位杂交单标技术。

（4）免疫组化和原位杂交双重染色，有利于确定细胞内的蛋白是自身合成还是从他处转运而来，若只有蛋白而无 mRNA 杂交信号，则证明该蛋白是转运蛋白而非自身合成。反之，若 mRNA 和蛋白共存，则可证明该蛋白为自身合成。当然，也存在只有 mRNA 没有蛋白的现象，这说明该细胞有基因，但蛋白不翻译，或者蛋白被降解测不到。因此，免疫组化和原位杂交结合对识别基因和蛋白的关系有重要价值。

（5）该技术需注意 mRNA 显色不能太深，还要注意 mRNA 和蛋白显色的平衡。

（王廷华　李官成　张　晓　饶　莹）

参 考 文 献

刘国贞. 2002. 石蜡切片的 NOS 免疫染色技术介绍. 首都医科大学学报，23(1)：75

王廷华，冯忠堂，范艳. 2000. 脊髓Ⅱ板层 NOS、BDNF、GDNF 阳性神经膨体的组织化学双标研究. 中国病理学杂志，16(10)：1111

第十三章 组织化学技术的关键与要点

第一节 高压控制免疫组化非特异性反应

免疫组织化学技术是研究蛋白质在细胞原位分布的一种常用方法。在神经科学研究领域,此项技术是不可缺少的。但免疫组化技术常受内源性过氧化物酶及其他因素的影响,使背景染色不易控制。文献报道用过氧化氢和血清封闭后,一般可获得满意效果,但笔者在实验中发现,免疫组化非特异性反应的出现有时与组织和染色方法有关。在这些情况下,即使增加过氧化氢或羊血清的浓度也不能很好地控制背景染色,常使背景染色过深,甚至在空白对照中出现假阳性,为消除免疫组化技术中非特异染色,本节介绍利用高压方法控制免疫组化技术中的非特异反应。

一、材料和方法

取正常大鼠脊髓标本制作冰冻切片 10 张,随机分为两组,即非高压组和高压组,每组 5 张切片。非高压组按常规免疫组化对照染色(一抗用 PBS 代替),高压组切片经过高压处理[将切片放于装有枸橼酸盐缓冲液的容器中,再放入高压锅内加热,加压至 15lb(1lb = 0.453kg),放气 10 分钟后,停止加热],其余步骤按非高压组处理。在显微镜下观察两组切片染色的情况。

二、结 果

高压组:脊髓切片未见染色。
非高压组:切片有棕色反应,遍布整个脊髓灰质、白质,白质较为明显,无特异性。

三、结果分析

本实验发现,未经高压处理的切片,出现背景染色。从实验步骤可以看出,这些切片未经一抗处理,均为空白对照,本应无背景染色。但在本实验条件下出现染色,表明其为非特异性反应。尽管我们已用过氧化氢和羊血清封闭背景,仍不能完全去除非特异性结合位点,出现了非特异染色。说明本实验程序中的二抗可能与组织有较强的亲和力。另一可能是切片中的内源性过氧化物酶太多,未能被彻底封闭所致。经过高压处理后,切片背景无染色,表明加用高压处理可控制背景染色。究其原因,笔者分析可能是内源性过氧化物酶对高热、高压敏感,经高压处理后,使非特异性结合位点完全破坏,进而控制了非特异性染色。本实验结果证明,用高压方法处理切片不失为控制免疫组化技术中非特异染色的一种备选方法。

第二节 组织化学标本处理要点

免疫组织化学的标本处理有两种,一是灌注固定,二是直接取材。对灌注固定的标本,一般选用4%多聚甲醛溶液加饱和苦味酸固定效果较好。标本灌注固定后,可长期有效存放在4%的多聚甲醛溶液中,但1~2个月须更换一次固定液。因为若时间过长,甲醛可变为甲酸,进而不利于固定。并且,甲醛可能封闭某些抗原而不利于免疫组化染色,故在组化染色时需注意甲醛长时间固定带来的不良效果。对直接取材的标本,可采取后固定方式,但需注意组织块不能过大。此外,组化染色前需用10% H_2O_2 溶液处理15分钟以破坏组织中的红细胞。若无须后固定,则直接冻存于-80℃冰箱或液氮中,但应避免反复解冻,否则蛋白质易降解,从而影响抗原含量。总之,标本处理好坏直接影响组化染色的效果,实验中应特别重视。

第三节 组织化学实验步骤操作中的注意事项

(1)免疫组织化学实验中,各步均应严格操作,以保证实验条件一致。
(2)抗体的质量好坏很关键,一般选用Sigma的抗体质量较好。
(3)羊血清封闭背景是直接判断非特异染色的依据,免疫组化染色时要特别注意对照片与实验组比较以决定阳性反应的特异性。若对照片仍有染色,要考虑可能是非特异反应。有文献报道,一般以目标物染色超过背景染色5倍判为阳性特异反应。

第四节 组织化学结果显色要点

显色是免疫组化中的一个关键步骤,特别是对免疫组化定量的实验,各组显色时间、操作步骤均要保持一致,甚至载玻片的厚薄亦应保持一致。

总之,要获得科学、客观的结果,从取材、实验到结果统计,每一步均应细致,尽可能保持各实验条件的一致性,特别是做定量分析,要求更应严格,如显色时,要考虑取出第一片组织与最后一片组织所存在的时间差。进行图像采集时,要保证电压、聚光器高低、光源亮度等条件一致,这样各组结果才有可比性。实验中应尽可能排除各种不一致因素。

第五节 经 验 体 会

免疫组织化学染色中,防止非特异染色是关键,很多组织都存在非特异染色现象,甚至有的组织(如含血细胞多的组织),即使经过处理也存在非特异染色现象,因此本方法在其他办法已经控制不了非特异染色时可以尝试选用。

(王廷华)

第十四章 石蜡切片免疫组织化学实验的技术关键要点

第一节 石蜡切片制备

一、取 材

（1）取材时越新鲜越好,取好后立即放入4%多聚甲醛或10%中性甲醛固定液中。
（2）取材所用的刀剪必须锋利,夹取组织时尽量不要损伤组织。
（3）组织块大小适中,厚度以不超过0.3cm为宜。
（4）取材时应注意清洁,组织块上如有血液、污物及黏液黏着,应用生理盐水冲洗后再放入固定液。

二、组 织 固 定

（1）为保持组织新鲜,尽快固定处理。
（2）组织块小于2cm×1.5cm×0.3cm,厚度尽量控制在0.3cm范围内。
（3）固定液的体积一般大于组织块20倍以上。
（4）固定时间一般8~24h,过度固定会增加假阴性。
（5）组织固定后应充分水洗,以减少固定液造成的人为假象。

三、脱水、透明

（1）固定好的组织在脱水之前应用自来水流水冲数小时至24小时（为去除甲醛,根据固定时间长短来定,固定时间越长,冲洗的时间越长）。
（2）脱水剂、透明剂（常用二甲苯）的体积应为组织块体积的20倍以上。
（3）当无水乙醇中加入硫酸铜变蓝时,提示需要更换脱水剂。
（4）较大组织块比较小组织块脱水时间要长,在参照常规要求的基础上,应将大小组织块分开进行脱水。
（5）组织块置于无水乙醇内的时间不宜过长（以免硬化）,一般无水乙醇Ⅰ中放置30分钟至1小时,无水乙醇Ⅱ中放置15~30分钟。
（6）组织块在二甲苯中透明的时间不宜过长（以防组织变硬、变脆）,并依组织种类及其大小不同而异;一般在二甲苯Ⅰ中透明30分钟至1小时,二甲苯Ⅱ中透明15~20分钟,透明过程中应不时查看组织透明情况,当组织呈棕黄或暗红色透明时即可。

(7) 组织经二甲苯充分透明后仍呈浑浊状,常提示该组织的固定或脱水不充分,应查找原因并进行相应的处理。

四、浸蜡、包埋

(1) 浸蜡、包埋过程中,石蜡应保持在60℃以下,最好选择熔点低的软蜡。

(2) 浸蜡时间应适宜,时间过短浸蜡不充分(组织过软),过长时组织硬脆。

(3) 先将熔化的石蜡倾入包埋模具中,再用加热的弯曲钝头镊子轻轻夹取已经过浸蜡的组织块,使组织块的最大面或将指定处的组织面向下埋入熔蜡中;组织与蜡之间不能留空隙,组织力求摆正,尽量与包埋器底板接触,最后放上标签条。

五、切片、贴片与烤片

1. 切片刀 切片刀或一次性切片刀片必须锋利。

2. 防脱片剂 必须在清洗干净的载玻片上进行黏合剂(防脱片剂)的处理以防脱片。常用防脱片剂有如下三种:

(1) APES(3-氨丙基三乙氧硅烷):现用现配。将充分洗净、预先干燥的载玻片放入以1:50比例丙酮稀释的APES中,停留20~30秒,取出稍停片刻,再放入蒸馏水中洗去未结合的APES,室温中晾干即可。

(2) HistogripTM:将洗净的载玻片放入以1:50比例丙酮稀释的Histogrip液中,停留1~2分钟,然后用双蒸水清洗三次,室温干燥或60℃烤箱烘烤1小时。

(3) 多聚-L-赖氨酸(poly-L-lysine):取多聚-L-赖氨酸一份,蒸馏水9份,混合均匀。将充分洗净、干燥的玻片浸泡于稀释的多聚-L-赖氨酸溶液5分钟,沥干。60℃烤箱烘干或室温过夜干燥。

3. 贴片 可采用二展法,即先将组织切片漂浮在30%~40%的乙醇溶液中,进行第一次展片后将切片捞起,再次放入42%~48%的温水中进行第二次展片,因为乙醇溶液与水之间有一个张力差,这样处理可得到平整无皱褶的组织切片,乙醇浓度与水温可视组织不同和石蜡熔点的高低来调整。

4. 烤片 切片须经烤片以使组织切片与载玻片贴附牢固,烤片要注意既要经得起抗原修复时高温的作用而不轻易脱片,又不至于破坏抗原。一般抗原性较强的组织可在60℃恒温烤箱中烤3~8小时,抗原较弱的组织可于37℃恒温箱内过夜,但37℃恒温箱内烤片过夜的组织抗原修复时容易脱落。

5. 石蜡块切片的保存 许多实验室研究人员习惯将组织蜡块切片后长期保存在室温条件下,切片后的组织在室温下长期保存抗原易损失,免疫组化染色结果会出现减弱或阴性。研究发现,切片在室温下保存3个月以上,抗原对多数抗体的敏感性下降50%,部分切片丢失更多;切片保存6个月多数抗体不出现阳性结果,保存1年以上仅有个别切片有微弱阳性表达,尤其核表达抗原丢失更为突出。究其原因可能与氧化作用有关,可以采用蜡封固切片来避免抗原损失以便长期保存。

第二节 免疫组织化学染色

一、彻底脱蜡

石蜡切片脱蜡时必须脱干净，否则将会影响免疫组化的染色结果。脱蜡的时间要根据季节，室温和二甲苯的新鲜程度而变化。如果是夏天，室温较高，二甲苯也新鲜，则脱蜡时间10分钟就已足够。如果是冬天，室温较低，二甲苯也较陈旧，则脱蜡时间需要延长，20~30分钟或更长。此外切片在脱蜡前的加温或二甲苯在37℃恒温箱中加温均有助于脱蜡的彻底。在笔者实验室的工作中就出现过因脱蜡不彻底而致染色出现假阴性。

二、消除内源性过氧化物酶活性

由于常规免疫组织化学染色的最后显色通常是用辣根过氧化物酶(horseradish peroxidase，HRP)，是用DAB(3,3-diaminobenzidinetetra-hydrochloride)作为底物，最后在H_2O_2的作用下形成棕色沉淀。而组织中常含有的内源性过氧化物酶也能与DAB底物发生反应而生成与阳性反应物一样的棕黄色，故若在染色前不对含有内源性过氧化物酶的各细胞和组织进行抑制，就会造成假阳性。为防止出现假阳性反应和减少背景染色，需要先清除内源性过氧化物酶的活性。常采用3% H_2O_2来清除内源性过氧化物酶活性。

三、抗原修复

(一) 抗原修复的目的

石蜡切片标本一般用甲醛固定，使得细胞内抗原的许多氨基酸残基在分子内或分子间形成了醛键、羧甲键，致使不少抗原决定簇被封闭。同时，由于甲醛的聚合作用，使蛋白质分子间相互交联形成大分子网络，也导致了抗原决定簇被掩盖，这就使得相当部分的抗原不能与抗体很好地进行接触反应。所以在进行免疫组化染色时，需要先进行抗原修复，将固定时分子之间所形成的交联破坏，从而暴露抗原决定簇。

(二) 常用的抗原修复方法

1. 热修复法 常用的修复液是pH 6.0的0.01mol/L的枸橼酸盐缓冲液。

(1) 微波修复法：甲醛和蛋白水解交联过程中氨基酸侧链上的某些基团(抗原决定簇)如咪唑、吲哚等基团受到影响，通过120℃高温或强碱处理后，可将交联打开。

适用的抗原有：AR、Bax、Bcl-2、C-fos、X-jun、C-kit、C-myc、E-cadherin、嗜铬素A、Cyclin、ER、HSP、HPV、Ki-67、MDMZ、p53、p34、p16、p15、P-gp、PKC、PR、PCNA、ras、Rb、TopoisomeraseⅡ等。

具体方法：将适量(以能完全浸没切片为原则)枸橼酸盐缓冲液(工作液)倒入烧杯中，

置微波炉内加热至缓冲液沸腾后放入切片(使用耐高温塑料切片架)持续10~15分钟。取出烧杯,室温中自然冷却20~30分钟。

(2) 高压修复法:本方法适用于较难检测或核抗原的抗原修复。具体方法:将适量的枸橼酸盐缓冲液(工作液)倒入不锈钢压力锅中加热至沸腾。切片置于耐高温塑料架上,放入锅内,使切片位于液面以下,盖锅压阀。当压力锅开始慢慢喷气时(加热5~6分钟),计时1~2分钟,然后将压力锅端离热源,冷水冲淋至室温后,取下气阀,打开锅盖,取出切片。

(3) 水浴修复法:传统的抗原修复方法,首先调节水温达95℃左右,将切片置入内含适量枸橼酸盐缓冲液(工作液)的烧杯内,放入水浴锅,温度平衡后开始计时20分钟,取出容器后自然冷却到室温。

抗原热修复注意事项:

1) 热处理后应室温中需自然冷却切片。理由如下:①对于有些抗体而言,如省略这一步,会使染色强度降低;②从高温骤降到低温可能导致组织片脱落;③可能引起某些形态学的变化。

2) 修复液要能浸没切片。

3) 不是任何抗原的检测都适用该修复方法。

4) 同一批抗原的检测其温度和时间应保持一致。

5) 一般经高温修复后胞质无明显的破坏,而对细胞核的影响较大,会出现核破裂、苏木素淡染现象。

6) 如果常用的缓冲液未得到好的染色结果,或经修复后,抗原定位发生改变,可改用一些不常用的缓冲液如 EDTA 或 EGTA 等。

2. 酶消化法

(1) 原理:蛋白酶消化可以去除覆盖在抗原决定簇表面的杂蛋白,更为重要的是因甲醛固定而引起的交联能被酶消化打开而暴露抗原决定簇,使第一抗体能与抗原部分结合,提高阳性检测率。

(2) 常用的消化酶类:胰蛋白酶和蛋白酶K,此两种酶主要是用于检测细胞内抗原切片的消化,如 Keratin、CEA、GFAP 等。另一种是胃蛋白酶,主要是用于细胞间质抗原检测切片的消化,如纤连蛋白(fibronectin)、各型胶原等。

(3) 各种蛋白酶的配制

1) 0.1% 胰蛋白酶

  胰蛋白酶 0.1g

  0.1% 氯化钙(pH 7.8) 100ml

配制方法:先配制0.1%的$CaCl_2$,用0.1mol/L的NaOH将其pH调至7.8,然后加入胰蛋白酶0.1g,溶解之。用前将胰蛋白酶液过滤,并在水浴中预热至37℃,室温下消化5~30分钟,多用于细胞内抗原的暴露。

2) 0.4% 胃蛋白酶

  胃蛋白酶 400mg

  0.1mol/L HCl 100ml

多用于细胞间质抗原的暴露,37℃下消化约30分钟。

3) 0.06% 蛋白酶K

  蛋白酶K 0.06g

  0.05mol/L Tris-HCl(pH7.5) 100ml

室温下消化5~15分钟,多用于细胞内抗原的暴露。

四、去除非特异性结合

一抗可吸附于高电荷的胶原和结缔组织成分上而产生非特异性结合。

解决方法:在用一抗孵育切片前,用非免疫血清封闭组织上带电荷基团,从而去除与一抗的非特异性结合(在室温下进行)。

五、抗体用量

滴加抗体的量:原则是既要完全覆盖切片上的组织又不致造成抗体的浪费,将切片放在保湿盒中置于室温或37℃1~2小时或者4℃冰箱过夜(>16小时)。但要注意如下要点:

(1) 4℃冰箱过夜可使抗体和抗原结合充分且稳定,效果较好。

(2) 抗体的保存:绝大多数已稀释的抗体应存在4~8℃条件下,以免反复冻融对抗体蛋白产生破坏作用。抗体原液和已分离的免疫球蛋白组分应保存于-20℃条件下,并避免反复冻融。冷冻的抗体溶液应置于室温中,防止蒸发。解冻要缓慢地进行,应绝对避免用高温快速解冻。

(3) 浓缩型抗体必须在正式染色前先用切片对不同滴度的抗体染色效果进行评价,选择染色强度最好,且非特异性反应(背景染色)最低的抗体稀释浓度来进行正式染色。

(4) 抗体的稀释:一般稀释一抗的液体与洗涤切片的液体相同,即0.01mol/L PBS,pH 7.2~7.4,为进一步保证减少背景染色,用于稀释一抗的PBS中也可加入制备二抗的同种动物的非免疫正常血清,有条件的还可加入BSA,两者的浓度在1%~2%即可。

第三节 免疫组织化学染色的对照设置

在进行免疫组织化学染色时,必须证实组织内显示的阳性反应产物确实是抗原与相应的特异性抗体反应所产生的。由于免疫组织化学染色中影响抗原、抗体和免疫反应的因素很多,因此对免疫组织化学染色结果的评价必须设置对照才能做出正确的判断。

常用的对照组有以下几种:

1. 抗原阳性对照 用确知含有待测抗原的组织,与待检标本做同样处理后,进行免疫组化染色,结果应为阳性,称为阳性对照。通过阳性对照可证明靶抗原有一定活性,染色过程中各个步骤以及所用的试剂都合乎标准,染色方法可靠。特别是当待检的标本为阴性结果时,阳性对照呈阳性反应,可排除待检标本假阳性的可能。所以若预期染色结果是阴性时,更须设立阳性对照。

2. 抗原阴性对照 用已知不存在待检抗原的组织切片染色,结果为阴性。阴性对照可证实组织内若不含靶抗原,就不应染色,可排除在染色过程中由于非特异性染色或交叉反应等因素造成的"假阳性"结果。

3. 空白对照 是最常用的对照,用不加一抗的缓冲液,如 PBS 替代一抗,染色结果应为阴性,说明染色方法可靠,可排除组织的内源性过氧化物酶、碱性磷酸酶、自发荧光等物质引起的非特异性显色。

4. 替代对照 用与一抗来源相同的动物免疫前血清,如一抗用的是兔抗人 GFAP 的 IgG 抗体,对照中用非免疫性的正常兔 IgG 血清来替代一抗,以相同的稀释倍数进行对照染色。这可证明待检切片中阳性结果不是抗体以外混杂的血清成分所致,而是所用特异性抗体与组织细胞内待检抗原的特异性反应的结果。但使用的商品抗体往往不能用同一种动物的免疫前血清做替代对照,也可用未经免疫的同种动物血清,即非免疫血清替代一抗。

5. 吸收试验对照 用过量已知的相应纯化抗原与一抗反应,抗体结合位点全部被抗原结合,这种被抗原吸收的抗体不能再与组织内的抗原反应,故再做免疫组化染色时,结果应为阴性。

第四节 免疫组织化学染色过程中出现问题的原因与对策

一、非特异性染色的原因及消除的方法

1. 电荷吸附 抗体是一种带负电荷的球蛋白,容易和带正电荷的组织相结合,如胶原纤维。电荷吸附所造成的非特异性背景染色消除方法是以二抗动物的非免疫血清,用 PBS 稀释为 3%～10% 溶液孵育切片,以封闭吸附位点。有时其他无关蛋白,如牛血清白蛋白也常应用。

2. 抗体不符合试验要求 因抗原不纯、标本片中含有与靶抗原相似的抗原决定簇等原因造成的非特异性染色只能通过采用高纯度、高效价的抗体,或针对更具特异性抗原决定簇的单克隆抗体来解决。

3. 一抗浓度过高 可通过提高一抗稀释度来解决,应通过预实验找到最佳抗体滴度。

4. 漂洗不充分 因在缓冲液中含有一定量的盐,有利于减少背景着色,通常 0.05mol/L Tris-HCl、0.15mol/L NaCl 适用于多数染色方法,溶液内加入 Tween-20,效果更佳。

5. 切片在染色过程中有干片现象 切片在染色过程中干片会造成非特异性染色,应尽量避免。

6. 组织中残存醛基与 Ig 的结合 如醛类固定后未能彻底地冲洗,残留醛基可以和 Ig 结合形成非特异性染色。

避免方法:①固定后应用自来水流水充分冲洗;②0.02% 的新鲜的硼氧化钾液处理 10 分钟后冲洗。

7. 内源性过氧化物酶 采用 0.3% H_2O_2-甲醇溶液孵育切片 10～30 分钟。

8. 碱性磷酸酶和酸性磷酸酶 灭活碱性磷酸酶:最常用的方法是将左旋咪唑(24mg/ml)加入底物液中,并保持 pH 在 7.6～8.2,即能去除大部分内源性碱性磷酸酶。对于仍能干扰染色的酸性磷酸酶,可用 50mmol/L 的酒石酸抑制。

9. 内源性生物素 消除内源性生物素的方法是事先滴加亲和素,以饱和内源性生物

素,使之不再有剩余的结合位点。具体方法是在 ABC 法或 SP 法染色前将切片浸于 25μg/ml 亲和素溶液中处理 15 分钟,PBS 清洗 15 分钟后即可染色。

10. DAB 使用不正确　应严格按照说明书标明的滴加顺序操作,DAB 保存不当产生的氧化物亦可沉积于切片上,因此需将 DAB 保存于避光干燥处,现用现配。显色时间过长也会造成背景染色,需在显微镜下观察显色情况以及时中止显色。

二、对照与标本均无染色

(1) 确认是否忽略了应该加的某种试剂,包括一抗、二抗及底物等。
(2) 确认所有的试剂是否按正确的顺序加入,是否孵育了足够的时间。
(3) 确认是否使用了正确的抗体,以及所用的检测系统是否和一抗匹配,这一点非常重要。比如,如果一抗是兔来源的抗体,二抗一定要用抗兔的二抗来匹配;或一抗是小鼠的 IgM 一抗,二抗必须是山羊/兔抗小鼠的 IgM(不是 IgG)二抗。
(4) 检查抗体所使用的稀释度及稀释用溶液。
(5) 检查抗体的有效期和保存条件,尤其是标记了酶或荧光素的抗体,现在大多数试剂公司的抗体均要求在 4~8℃条件下保存,应避免反复冻融,试剂保存时一定要避免与挥发性有机溶剂同放一处,以免降低抗体的效价。
(6) 检查标本的储存条件,最好用已知阳性的标本来同时做阳性对照。
(7) 检查冲洗液是否和反应试剂匹配,溶液的 pH 很重要,与过氧化物酶底物匹配的溶液中不应含有叠氮化钠(缓冲液内含叠氮化钠,会抑制酶的活性)。

三、弱　阳　性

如果阴性对照没有染色而阳性对照标本弱阳性,除了考虑上述因素外,还应考虑:
(1) 标本的固定方式,不当的固定方式或固定时温度过高,都会影响到所检测抗原的数量和质量。
(2) 不适当的抗原修复方式,由于石蜡切片在制作的过程中固定剂对抗原的封闭作用,必须用抗原热修复或酶消化或两种同时使用的抗原双暴露法。至于使用哪一种方法,应结合标本的具体情况而定。
(3) 抗体的稀释浓度是否过高或者孵育的温度、时间是否正确。一般试剂生产厂家都会对试剂给出一定的使用范围,但是由于使用者的标本来自各种组织,处理过程也不尽相同,所以应参照使用范围,对所使用的一抗进行梯度测试,找出最佳的工作浓度。
(4) 切片上遗留了过多的冲洗液,当抗体加至切片上时,等于人为地对抗体进行了进一步的稀释。
(5) 孵育时切片放置是否水平,否则会导致抗体流失。如果阴性对照没有反应,阳性对照反应良好,而标本呈弱阳性,则可能是由于阳性对照不是同一种组织、固定方式不同或标本中被检抗原含量少等原因所致。

(高　燕　王廷华)

第十五章　原位细胞凋亡 TUNEL 法检测大鼠全横断损伤脊髓细胞凋亡

早在 1972 年，Kerr 等报道，从细胞形态、超微结构和生化变化等方面来分析，细胞有两种死亡形式，一种是早已熟知的细胞坏死（necrosis），另一种是他们提出的程序性细胞死亡（programmed cell death，PCD）学说，现在已被普遍接受并称之为细胞凋亡（apoptosis）。脊髓损伤后，除了原发致病因素造成的神经细胞损坏外，已发现损伤区及邻近部位的神经细胞存在有迟发性死亡的现象。这种死亡和常见的坏死不同，并有越来越多的实验显示，细胞凋亡可能参与脊髓损伤的病理生理过程。本实验介绍用 TUNEL 技术，即脱氧核苷酸末端转移酶（terminal-deoxynucleotidyl transferase，TdT）介导的 x-dUTP 缺口末端标记（TdT-mediated x-dUTP nick end labeling，TUNEL）技术，来显示全横断脊髓损伤术后不同时间点（术后 3 天、7 天、14 天、21 天）脊髓断面头侧端神经细胞凋亡的方法。

一、实　验　原　理

细胞凋亡中染色体 DNA 的断裂是分阶段、渐进的过程，染色体 DNA 首先在内源性核酸水解酶的作用下降解为 50～300kb 的大片段，然后在 Ca^{2+} 和 Mg^{2+} 依赖的核酸内切酶作用下，大约 30% 的染色体 DNA 在核小体单位之间被随机切断，形成 180～200bp 的核小体 DNA 多聚体。DNA 双链断裂或只要其中一条链上出现缺口即可产生一系列 DNA 的 3'-OH 末端。在脱氧核糖核苷酸末端转移酶（TdT）的作用下，脱氧核糖核苷酸和荧光素、过氧化物酶、碱性磷酸化酶或生物素形成的衍生物可标记到 DNA 的 3'-OH 末端，然后通过酶显色反应来进行凋亡细胞的识别和检测。这类方法一般称为脱氧核糖核苷酸末端转移酶介导的缺口末端标记法（TUNEL）。由于正常的或正在增殖的细胞几乎没有 DNA 的断裂，因而没有 3'-OH 形成，故细胞很少能够被标记染色。而一旦 DNA 的断裂有 3'-OH 形成，则细胞就能够被标记染色。

本实验主要介绍荧光素-dUTP/过氧化物酶标记法。基本原理：荧光素（FITC）标记的 dUTP 在 TdT 酶的作用下，可以掺入凋亡细胞双链或单链 DNA 的 3'-OH 末端，与 dATP 形成异多聚体，然后再与连接了过氧化物酶的荧光抗体结合。在适合底物存在下，过氧化物酶可产生很强的颜色反应，从而特异准确地显示出正在凋亡的细胞。在普通光学显微镜下即可观察。TUNEL 法实际上是分子生物学与形态学相结合的研究方法，对完整的单个凋亡细胞核或凋亡小体进行原位染色，能准确地反映细胞凋亡最典型的生物化学和形态特征，可用于石蜡包埋组织切片、冰冻组织切片、培养的细胞和从组织中分离细胞的细胞凋亡测定，并可检测出极少量的凋亡细胞，灵敏度远比一般的组织化学和生物化学测定法要高，因而在细胞凋亡的研究中已被广泛采用。

二、实验所需仪器和试剂及其配制

(一) 实验仪器

仪器名称	厂家
10μl、200μl、1000μl 可调微量移液枪	上海激光医用仪器厂
隔热式电热恒温培养箱	上海跃进医疗仪器厂
HT-200 微量电子天平	成都善瑞逊电子有限公司
−20℃ BD-618 型卧式冰柜	海尔
4℃冰箱	白雪
H-1 微型旋涡混合器	姜堰市新康医疗器械有限公司
LX-100 手掌型离心机	江苏海门麒麟医用仪器厂
显微镜	Olympus
XQ.SG41.280A 型电热压力蒸汽锅	上海医用核子仪器厂

(二) 实验试剂

1. TUNEL-POD 试剂盒(Roch 公司,批号:11684817910)

试剂 1:末端脱氧核糖核酸转移酶(TdT 酶)

试剂 2:含有核苷酸混合液的反应液

试剂 3:酶标记抗荧光素抗体

2. DAB 试剂盒(北京中山金桥公司)

试剂 A:Tris-HCl 缓冲液

试剂 B:DAB 溶液

试剂 C:过氧化氢溶液

3. 脱氧核糖核酸酶 I(15 000U Sigma 公司)

(三) 主要试剂配制

1. 0.2mol/L A 液和 0.2mol/L B 液

A 液:称取 $NaH_2PO_4 \cdot 2H_2O$(分子质量 136.08Da)27.6g,双蒸水溶解后倒入 1000ml 容量瓶中,加双蒸水至终刻度。

B 液:称取 $Na_2HPO_4 \cdot 12H_2O$(分子质量 358.14Da)71.628g,双蒸水溶解后倒入 1000ml 容量瓶中,加双蒸水至终刻度。

2. 0.2 mol/L PB 液 取 A 液 19ml、B 液 81ml,充分混合,室温保存。

3. 0.01mol/L PBS 缓冲液 取 NaCl 8.5~9g 及 0.2 mol/L PB 50ml 加入 1000ml 容量瓶中,加双蒸水至 1000ml 充分摇匀,室温保存。

4. 0.1mol/L HCl 溶液 取 0.84ml 浓盐酸(HCl 比重 1.19,含量 37%)加蒸馏水至 100ml,充分混合,室温保存。

5. 100mmol/L Tris-HCl 取 Tris 3.025g(Tris 三羟甲基氨基甲烷,分子质量为 121.14Da)溶于 200ml 双蒸水中充分搅拌溶解,用浓盐酸约 3ml 调节 pH 至 6.4,最后加双蒸水定容至 250ml,棕色瓶装,室温保存。

6. 10mM Tris-HCl(pH7.4~8.0) 取 100mmol/L Tris-HCl 溶液 10ml 与相应体积 0.1mol/L HCl 混合,调节至所需 pH,加水至 100ml,棕色瓶装,室温保存。

7. 0.1% DEPC 水 1ml DEPC(二乙基焦碳酸酯)原液加入 1000ml 单蒸水中,间歇剧烈振荡,避光室温静置 12 小时以上。

8. 20μg/ml 蛋白酶 K 1mg/ml 储备液:取蛋白酶 K 1mg 加入 10mmol/L Tris-HCl(pH7.4~8.0)1ml 充分混合后,分装成 40 份,-20℃储存,用时再冻融;20μg/ml 工作液(临用前配制):取蛋白酶 K 储备液 5μl 加入 10mmol/L Tris-HCl 245μl 再次稀释,混合均匀。

9. 3% H_2O_2-甲醇 取 3% H_2O_2 40μl,加入 2.0ml 甲醇中(按 1:50),混合均匀,现用现配。

10. TUNEL 反应液 1 液 1μl、2 液 9μl,混匀,置于冰上备用。

11. 二氨基联苯(DAB)溶液 1ml 单蒸水中加入 A 液、B 液、C 液各一滴(约 50μl)混合均匀,避光保存,30 分钟内使用完。

12. 5% 牛血清白蛋白(BSA) 0.5mg 牛血清白蛋白加入 10ml 单蒸水中溶解。注意应先加牛血清白蛋白,再加入单蒸水混匀时避免旋涡混匀,4℃保存。

13. 脱氧核糖核酸酶 I(Dnase I) 将 15 000U Dnase I 溶解于 0.15mol/L 氯化钠溶液(5mg/ml)1ml 中,分装成 50 份,-80℃保存。每份 20μl,每次取 20μl 加入 0.15mol/L 氯化钠溶液中 180μl 再次稀释,现用现配。

三、实 验 方 法

(一) 样本的获取

1. 实验动物 健康成年 SD 大鼠 20 只,分为 4 组,每组 5 只,雌雄不限(平均体重 180~220g),饲养于室内,安静,充足供应水和食物,脊髓全横断后分别于 3 天、7 天、14 天和 21 天灌注取材。

2. 标本获取及切片 将动物用水合氯醛(1ml/100g)腹腔内注射麻醉,4% 多聚甲醛心脏灌注固定,取全横断处上、下各 3 个节段脊髓后固定,进行石蜡包埋、切片或者冰冻切片。

(二) 原位末端标记法(TUNEL)染色

(1) 染色前处理

1) 玻片预先用多聚赖氨酸或 APES 进行处理包被以防止染色过程中切片脱落。

2) 组织固定:常规 4% 多聚甲醛/0.01mol/L PBS(pH 7.0~7.6)或 10% 中性甲醛固定 4 小时以上,石蜡包埋。

3) 石蜡切片常规脱蜡入水:二甲苯 I、II 脱蜡各 5~10 分钟(脱蜡务必干净),然后放入 100%、95%、90%、80%、70% 等各级乙醇溶液中各 3~5 分钟,再放入蒸馏水中 3 分钟。

（2）每张切片加一滴或 50μl 新鲜稀释至 20μg/ml 的蛋白酶 K（10mmol/L Tris-HCl 147μl 加入 1mg/ml 蛋白酶 K 3μl），37℃消化 30 分钟，0.01mol/L PBS 洗 5 分钟×3 次（细胞涂片和冰冻切片一般不消化或消化 10～60 秒，新鲜石蜡切片消化 5～10 分钟，陈旧石蜡切片消化 10～30 分钟）。阳性对照加入 Dnase Ⅰ室温孵育 10 分钟，0.01mol/L PBS 洗 5 分钟×3 次。

（3）0.1% DEPC 水浸泡，室温 30 分钟。0.01mol/L PBS 洗 5 分钟×3 次。

（4）标记：甩去切片上多余液体，标本片擦干组织及周边水分，按每张切片滴加凋亡试剂盒 1 液和 2 液（按照 1∶9 比例，在一次性 PE 手套上配制，多次抽吸，混合均匀）配成 TUNEL 反应混合液（冰上操作）；阴性对照组只加入试剂 2 液，而不加 1 液；标本上覆盖塑料盖片，置样品于湿盒中，37℃标记 1 小时，4℃过夜（20 小时以上）。0.01mol/L PBS 洗 5 分钟×3 次。

（5）新鲜配制 3% H_2O_2-甲醇，室温孵育 15 分钟。0.01mol/L PBS 液洗涤 5 分钟×3 次。

（6）每张切片加 5% 牛血清白蛋白封闭液 50μl，37℃ 30 分钟，甩掉封闭液，不漂洗。

（7）每张切片滴加转化剂-POD 50μl；置样品于湿盒中，37℃孵育 40 分钟；0.01mol/L PBS 洗 5 分钟×3 次。

（8）DAB 显色，室温，显微镜下观察 5～10 分钟；单蒸水中止显色，流水冲洗 10 分钟（冲净附着在标本上的 DAB 显色液颗粒）。

（9）苏木素轻度复染。

（10）常规脱水、透明、封片，显微镜下观察。

（三）对照实验

1. 阴性对照 标本上只滴加凋亡试剂盒中 2 液，不加 1 液，其他步骤不变。

2. 阳性对照 蛋白酶 K 消化后用 Dnase Ⅰ室温孵育 10 分钟。

（四）结果观察与阳性细胞计数及定量分析

在 Olympus 光学显微镜下观察 TUNEL 染色阳性细胞在脊髓全横断断面上、下端不同时间点的分布情况，判断标准：TUNEL 反应阳性产物定位在胞核。细胞核内呈棕黄色颗粒者为阳性细胞，即凋亡的细胞。苏木素复染核为蓝色者，为阴性正常细胞。结合光镜下细胞形态，可鉴别出 TUNEL 标记细胞中的凋亡细胞（其标准符合凋亡细胞的形态特征）。细胞凋亡形态特征是细胞皱缩，染色质边集，胞质出芽，凋亡小体形成。观察 TUNEL 染色阳性反应物在细胞的定位，排除成片状细胞染色的坏死区，分别计数每张切片脊髓腹角 TUNEL 阳性神经元、TUNEL 阳性胶质细胞所占总神经元和总胶质细胞数的百分比（×400）。

（五）统计学分析

原始数据经 SPSS11.5 统计软件包处理，进行计量资料的单因素方差分析。

四、实 验 结 果

(一) 形态学观察

脊髓内可见散在分布且细胞核呈棕色的细胞,深浅不一,因行苏木素复染,阳性细胞核呈紫色及黄褐色双重染色,阴性细胞则无核褐染。白质内阳性细胞较多,分布均匀。灰质内阳性细胞散在分布,细胞核固缩,有的呈碎片状,不规则,大小不一。凋亡神经元形态不一,典型呈核内散在分布棕黄色颗粒,贴附在核膜周边,部分呈花瓣状、月牙状,紧贴核膜,部分染色质浓聚在核的一端。可观察到典型的凋亡小体,外观呈枭眼状,核仁深染,核膜完整或不完整。灰质后角染色较腹角明显,数量更多,染色更深。白质区域可见凋亡胶质细胞核,核较小,呈深褐色点状(图 15-1)。

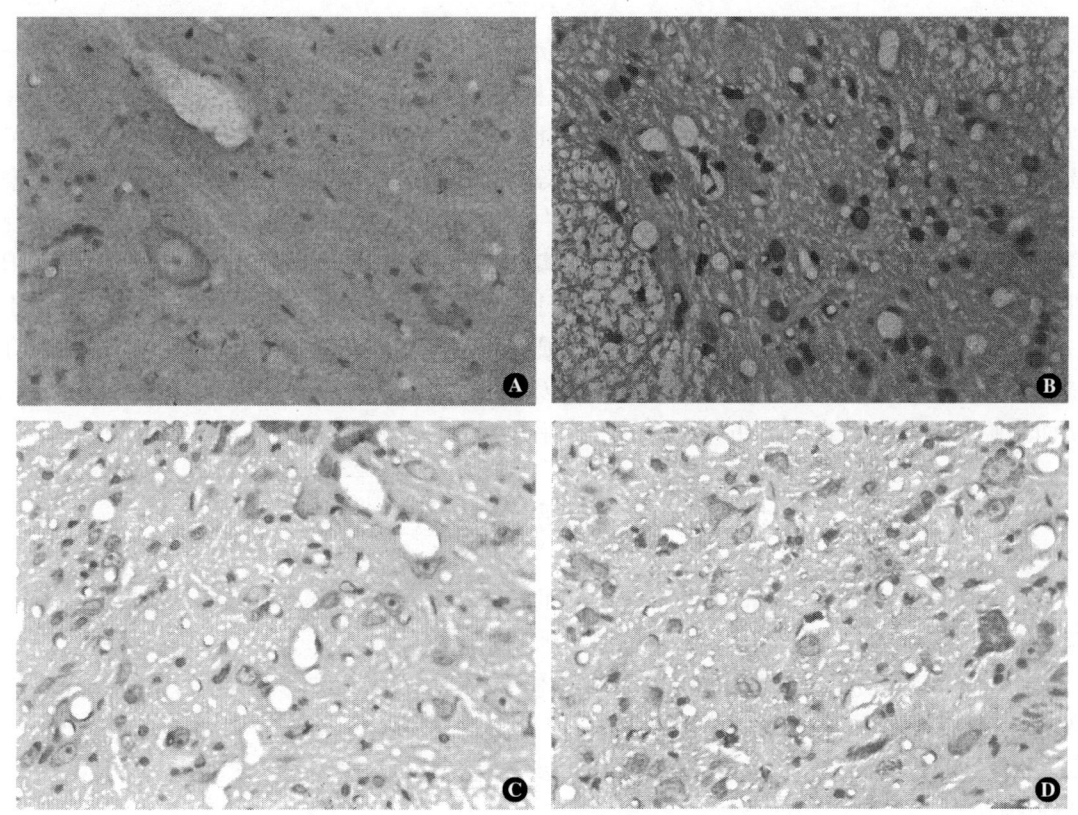

图 15-1 形态学观察
A. 阴性对照;B. 阳性对照;C. 全横断 3 天脊髓;D. 全横断 7 天脊髓

(二) 脊髓腹角 TUNEL 阳性细胞计数结果

大鼠全横断脊髓断面头端腹角 TUNEL 阳性神经细胞凋亡在不同时间点有不同变化;凋亡神经元 3 天开始增多,随时间推移凋亡细胞数目不断上升,14 天时显著增高,达最高峰,随后至 21 天时回落并较 14 天时明显降低,但仍高于 3 天水平。胶质细胞凋亡的变化趋势与神经元变化趋势基本相同(表15-1)。

表15-1　大鼠脊髓全横断断面头侧不同时点腹角 TUNEL 阳性细胞计数及凋亡指数($\bar{x}\pm s$)

天数	阳性神经元凋亡指数	阳性神经元	阳性胶质细胞凋亡指数	阳性胶质细胞
3 天	41.4±2.96△	12±1.73**	60.00±10.12	31±8.89**
7 天	58.47±1.93	10±2.65	74.43±1.76△	39±8.19
14 天	63.3±5.89△	11.67±4.04**	64.77±5.25	36.67±9.81*
21 天	46.27±7.80△	11.33±2.52**	52.13±3.75△	25.67±2.89*

注：与全横断损伤3天组比较。*$P<0.05$，**$P<0.01$，△$P<0.05$。

五、结 果 分 析

TUNEL 法是通过 3′-OH 的标记实现细胞水平检测凋亡的方法。该方法比较灵敏,特异性高,虽有假阳性结果,但仍是目前医学界检测凋亡的最流行方法。本实验组织切片 TUNEL 染色结果显示,横断脊髓后脊髓内大量神经元、胶质细胞出现皱缩、体积变小,染色质浓集,边聚,胞质包绕碎裂核形成凋亡小体等凋亡迹象。全横断断面头端脊髓灰质经复染后可观察到典型的 TUNEL 阳性反应神经元,白质内可见标记的阳性胶质细胞。本实验发现脊髓全横断损伤后神经细胞凋亡与损伤时间有相关性,从时间分布曲线上可以看出标记阳性神经元和胶质细胞 3 天时开始增加,14 天时达高峰,随后呈下降趋势,但 21 天时仍高于 3 天时水平。提示细胞凋亡不仅是急性脊髓损伤后神经细胞的主要死亡形式,也是加重脊髓损伤的一个因素。早期应用细胞凋亡抑制因子干预此过程,有可能减轻继发性脊髓损伤,从而为临床治疗急性脊髓损伤探索新的治疗手段。

六、实 验 体 会

(1) 阳性对照可使用 Dnase Ⅰ部分降解的标本。阴性对照不加 TdT 酶,其余步骤与实验组相同。

(2) 石蜡切片抗原修复宜采用蛋白酶 K 修复,此方法较微波修复好(因微波修复可导致 DNA 断裂损伤),可降低假阳性发生率。

(3) 使用现配的 H_2O_2-甲醇溶液,此步骤宜在 TUNEL 标记之后(H_2O_2 可导致 DNA 损伤)。

(4) TUNEL 反应混合液配制应在冰盒内操作,现配现用,避免反复冻融。

(5) 根据标本类型决定孵育时间和浓度(蛋白酶 K、TdT),保证最佳效果。

(6) 操作过程中避免出现干片现象。

(7) 镜下观察应避开成片染成棕色的坏死区和缺血区。

(8) 注意使用凋亡染色显色剂之间的差别:最早常用显示细胞凋亡的显色剂是快红,这种显色剂易使细胞着色,但非特异性显色。另一种是用辣根过氧化物酶标记,而后以 DAB 为底物进行棕色反应显色,类似免疫组化染色,特异但也有背景显色。也有人用碱性磷酸酶法(AP)染色,沉淀物为蓝色,敏感,但非特异性严重。根据经验,凋亡染色要看到特异性识别,最好做不同颜色的复染。此外,要结合细胞形态学辨认凋亡染色的特异性。

(9)如果有条件,最好避免用酶反应显色剂判断凋亡,应该在荧光显微镜下直接观察。

(殷露玮 王廷华 戴 萍)

参 考 文 献

陈春莲,蓝儒竹,叶章群.2001. TUNEL 技术方法的探讨.同济医科大学学报,30(3):274

彭黎明,王曾礼.2000.细胞凋亡的基础与临床.北京:人民卫生出版社

王乔,曾庆云,丁成紫.2001. TUNEL 法原位检测凋亡细胞的某些改进.武汉大学学报(医学版),22(3):284

查锡良.2003.医学分子生物学.北京:人民卫生出版社

第十六章 大鼠皮质脊髓束 BDA 追踪实验

近些年脊髓损伤修复的动物实验研究有了很大进步,损伤脊髓的中枢神经纤维在一定条件下有一定的再生能力,但确定损伤神经是否再生要有可靠的形态学证据。本实验介绍生物素葡聚糖胺(BDA)皮质脊髓束顺行示踪技术及其在大鼠脊髓全横断损伤修复中的应用。

第一节 实验原理

葡聚糖是由肠系膜明串珠菌产生的多聚体,相对分子质量有大有小,用于示踪的葡聚糖分子质量一般在 3000Da 左右。葡聚糖与不同的标记物结合形成各种追踪剂。较常用的有四甲基罗达明葡聚糖胺和生物素葡聚糖胺,两者均可用于顺行和逆行追踪,但生物素葡聚糖胺的顺行追踪效果优于逆行追踪。生物素标记的葡聚糖胺(BDA)在细胞外注射后,可以被神经元及其突起摄取,然后顺行或逆行沿轴突转运至远处。在大鼠大脑皮质运动区多点注射 BDA,BDA 在大脑皮质处被锥体细胞摄取,沿皮质脊髓束的轴突转运,2 周左右 BDA 可被转运至脊髓 L_1 水平。由于 BDA 与抗生物素蛋白(avidin)之间有特别强的亲和力,用结合了辣根过氧化物酶的抗生物素蛋白与之孵育结合,经二氨基联苯胺显影,即能显示出皮质脊髓束在整个中枢神经系统中的位置及走行。

第二节 实验所需设备、试剂及其配制

(一) 实验试剂和仪器

10% BDA 示踪剂	美国 Molecular Probes 公司
抗生物素蛋白-生物素-过氧化物酶复合液 (avidin-biotin-peroxidase)	美国 Vector Laboratories 公司
试剂 A:Tris-HCl 缓冲液	北京中山金桥公司
试剂 B:DAB 溶液	北京中山金桥公司
试剂 C:H_2O_2 溶液	北京中山金桥公司
1μl 微量进样器	上海安厅微量进样器厂
脑立体定位仪	深圳市瑞沃德生命科技有限公司
微型钻子	WINSA
10μl、200μl、1000μl 可调微量移液枪	上海激光医用仪器厂
冰冻切片机	Germany Leica CM900

光学显微镜	Olympus
倒置荧光显微镜	Germany Leica DMIRB
-20℃、4℃低温冰箱	Sanyo
高压蒸汽消毒锅	上海跃进医疗器械厂
一次性使用无菌注射器1ml	江西金山医疗器械有限责任公司

(二) 实验试剂的配制

1. 10%BDA BDA3mg 溶解在 30μl 0.01mol/L PB，分装在 5 个 EP 管中，以避免每次使用时细菌进入导致污染使所有试剂报废，于-20℃冰箱保存。

2. 配制1000ml 0.1mol/L PBS NaH_2PO_4 2.96g、Na_2HPO_4 29.01g、NaCl 9g，溶于600ml 蒸馏水中，调 pH 至 7.2~7.4，最后定容至 1000ml。

3. 4%多聚甲醛的配制 用已配好的 0.1mol/L PBS 配制，称取 40g 多聚甲醛溶于约 800ml 0.1mol/L PBS 中，调 pH 至 7.2~7.4，最后定容至 1000ml。

第三节 实 验 步 骤

(一) 动物分组及模型制作

采用成年 Sprague-Dawley 大鼠，体重 220~250g。分为脊髓全横断损伤组($n=8$)和对照组($n=8$)。将大鼠用 3.6% 的水合氯醛麻醉后俯卧固定在木板上，消毒铺巾，剪毛。背部摸到大鼠的 T_2 棘突，用解剖刀切开皮肤。在切开肌肉之前再次定位，从 T_2 棘突向后 5cm 左右可摸到一个较大的隆起，较扁平，仅突起的前方刺手，经多次解剖验证，这个突起是 T_{10} 和 T_{11} 棘突的融合，精确定位后用小号弯头止血钳撬开 T_{11} 的椎板。暴露脊髓后，可见红色的后正中动脉，用神经分针丝挑起脊髓，用眼科剪贴着椎管的前壁和侧壁剪断脊髓，脊髓水肿，两断端迅速回缩，为保证能彻底横断脊髓，在切断脊髓后再用尖镊沿椎管壁反复绞断。术后全横断损伤组每日用手挤压膀胱协助排尿 2 次，直至膀胱恢复排尿功能（通常为 7~10 天），两组动物术后连续 3 天，每天 1 次腹腔注射青霉素抗感染。

(二) BDA 顺行示踪的操作步骤

将两组大鼠通过腹腔注射 3.6% 水合氯醛麻醉后，去头部毛，剪开皮肤，刮除骨膜，暴露两个骨缝呈"十"字交叉点上的前囟，钻开两侧颅骨，每侧钻开长 6mm、宽 3mm 的骨片并去除骨片。暴露两侧大脑皮质，安装好立体定位仪，将大鼠头部固定，用 1μl 的微量进样器抽取 1μl BDA 后将其固定在定位仪上，进样器针的斜面（1.5mm 长）朝向自己。每侧暴露的大脑皮质上有两个注射点，第 1 个注射点在前囟前方 1mm 处，第 2 个注射点在前囟后方约 1mm 处，两个注射点距离大脑纵裂 0.5mm。每次注射时注射针在斜面完全进入皮质后再往下插入 1mm，每个注射点注射 0.5μl，注射后停针 5 分钟，最后缝合皮肤。

(三) 动物模型灌注取材

从大脑皮质注射 BDA 3 周后取材：将两组大鼠以 3.6% 的水合氯醛、1ml/100g 体重，腹腔注射麻醉后,四肢仰卧固定在小木板上。开胸,从左心室前下,心尖切迹左侧,用眼科剪剪开一个小口,将圆钝的插管插入左心室直达升主动脉,用血管钳于此处钳夹固定。先灌入生理盐水300ml,冲洗血管至清水流出,再灌入4%多聚甲醛350ml。灌注完毕取各段脊髓组织,脊髓分别取上颈段(C_{1-3}),胸段(T_{1-3}),腰段(L_{1-4}),之后固定标本过夜,再依次进入15%蔗糖、30%蔗糖脱水沉底,用冰冻切片机连续横行切片,组织切片厚度为30μm。

(四) BDA 显色步骤

将切片取出来放入盛有3% H_2O_2 的凹板中室温下反应30分钟(3% H_2O_2 可用蒸馏水将30% H_2O_2 稀释而成);切片用0.01mol/LPBS于室温下在摇床上漂洗3次,每次15分钟;在漂洗后的切片中加入Avidin,于室温下孵育过夜(1μg Avidin 溶解于1μl蒸馏水中,−20℃保存,使用时再溶解于1ml 0.1mol/LPB中,再加3μl Triton 原液);第2天于室温下在摇床上,用0.01mol/L PBS 漂洗凹板中的切片3次,每次15分钟;在DAB中显色10分钟左右;蒸馏水终止显色;蒸馏水漂洗15分钟;裱片、晾干、梯度乙醇溶液(70%→75%→80%→90%→95%→100% Ⅰ→100% Ⅱ)脱水,除100% Ⅰ,100% Ⅱ 10分钟外,每个梯度5分钟,二甲苯透明(二甲苯Ⅰ、Ⅱ各0.5小时以上),中性树胶封片。

第四节 实验结果

正常脊髓横切片上,可在颈胸段脊髓背柱腹侧看到呈棕黑色短棒状的阳性纤维(图16-1)。全横断组在颈胸段脊髓也可见大量阳性纤维(图16-2),呈丝状或短棒状结构,但瘢痕的头端、尾端则未见阳性纤维(图16-3和图16-4)。正常对照组皮质脊髓束纤维染色可一直延伸至L_1水平,而全横断组则无。

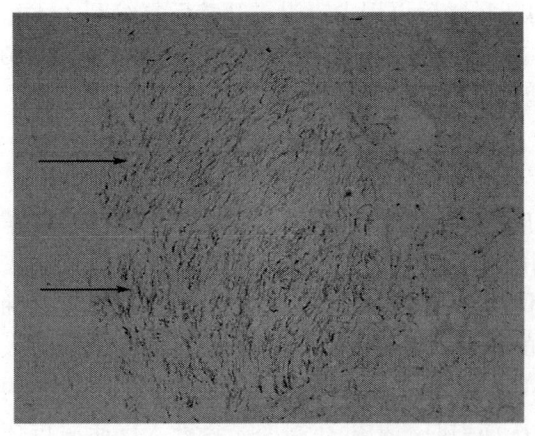
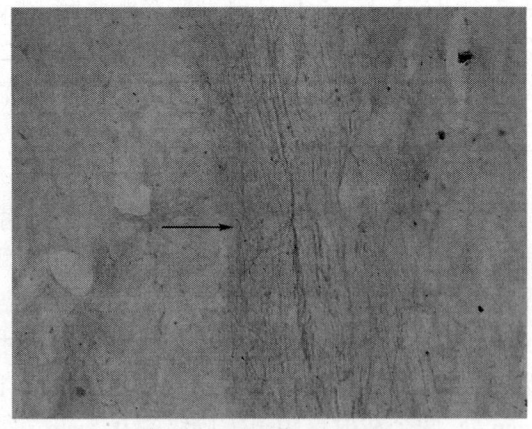

图16-1 正常对照组颈髓横切片　　　　图16-2 全横断组颈髓背索纵切片
↑示阳性纤维(×200)　　　　　　　　　↑示阳性纤维(×200)

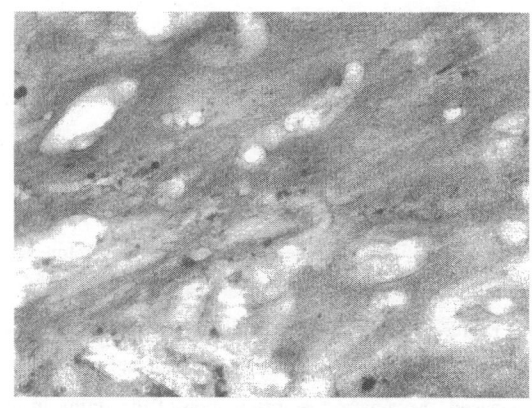 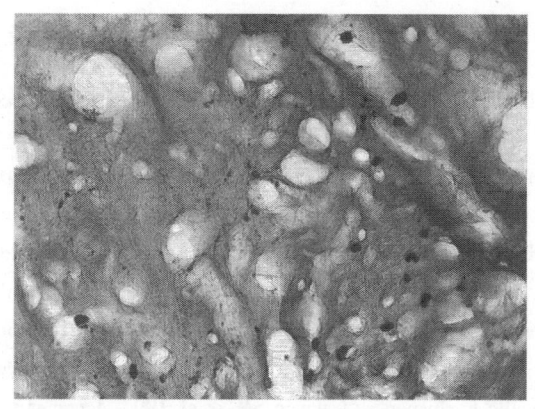

图 16-3　全横断组瘢痕头端横切片（×200）　　图 16-4　全横断组瘢痕尾端横切片（×200）

第五节　结果分析与实验体会

大鼠皮质脊髓束在脊髓中的走行与人体有很大的区别，在延髓进行锥体交叉后，交叉的皮质脊髓束主要在脊髓白质的后索而不是侧索中下行。从颈髓到腰髓，由于 BDA 在轴浆运输途中的损失，纤维密度越来越稀疏直至消失。在全横断损伤后，由于脊髓再生很弱，再生纤维不能穿过疤痕，故瘢痕的头尾端均未见阳性纤维。正常对照组皮质脊髓束纤维染色可一直延伸至 L_1 水平，而全横断组则无，说明该方法对检测脊髓损伤后纤维的再生情况非常可靠。

由于 BDA 需被大脑皮质锥体细胞摄取后才能沿皮质脊髓束的轴突下行，注射时应选用合适的微量注射器，尽可能避免对皮质锥体细胞的损伤，这样才能保证满意的示踪效果，皮质的多点注射虽然效果更好，但常常耗时较多，这是采用本技术的主要不便之处。追踪注射时进样器插入大脑皮质的深度不要超过 2.5mm（包括微量进样器斜面的长度在内），因为以前囟为原点，后部大脑皮质为后肢运动功能代表区，与体感中枢部分相重合，前部大脑皮质是手、肘屈曲和伸展的前肢运动功能代表区，范围比较广泛，在前肢运动功能代表区的前方是触须和颚部运动功能代表区。在颜面部运动功能代表区的前方又出现一个支配前肢运动的区域，此部位通常被称为二级运动中枢，该部位与上述的前肢运动功能代表区相比范围较小。皮质脊髓束支配前后肢运动，故多点注射的位置应包括前囟前后方的大脑皮质，否则 BDA 注射后阳性纤维的量和下行到达的脊髓平面都会受到影响。

另外，在进行 BDA 标记皮质脊髓束时，也可采用荧光追踪剂，这样效果更好，但不论何种标记，均要注意皮质脊髓束从颈部到腰段明显减少，故要得到良好的实验结果，在脊髓损伤时，最好提高取材脊髓节段位置以保证在解剖通路上有较多的皮质脊髓纤维，进而可以确保阳性染色的纤维数量。最后，要注意 BDA 染色显示皮质脊髓束时，神经元易着色，所以如果仅仅想显示皮质脊髓束，还要注意脊髓内源性过氧化物酶的封闭与消除。

（巴迎春　王廷华）

参考文献

王艳,曹宇,汤浩,等. 2002. 大鼠大脑皮质运动区投射到扣带回的神经元分布. 解剖科学进展, 8(2):125~127

Hossain-Ibrahim MK, Rezajooi K, Stallcup WB, et al. 2007. Analysis of axonal regeneration in the central and peripheral nervous systems of the NG2-deficient mouse. BMC Neurosci, 8:80

Halberstadt AL, Balaban CD. 2007. Selective anterograde tracing of the individual serotonergic and nonserotonergic components of the dorsal raphe nucleus projection to the vestibular nuclei. Neuroscience, 147(1):207~223

Inman DM, Steward O. 2003. Ascending sensory, but not other long-tract axons, regenerate into the connective tissue matrix that forms at the site of a spinal cord injury in mice. J Comp Neurol, 462(4):431~449

Scalia F, Eisner S, Galoyan SM, et al. 1997. A compartment-based, asymmetric representation of the retina in an induced projection to the olfactory cortex. J Comp Neurol, 383(4):415~427

第十七章 大鼠背根节细胞中枢终末脊髓内 CB-HRP 示踪技术

第一节 实验原理

CB-HRP 追踪技术呈色反应的基本原理是 CB-HRP 与 H_2O_2 结合成 [CB-HRP·H_2O_2] 络合物,此络合物可氧化各种供氢的呈色剂而呈色。TMB 染色后,CB-HRP 呈蓝色反应物,在显微镜下清晰可见。本实验采用跨神经节的 CB-HRP 作为追踪剂,将其注入 SD 大鼠 L_5 背根节,以 TMB 作为反应呈色剂,追踪背根来源的初级传入末梢在腰髓后角的分布,为研究外周源性中枢终末的脊髓内侧分布或损伤后的背根源性脊髓内侧支出芽提供技术支持。

第二节 实验仪器、试剂及其配制

一、实验仪器

37℃恒温箱	上海市跃进医疗器械一厂
恒温水浴箱	黄骅市渤海电器厂
恒冷冰冻切片机	Germany Leica CM900
低温冰箱	Sanyo(−20℃,4℃)
倒置荧光显微镜	Germany Leica DMIRB
1000μl、100μl、10μl 可调微量加样枪	上海医用激光仪器厂
电热蒸馏水器	北京市光明医疗器械厂
YZ20P5 手术显微镜	郑州博瑞特医疗设备有限公司
江湾脑立体定向仪	上海奥尔科特生物科技公司
微量进样器	上海高鸽工贸有限公司
电动自动推进器	汕头市同光电子器械厂
850-C 型电针仪	广东省汕头市医用设备厂
HPIAS-1000 高清晰图文分析系统	昆明医科大学口腔医学教研室

二、实验试剂

(1) CB-HRP(0.3% 结合态)中国协和医科大学神经生物学研究室制备。
(2) TMB(四甲基联苯胺,T8768 Sigma 分装)。
(3) SNP(硝普钠)北京化工试剂厂产品。

(4) 戊二醛溶液(含量25%)。

(5) 免疫组化常规试剂:$Na_2HPO_4 \cdot 12H_2O$、$NaH_2PO_4 \cdot 2H_2O$、$NaCl$、多聚甲醛、HCl、$NaOH$、蔗糖。

三、主要试剂的配制

1. 0.1mol/L PB 缓冲液

(1) PB 母液的配制

A 液——酸性:0.2mol/L $NaH_2PO_4 \cdot H_2O$(分子质量 138.01Da)27.6g,溶解后倒入 1000ml 容量瓶中,加单蒸水到终刻度。

B 液——碱性:0.2mol/L $Na_2HPO_4 \cdot 12H_2O$(分子质量 358.14Da)71.6g,溶解后倒入 1000ml 容量瓶中,加双单蒸水到终刻度。

(2) 0.2mol/L pH 7.4 的 PB 的配制

A 液(0.2 mol/L $NaH_2PO_4 \cdot H_2O$) 19ml。

B 液(0.2 mol/L $Na_2HPO_4 \cdot 12H_2O$) 81ml。

测 pH,加滴 A 液或 B 液调 pH 至 7.4。

(3) 0.1mol/L pH 7.4 的 PB 的配制

将 0.2mol/L pH 7.4 的 PB 50 ml 加入小烧杯中,再加入单蒸水使小烧杯中的溶液体积达 90ml 左右。

测 pH,加滴 A 液或 B 液调 pH 至 7.4。

将溶液倒入容量瓶,加单蒸水定容至 100ml,充分混匀。

2. 0.1mol/L pH 7.3 的 PBS 磷酸盐缓冲液 称取 NaCl 9g 置于 1000ml 大烧杯中,将 0.2mol/L pH 7.4 的 PB 500ml 加入大烧杯中,搅拌,使 NaCl 完全溶解。

再加入单蒸水使大烧杯中的溶液体积达 900ml 左右。

测 pH,加滴 A 液或 B 液调 pH 至 7.3。

将溶液倒入容量瓶,加单蒸水定容至 1000ml,充分混匀。

3. 0.2mol/L 乙酸缓冲液 100ml(pH 3.3)

乙酸钠·$3H_2O$	2.72g
蒸馏水	81ml
1.0mol/L HCl	19ml

注:测 pH,用浓乙酸或氢氧化钠调 pH 至 3.3

4. 孵育液(包括 A、B 两液)

A 液:

硝普钠	90~100mg
蒸馏水	92.5ml
乙酸缓冲液	5ml

B 液:

TMB	5mg

| 无水乙醇 | 2.5ml |

可加热至37℃使TMB溶解

注：A、B两液现配，用时混合。

5. 乙酸洗液

| 乙酸缓冲液 | 5ml |
| 蒸馏水 | 95ml |

6. 1.5%多聚甲醛-1.25%戊二醛磷酸盐缓冲液（pH 7.3~7.4） 称取15g多聚甲醛，置于三角烧瓶中，加入500~800ml 0.1mol/L PBS，加热至60℃左右，持续搅拌，滴加少许1mol/L NaOH使溶液清亮，补足0.1 mol/L PBS至1000ml，充分混匀，调pH至7.3~7.4，4℃冰箱内保存，临灌注前，量取50ml并置换25%的戊二醛50ml。

7. 10%、15%、25%蔗糖溶液（pH 7.4） 取蔗糖15g，用0.1mol/L PB缓冲液（三蒸水配制，pH 7.4）100ml溶解，同法配制25%蔗糖溶液。

第三节 实 验 方 法

一、实验动物及 CB-HRP 注射

行备用根手术（切除 L_{1-4} 和 L_6 DRG，保留 L_5 DRG 为备用根）后存活至少1个月的成年SD 雄鼠（体重280~320g），用3.5%戊巴比妥钠（1.3ml/kg）腹腔注射麻醉。无菌条件下，常规暴露大鼠背部 L_{4-6} 腰椎，显示左侧腰骶干，用10μl 微量进样器将 CB-HRP（为结合态溶液，0.3%，北京协和医科大学提供）直接注入腰骶干（主要由 L_{3-6} 脊神经前支构成）内，以追踪其感觉、运动纤维的胞体及感觉纤维跨神经元胞体的中枢投射。因为 CB-HRP 在注入部位被神经末梢或神经元胞体摄取后，在轴突中运输要经过一段时间，故本实验中 CB-HRP 注射后动物存活5天。3.5%戊巴比妥钠（1.3ml/kg）腹腔注射麻醉动物后，仰卧位固定，暴露胸腔，快速心内插管，用灌注瓶（高约1.2m）首先快速灌注37℃500ml 磷酸盐缓冲液（PBS，pH7.3）冲洗血液5~10分钟，随即灌注4℃固定液500ml（pH 7.3~7.4，0.1mol/L PBS 中含1.5%多聚甲醛和1.25%戊二醛），灌注速度先快后慢，约30分钟灌完。继固定液灌完之后，最后灌入4℃10%蔗糖磷酸缓冲液（PB，pH 7.4），灌注量和速度以及总时间与固定液相同，蔗糖可防止冰晶形成，还可减少呈色反应中的冰晶沉着。最后在手术显微镜下，分段切取 T_{12}~S_1 脊髓节段及两侧备用 L_5 DRG，先后入15%、25%蔗糖PB液4℃过夜使组织块下沉。

二、恒冷冰冻切片

组织块在-40℃正戊烷中速冻，恒冷冰冻切片机（德国 Leica）-20℃连续切片，片厚30μm（T_{12}~S_1 脊髓节段横切，每例每节段标本各间隔5张取一张切片），收集于0.1mol/L PBS（pH7.4，三蒸水配制）中。

三、TMB 呈色反应

（1）切片蒸馏水漂洗 6 次，每次 15 秒；或 3 次，每次 2 分钟。
（2）温的孵育液孵育，19～23℃，避光，20 分钟，不断晃动。
（3）将切片取出，每 100ml 孵育液中加入 0.3% 的 H_2O_2 1.0～5.0ml，混匀后将切片浸入其内，晃动，避光，19～23℃、20 分钟。
（4）洗片：乙酸洗液（4℃）漂洗 3 次，每次 5 分钟。
（5）贴片：载玻片用铬矾明胶包被，室温空气干燥。
（6）脱水，按下列程序进行

80% 乙醇溶液	2 分钟
90% 乙醇溶液	2 分钟
95% 乙醇溶液	2 分钟
100% 乙醇 I	5 分钟
100% 乙醇 II	5 分钟

（7）透明

二甲苯 I	5 分钟
二甲苯 II	5 分钟

（8）中性树胶封片后光镜观察结果。

第四节　实验结果

一、CB-HRP 酶组化染色在 L_5 DRG 中的标记情况

L_5 DRG 纵切面酶组织化学呈色后，背根节神经元的胞质可见均匀分布的细颗粒状蓝色反应沉淀物，但胞核中却无此反应物，且大量神经突起中亦可见连续的串珠状蓝色颗粒物（图 17-1）；另外，左右两侧呈色结果基本一致，表明 CB-HRP 逆行轴浆运输至两侧背根节后，示踪剂被背根节神经元吸收摄取的程度几乎是相同的，其跨神经元后可顺行轴浆运输至轴突终末，此种检测方法灵敏可靠。

二、L_5 DRG 中枢支脊髓内 CB-HRP 标记情况

L_5 背根节神经元中枢投射的标记纤维主要见于头侧 L_4、L_3 节段，而尾侧 L_6、S_1 未见阳性纤维标记，说明背根来源的中枢突向尾侧几乎没有投射；此外，在不同脊髓节段，后角灰质各板层的阳性标记纤维分布不同：在 L_4 和 L_5 节段，I 板层也有一定量的分布，但其他节段大部分标记纤维主要分布在 III、IV、V 板层（图 17-2）。

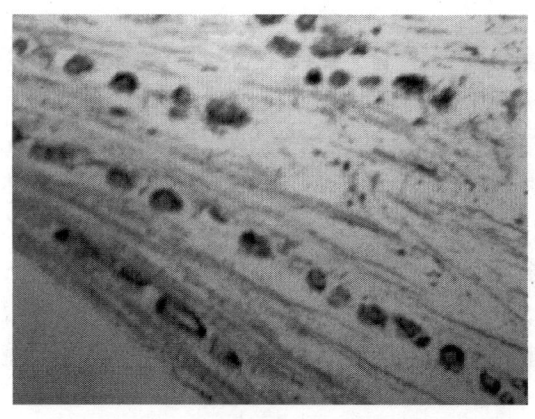
图17-1 L₅背根节神经元阳性标记

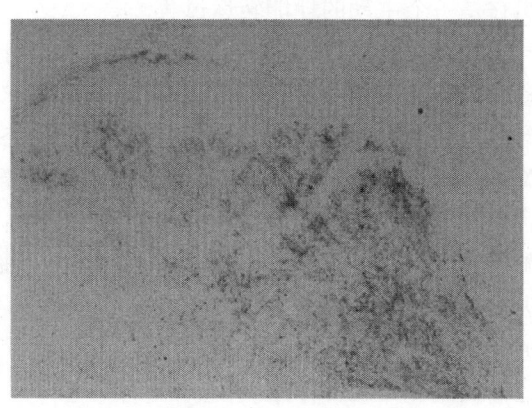
图17-2 脊髓后角CB-HRP阳性神经膨体

第五节 结果分析

接受信号并对之做出反应和传导兴奋、处理并储存信息以及发生细胞之间的连接是神经元的基本功能。位于脊神经节的感觉神经元(sensory neuron),或称传入神经元(afferent neuron),多为假单极神经元(pseudounipolar neuron),其胞体发出一个突起。在距胞体不远处又呈"T"形分为两支,一支到外周的组织或器官,分布在皮肤和肌肉等处,接受刺激,并将刺激传向中枢,称周围突(peripheral process);另一支呈细索状进入中枢神经系统,将冲动从胞体传向其在脊髓内的分支,称中枢突(central process)。按神经冲动的传导方向,中枢突是轴突,周围突是树突,但两者均细而长,且形态类似,直径均匀,离开细胞体若干距离后都可获得髓鞘,成为神经纤维。其中背根节细胞来源的有髓神经躯体传入纤维主要是Aβ和Aδ两类,其轴突终末主要终止于脊髓后角灰质Ⅰ、Ⅲ、Ⅳ、Ⅴ板层,与后角内各种大小神经元形成突触联系。无髓神经躯体传入纤维主要是C类,其轴突终末终止于脊髓后角灰质Ⅱ板层,与胶质小神经元形成突触联系。神经纤维主要依靠局部电流在纤维上构成回路来完成冲动传导,其在结构和功能上都是独立、完整的,加上各条纤维之间存在结缔组织,因此每条神经纤维传导冲动时基本上是绝缘的,其轴突内的轴浆运输(axoplasmic transport)也是隔离而互不干扰的。轴浆运输是神经纤维借助轴浆流动进行物质运输和交换的现象。神经元的细胞体与轴突是一个整体,轴突内轴浆颗粒的流动是双向的,一方面胞体合成的蛋白质等物质借轴浆流动向轴突末梢运输,另一方面反向的轴浆流动可能起着反馈调节胞体合成的作用。顺行轴浆运输一般是指快速轴浆运输,即具有膜的细胞器(线粒体、含神经递质的递质囊泡、分泌颗粒等)和轴膜更新所需的蛋白质及合成递质所需的酶等的运输。在猴、猫等坐骨神经内轴浆运输的速度约为410mm/d。逆向轴浆运输主要是轴突终末的代谢产物或由轴突终末摄取的物质(蛋白质、小分子物质或由邻近细胞产生的神经营养因子等)由轴突末梢向细胞体方向的轴浆流动,这种逆向流动的速度约为快速顺向运输速度的一半。如果轴突中断,轴浆双向流动将被阻断,则远侧断端和近侧断端及胞体都受到影响,因此变性反应不仅发生在远端轴突末梢,同时也发生在胞体。轴浆流动的机制目前还不十分清楚,实验证明它是一个主动的耗能转运过程。

　　轴浆运输对于实现突触传递功能、神经纤维的营养作用及神经生长与再生均具有重要意义。神经纤维除具有传导兴奋作用外，其末梢经常释放某些物质持续地调整所支配器官与组织的内在代谢活动，影响其持久性的形态结构、生化及生理特性，该作用与神经冲动无关，称为营养性作用。神经元生成的多肽营养性因子可借助轴浆流动由胞体运输到末梢，然后被释放到所支配或所到达的靶器官或组织内以维持组织正常代谢与功能的需要。相应的靶器官、组织也可产生某些物质再经由逆行轴浆流动运输到细胞体而对神经元有营养作用，进而促进神经系统的生长发育或损伤后的再生。如神经生长因子 NGF 是交感神经和背根神经节神经元生长发育必需的因子，它可由靶组织产生而被神经元末梢摄取，经逆向轴浆流运输到胞体而发挥作用。

　　本实验运用 CB-HRP 酶组织化学方法示踪神经纤维的中枢联系，其原理是 CB-HRP 能被轴突末梢摄取，并由逆向轴浆运输转运到细胞体，再经顺行轴浆运输到中枢突终末。这种直观的光镜水平的观察进一步证实了大鼠部分去背根后有髓神经纤维在脊髓具有可塑性出芽现象，且这种出芽可以超出正常中枢投射纤维范围向头端和尾端延伸，其终末出芽在脊髓比正常投射范围数量更多，范围更广。

第六节　经验体会及注意事项

　　CB-HRP 标记染色除神经元胞体及其末梢外，反应颗粒尚可见于其他细胞，如在注射部位附近的胶质细胞、血管内皮细胞、血管周细胞，也可能有少量巨噬细胞吞噬 CB-HRP，经呈色反应而着色，观察时应予鉴别。应注意反应结果与孵育液的 pH 有很大关系，最佳 pH 一方面取决于 CB-HRP 的特性，另一方面也因呈色剂而不同，用 TMB 呈色，最佳 pH 为 3.3。另外，CB-HRP 一般只标记有髓纤维，而不能有效显示无髓纤维。

　　注射的速度影响 CB-HRP 在组织内的扩散程度，注射过快，在局部形成的压力过大，易造成局部组织损伤出血，过慢则使注射范围太局限，一般情况下，注射 1μl 的时间为 3~4 分钟，用立体定向仪和电动自动推进器来控制速度。为了促进神经纤维对 CB-HRP 的吸收，可在注射前将注射部位的神经夹挫一下。

　　CB-HRP 标记技术是将标记物注入坐骨神经，所以要注意标记物从坐骨神经干运至脊髓后角的时间，太短（如 3 天）标记物尚未完全到达后角，太长（如 7 天后）则可能被降解，所以，要成功显示 CB-HRP 标记纤维，从注射点运至染色位置的时间也是要考虑的。距离长则时间长，具体要根据情况而定，一般其在长神经干的传导至少需 3~5 天（坐骨神经）。

（王旭阳　李晓莉　王廷华）

第十八章 免疫荧光技术

第一节 概 述

免疫组织化学是利用抗原与抗体特异性结合的原理,通过化学反应利用标记抗体的显色剂(荧光素、酶、金属离子、放射性核素)显色来确定组织细胞内抗原(多肽和蛋白质),对其进行定位、定性及定量研究的技术。根据标记物的不同分为免疫酶法、免疫荧光法、亲和组织化学法、免疫铁蛋白法、免疫金法及放射免疫自显影法等。免疫荧光技术是其中一种,目前应用广泛。该技术能准确检测少量的抗原或抗体成分在组织细胞内的定位分布,结合共聚焦技术可以做到亚细胞水平甚至细胞器的定位,对科学研究中了解蛋白分子的分布、探讨其生物功能有重要价值。

免疫荧光技术始建于1941年。Coons等首次报道用异氰酸荧光素标记抗体,检查小鼠组织切片中的可溶性肺炎球菌多糖抗原,开创了免疫荧光技术先河。1958年,Rigggs等合成了性能较为优良的异硫氰酸荧光素(FITC)。Marshall等对荧光抗体标记的方法进行了改进,进而使免疫荧光技术逐渐被推广应用,至今正广泛应用于科学研究及疾病诊断中。

第二节 免疫荧光技术的原理及常用方法

免疫荧光组织化学是以抗原-抗体反应原理为基础。其基本原理是先将已知的抗原或抗体标记上荧光素制成荧光标记物,再用这种荧光抗体(或抗原)作为分子探针来检查细胞或组织内的相应抗原(或抗体)。然后利用在细胞或组织中形成的抗原-抗体复合物上含有的荧光素,在荧光显微镜下受激发光照射而产生发射光(荧光)的原理,在荧光显微镜下进行观察,从而确定抗原或抗体的定位、分布,并通过荧光强度,结合定量技术进行蛋白质半定量的检测技术。

免疫荧光技术根据抗原-抗体结合顺序分为两种:一是用荧光抗体示踪或检查相应抗原的荧光抗体法,二是用荧光抗原标记物示踪或检查相应抗体的荧光抗原法。其中,荧光抗体法较常用。用免疫荧光技术显示和检查细胞或组织内抗原或半抗原物质等的方法称为免疫荧光细胞(或组织)化学技术。

免疫荧光抗体技术还可以根据抗体与抗原结合的距离分为直接法、间接法和补体法三种类型。

直接法只有抗原、抗体两个因子直接参与反应,利用荧光标记的特异性抗体与相应的抗原结合,以此来鉴定未知抗原,此方法的优点是简单快速,特异性高,非特异性反应少。但一种荧光标记抗体只能针对一种抗原,敏感性较差,不能检查未知抗体。

间接法是当检查未知抗原时,先用已知未标记的特异抗体(一抗)与抗原标本进行反应,用水洗去未反应的抗体,再用标记的抗抗体(二抗)与抗原标本反应,使之形成抗原-抗体-抗体复合物,再用水洗去未反应的标记抗体,干燥、封片后镜检。

补体法是利用荧光标记抗补体抗体,以鉴定未知抗原或抗体,是利用补体结合反应的原理。此方法只需要一种荧光标记抗补体抗体,就可以检测所有种系的抗原抗体系统。因为补体可被任何哺乳类的抗体抗原系统所固定,所以其与间接法有同样的优点。但是这种方法中的补体不稳定,荧光标记抗补体抗体不能与相应的补体牢固结合,使实验失败,而且非特异性荧光也比较强。免疫荧光技术三种方法见图18-1。

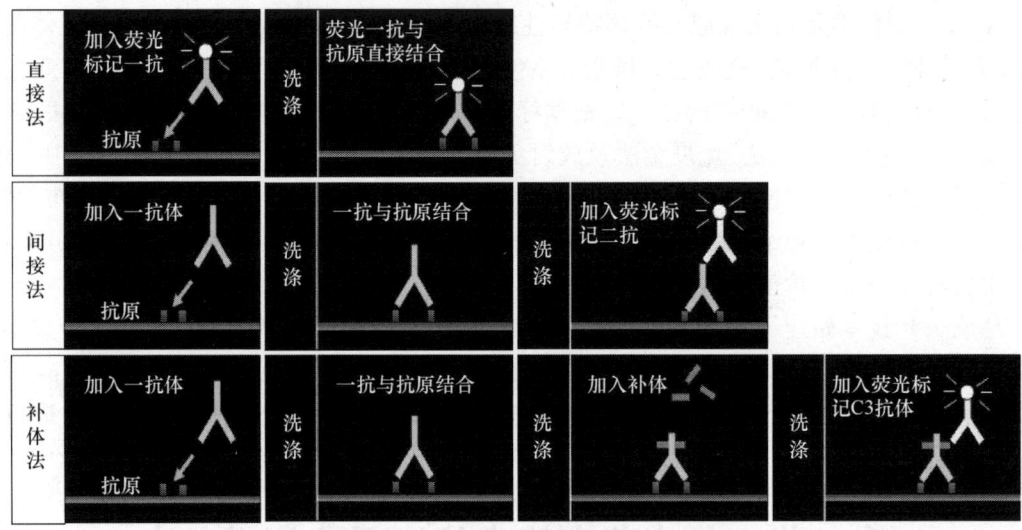

图18-1 三种免疫荧光方法示意图

第三节 常用抗体标记荧光染料的选择

随着免疫荧光技术的不断发展,荧光染料及其标记的抗体偶联物也被广泛应用于生物学实验中。荧光素是一种染料,可以吸收激发光的光能并能发射出荧光。一定量的荧光素可以与组织或细胞的某些成分中的分子或功能基团进行特异性结合,呈现一定颜色的荧光。目前,市场上抗体及蛋白标记的荧光染料主要有 CF™系列(BIOTIUM, USA)、Alexa Fluor® 系列(Life technology, USA)、DyLight 系列、Cy 系列、IR Dye 系列等。其中使用最多的为 Alexa Fluor®系列和 CF™系列。

林元华等指出,理想荧光标记物应具备以下特征:①标记物的发光强度应该比较高,在激发光源的激发下,其发射的荧光信号容易被检测到;②斯托克斯位移应尽量大,以使激发峰位和发射峰位距离较远,这样可以避免检测发射信号时受激发光散射的影响;③发射峰的最大半高宽应该尽量小,以提高仪器检测的灵敏度;④标记物分子应尽量小,这样可以保证较好的生物相容性;⑤发光材料不应该被漂白,其激发光波长尽量处于长波范围。

第四节 免疫荧光技术注意事项

(1) 荧光标记抗体的稀释,应根据说明书保证抗体有一定的浓度,抗体浓度过低,会导致产生的荧光过弱,从而影响结果观察。

(2) 染色温度多采用室温(25℃左右),37℃虽可加强染色效果,但对不耐热的抗原(如流行性乙型脑炎病毒)不利。遇到这种情况,可在低温条件下延长染色时间来显色。经验证明,低温染色过夜较37℃染色效果好。

(3) 组织切片不宜过厚,以免激发光消耗过多和细胞重叠影响观察,通常以10μm左右为佳。

(4) 为了保证荧光染色的正确性,试验时需设置阴性对照、阳性对照,以确保荧光的特异性。

(5) 一般标本经荧光染色后,应尽量避光,以防荧光淬灭,最好在当天观察,随着时间的延长,荧光强度会逐渐下降。实在不能立即观察时,最好使用防荧光淬灭剂封片,一般也能多放置一段时间,但最好不要超过2周。

第五节 免疫荧光技术的应用

免疫荧光抗体技术已广泛应用于医学和生物学的很多方面,在临床免疫学中主要用于细菌学诊断、寄生虫学诊断、病毒学诊断、免疫病理方面的诊断、血液中B及T淋巴细胞的鉴定、激素和酶的局部组织定位、一些器官移植抗原的鉴定、组织中免疫球蛋白及补体成分的检测及自身免疫性疾病诊断等方面。在科学研究中,免疫荧光技术因图片清晰,特别是结合共聚焦显微镜观察可得到亚细胞定位图像,因此被广泛应用。由于可以用不同颜色的荧光标记物识别不同的抗原,因此产生了免疫荧光双重标记及多重标记技术。在进行双参数或多参数分析时,常常需要进行荧光抗体的组合标记,目前已经有双色、三色及四色标记。

(钱保江 王廷华 刘 佳)

参 考 文 献

郭云良,谭兰,陈燕.2009.医学生物学技术与理论.青岛:中国海洋大学出版社,68
林元华,王建飞,南策文,等.2004.用于分子识别的荧光标记探针的研究进展.材料导报,18(11):6~8
吴雄文,梁智辉.2002.实用免疫学实验技术.武汉:湖北科学技术出版社,125~126

第十九章 免疫荧光单标技术检测正常SD大鼠脊髓GFAP表达

第一节 实验原理

免疫荧光技术（immunofluorescence technique）是基于免疫学抗原-抗体反应的一门基础技术。由于抗原抗体反应具有高度的特异性，所以当抗原抗体发生反应时，只要知道其中一个因素，就可以查出另一个因素。免疫荧光技术就是将不影响抗原抗体活性的荧光色素标记在抗体（或抗原）上，与其相应的抗原（或抗体）结合后，通过荧光显微镜下呈现的特异性荧光反应来判定相应抗原或抗体定位的方法。由于荧光素所发的荧光可在荧光显微镜下检出，从而可用来研究特异性蛋白抗原在细胞及组织内的性质、定位，以及利用定量技术测定含量。Coons等于1941年首次采用荧光素进行标记而获得成功。用荧光抗体示踪或检查相应抗原的方法称荧光抗体法；用已知的荧光抗原标记物示踪或检查相应抗体的方法称荧光抗原法，这两种方法总称为免疫荧光技术，但在实际工作中荧光抗原技术很少应用，所以人们习惯将之称为荧光抗体技术，或称为免疫荧光技术。该技术的主要特点：特异性强、敏感性高、速度快；主要缺点：非特异性染色问题尚未完全解决。

本节利用SD大鼠脊髓切片，介绍脊髓灰质原浆型星形胶质细胞GFAP免疫荧光单标技术。

第二节 实验所需设备、试剂及其配制

一、实验仪器

本实验所需仪器见表19-1。

表19-1 实验所需仪器

仪器名称	生产厂家	用途
纯水设备	艾柯	配制PBS及PBST溶液
制冰机	SANYO	使配制抗体保持相对低温
微量电子天平	Sartorius	准确称量固体试剂
PHS-4C$^+$型精密pH仪	成都世纪方舟	调节PBS及PBST的pH
旋涡混匀器	CRYSTAL	混匀抗体
37℃恒温箱	上海跃进医疗器械厂	封闭,抗体的孵育
倒置荧光显微摄像系统	Leica	结果观察及图像采集
恒冷式切片机	Leica	获取组织切片
XK96-A快速混匀器	姜堰市新康医疗器械有限公司	混匀抗体
10μl、200μl、1000μl Eppendorf可调微量移液枪		抗体配制

二、实验试剂

本实验所用试剂见表19-2。

表 19-2 实验所用试剂

试剂名称	生产厂家	试剂用途	储存条件
$NaH_2PO_4 \cdot 2H_2O$	广州 华大	配PBS及PBST	常温
$Na_2HPO_4 \cdot 12H_2O$	广州 华大	配PBS及PBST	常温
NaCl	天津 瑞金特	配PBS及PBST	常温
蔗糖	成都 科龙	配蔗糖液,组织脱水	常温
多聚甲醛	天津 博迪	配4%多聚甲醛溶液,固定组织	常温
封闭用羊血清原液	北京 中杉金桥	配封闭液及抗体稀释液	-20℃
TritonX-100	北京 中杉金桥	配封闭液及抗体稀释液	常温
Tween-20	Solarbio	配PBST	常温
浓HCl	成都 欣海兴	调溶液pH	常温
NaOH	成都 石羊	调溶液pH	常温
OCT冷冻包埋剂	上海 亿欣	切片时包被组织	常温
第一抗体	GFAP:中杉金桥,兔属性	与目的抗原结合,形成抗原抗体复合物	4℃
第二抗体	Cy3:Jackson,羊抗兔	与抗原抗体复合物结合,在激发光下可发出红色荧光	-20℃
含DAPI的荧光封片剂	Invitrogen	细胞核显色,防荧光淬灭	4℃

三、实验试剂配制

1. 0.2mol/L、pH 7.4 的 PB 配制

A液:$NaH_2PO_4 \cdot 2H_2O$(分子质量为156.01Da)31.2g,用800ml 双蒸水溶解后倒入1000ml容量瓶中,加双蒸水定容至1000ml。

B液:$Na_2HPO_4 \cdot 12H_2O$(分子质量为358.1Da)71.6g,用800ml 双蒸水溶解后倒入1000ml容量瓶中,加双蒸水定容至1000ml。

取19ml A液、81ml B液,充分混合即为0.2mol/L 的 PB,pH约为7.4,用pH计测试。若pH偏高或偏低,可通过改变二者的比例来调整,室温保存即可。

2. 0.1mol/L PB(pH7.4) 取500ml 0.2mol/L PB,加水稀释至1000ml 即可。

3. 0.01mol/L PBS(pH7.4) 称取 NaCl 9g 及 0.2mol/L 的 PB 50ml,加入1000ml 的容量瓶中,最后加双蒸水至1000ml,充分混匀即可。

4. 4%多聚甲醛 40g 多聚甲醛溶解于800ml 0.1mol/L PBS 溶液中,放置于60℃恒温水浴锅加热,搅拌待其溶解至清晰为止,冷却后加0.1mol/L PBS 定容至1000ml。

5. 0.9% NaCl 溶液 用电子天平称取9g NaCl,单蒸水溶解后定容至1000ml。

6. 0.01mol/L PBS/0.3% TritonX-100 1000μl 移液枪吸取997μl 0.01mol/L PBS,

10μl 移液枪加入 3μl TritonX-100 原液,振荡器混匀,低速离心,备用。

注意:TritonX-100 是非常黏稠的液体,用移液枪吸取时不要伸到液面下太深,以免枪头外面沾有该液体而影响液体配制溶液的浓度;同时,吸取时枪芯应慢慢放开,才可以充分吸起;另外其比重大,所以吸取后应马上转移到要配制的液体里,以免转移时丢失;最后就是因其难溶性,所以要在混匀器上充分振荡。

7. 5% 羊血清 移液枪吸取 0.01mol/L PBS/0.3% TritonX-100 95μl,加入 5μl 封闭用正常羊血清,混匀,4℃备用。

8. 2% 羊血清 用移液枪吸取 0.01mol/L PBS/0.3% TritonX-100 98μl,加入 2μl 封闭用正常羊血清,混匀,4℃备用。

9. 一抗的配制 一抗均用 2% 羊血清配制,按说明书中提供的浓度比配制不同浓度的一抗。

第三节 实 验 方 法

一、标本的获取

(1) 取健康 SD 大鼠用 3.6% 水合氯醛(1ml/100g)腹腔注射麻醉后,将其仰卧位固定在解剖台上。

(2) 在胸腹交界处,剪开皮肤,分离各层组织,剪开膈肌,暴露心包,分离各层组织,暴露心脏。

(3) 在鼠心左心室处,剪开 3~5mm 口子,将输液针头插入,用止血钳固定。

(4) 灌入 0.9% 的生理盐水,待右心隆起,在右心耳处剪一小口,放出血液。

(5) 待生理盐水灌注完毕,血液置换完后,灌注 4% 的多聚甲醛。

(6) 待鼠肝脏发白、全身发硬时,说明动物已固定。

(7) 灌注完毕后,将已灌注好的动物取俯卧位固定在解剖台上。

(8) 沿后正中线剪开各层组织,逐层分离,暴露脊柱,小心取出脊髓。

(9) 放入 15% 蔗糖多聚甲醛溶液中,待组织沉底后置于 30% 蔗糖多聚甲醛溶液中继续沉底,进一步脱水固定。

二、组织切片

脊髓组织用 OCT 包埋剂包埋后,放入恒温切片机 -20℃ 速冻 10 分钟进行切片,厚度为 20μm,展平后贴片于已包被的玻璃片上,并用铅笔标记(注意:不能用油性标记笔,否则遇二甲苯会脱色)。

三、抗原抗体反应

(1) 将标本放入另一盛有 0.01mol/L PBS 溶液的缸中进行漂洗,5 分钟×3 次。

(2) 5%羊血清,37℃孵育30分钟,减少非特异性背景,置于湿盒中。用血清进行封闭是为了防止组织或细胞切片上剩余位点非特异性吸附抗体,导致假阳性结果,所用血清属性一般与二抗相同。

(3) 一抗(GFAP,中杉金桥,兔,1∶100)孵育,4℃冰箱过夜。空白对照加2%的羊血清代替一抗。

(4) 0.01mol/L PBST溶液漂洗,5分钟×3次。

注意:PBST即为0.1% Tween的0.01mol/L PBS液,Tween可降低背景显色。

(5) 二抗(Cy3,Jackson,羊抗兔,1∶200)孵育,37℃孵育2小时,避光处理。

(6) 0.01mol/L PBST溶液漂洗,5分钟×3次,避光处理。

(7) DAPI复染。

四、封片并观察结果

防荧光淬灭剂封片,用荧光倒置显微镜观察结果。

第四节 实 验 结 果

在荧光显微镜下可观察到GFAP阳性染色荧光呈红色,灰质阳性细胞突起短,呈星芝状(见彩图12A),白质阳性细胞突起长,呈索状(见彩图12B),证明是星形胶质细胞。通过DAPI复染,可见细胞核呈蓝色。本实验证明此免疫荧光单标技术成熟、可靠。红色阳性荧光结果特异(胞质及突起染色),胞质绕核分布。

第五节 结 果 分 析

本实验用免疫荧光单标技术成功鉴定了脊髓星形胶质细胞,并描述其在正常大鼠的定位,说明此技术成熟。荧光技术是由Coons等于1941年建立的,随着科技的进步,免疫荧光技术得到了飞速发展。荧光技术作为一种研究方法或实验手段,已被广泛地应用于医学科学领域内各种基础理论研究和临床诊断。本实验利用GFAP抗体,通过间接荧光染色法定位了GFAP在脊髓的分布,为了解星形胶质细胞在脊髓的形态特征、分布提供了直接的形态学证据。

第六节 经验体会及注意事项

(1) 抗体孵育时间的选择:室温高时可适当减少孵育时间,室温低时可适当增加孵育时间。

(2) 抗体的选择:一抗的选择应注意其种属特异性,根据一抗的种属选择相应的二抗,且应严格按照抗体说明书配制、分装和保存抗体。

(3) 从二抗孵育开始使用湿盒避光。

（4）抗体在-20℃保存，应避免反复冻融。

附：其他抗体荧光单标

为让读者了解一些抗体的标记结果，我们挑选了读者常用的抗体荧光单标总结列表如下，以供参考：

名称	公司	属性	推荐浓度	使用浓度	染色组织	阳性部位	阳性强度
Brdu	Roche	鼠		1∶100	诱导干细胞	胞质及核	强
GFP	Abcam	兔	1∶200~1∶500	1∶100	胚胎干细胞	胞质	强
SNAP-25	Millipore	鼠	1∶500~1∶500	1∶100	PC12细胞	胞质	较强
IL-10	Bioss	兔	1∶100~1∶500	1∶100	PC12细胞	胞质及核	稍弱
TNF-α	Bioss	兔	1∶100~1∶500	1∶100	PC12细胞	胞质及核	强
ACO2	Epitmoics	兔	1∶100~1∶250	1∶100	PC12细胞	胞质及核	强
Carbonic Anhydrase 1	Epitmoics	兔		1∶100	PC12细胞	胞质及核	稍弱
GAPDH	Epitmoics	兔	1∶100	1∶100	PC12细胞	胞质及核	强
Tropomyosin-4	Chemicon	兔	1∶500	1∶400	PC12及C6细胞	胞质	强
Vimentin	Epitmoics	兔	1∶250~1∶500	1∶200	PC12及C6细胞	胞质	较强
Neun	中杉金桥	鼠	1∶50~1∶200	1∶100	脊髓	灰质胞质	强
elf-5A	Abcam	兔	1∶250~1∶500	1∶200	脊髓	胞质	强
Beta Synuclein	Epitmoics	兔	1∶100~1∶250	1∶100→1∶50	脊髓	灰质胞质	强
Glyoxalase 1	Epitmoics	兔		1∶100→1∶50	脊髓	灰质及白质胞质	稍弱
LDH-B（Heart Subunit）	Epitmoics	兔	1∶50~1∶100	1∶50	脊髓	灰质及白质胞质	强
alpha-synuclein	Epitmoics	兔	1∶50~1∶100	1∶100→1∶50	脊髓	灰质胞质	强

（钱保江　王廷华）

参 考 文 献

曹雪涛. 2010. 免疫学技术及其应用. 北京：科学出版社

钱旻. 2011. 免疫学原理与技术. 北京：高等教育出版社

许屏. 2000. 荧光和免疫荧光染色技术及应用. 北京：人民卫生出版社

朱长庚. 2009. 神经解剖学. 第2版. 北京：人民卫生出版社

Wulf B Storch，阮幼冰. 2000. 免疫荧光基础. 第2版. 北京：人民卫生出版社

第二十章 大鼠脊髓白质GFAP阳性星形胶质细胞和GDNF免疫荧光双标技术

第一节 实验原理

免疫荧光双标法(double immunofluorescence labeling method)是指在同一组织细胞标本上标记细胞内两种蛋白质分子的方法。该方法可以通过抗原-抗体反应,对两种抗原进行双重荧光染色,以达到同时检测两种抗原的目的。在进行免疫荧光双重标记时,免疫荧光双标一抗必须是来自不同种属动物的两种特异性抗体(例如,A抗体为兔源;B抗体为鼠源)。其次,两种二抗所带荧光素的发射光不应重叠,且应尽量远离,通常可以选择Alex488和Cy3组合。通常情况下,可两种一抗同时孵育,然后同时孵育两种二抗。当然,若不嫌麻烦,也可分别进行染色。本实验以胶质纤维酸性蛋白(GFAP)和胶质源性生长因子(GDNF)两种抗体同时染色标记脊髓星形胶质细胞和GDNF为例来介绍免疫荧光双标技术。

第二节 实验所需设备、试剂及其配制

一、实验仪器

本实验所需仪器见表20-1。

表20-1 实验仪器

仪器名称	生产厂家	用途
纯水设备	艾柯	配制PBS及PBST溶液
制冰机	SANYO	使配制抗体保持相对低温
微量电子天平	Sartorius	准确称量固体试剂
PHS-4C$^+$型精密pH仪	成都世纪方舟	调节PBS及PBST的pH
旋涡混匀器	CRYSTAL	混匀抗体
37℃恒温箱	上海跃进医疗器械厂	封闭,抗体的孵育
倒置荧光显微摄像系统	Leica	结果观察及图像采集
恒冷式切片机	Leica	获取组织切片
XK96-A快速混匀器	姜堰市新康医疗器械有限公司	混匀抗体
10μl、200μl、1000μl Eppendorf可调微量移液枪		抗体配制

二、实验试剂

本实验所需试剂见表20-2。

表20-2 实验试剂

试剂名称	生产厂家	试剂用途	储存条件
$NaH_2PO_4 \cdot 2H_2O$	广州 华大	配PBS及PBST	常温
$Na_2HPO_4 \cdot 12H_2O$	广州 华大	配PBS及PBST	常温
NaCl	天津 瑞金特	配PBS及PBST	常温
蔗糖	成都 科龙	配蔗糖液,组织脱水	常温
多聚甲醛	天津 博迪	配4%多聚甲醛液,固定组织	常温
封闭用羊血清原液	北京 中杉金桥	配封闭液及抗体稀释液	−20℃
TritonX−100	北京 中杉金桥	配封闭液及抗体稀释液	常温
Tween−20	Solarbio	配PBST	常温
浓HCl	成都 欣海兴	调溶液pH	常温
NaOH	成都 石羊	调溶液pH	常温
OCT冷冻包埋剂	上海 亿欣	切片时包被组织	常温
一抗	GFAP:中杉金桥,兔属性;GDNF:中杉金桥,小鼠属性	与目的抗原结合,形成抗原-抗体复合物	4℃
二抗	Dylight 549:Beyotime,羊抗兔;Alexa 488:Invitrogen,羊抗鼠	与抗原-抗体复合物结合,在激发光下可发出红色和绿色荧光	−20℃
含DAPI的荧光封片剂	Invitrogen	细胞核显色,防止荧光淬灭	4℃

三、实验试剂配制

1. 0.2mol/L pH 7.4 的 PB 的配制

A液:$NaH_2PO_4 \cdot 2H_2O$(分子质量为156.01Da)31.2g,用800ml双蒸水溶解后倒入1000ml容量瓶中,加双蒸水定容至1000ml。

B液:$Na_2HPO_4 \cdot 12H_2O$(分子质量为358.1Da)71.6g,用800ml双蒸水溶解后倒入1000ml容量瓶中,加双蒸水定容至1000ml。

取19ml A液、81ml B液,充分混合即为0.2mol/L的PB,pH约为7.4,用pH计测试。若pH偏高或偏低,可通过改变二者的比例来加以调整,室温保存即可。

2. 0.1mol/L PB(pH7.4) 取500ml 0.2mol/L PB,加水稀释至1000ml即可。

3. 0.01mol/L PBS(pH7.4) 称NaCl 9g及0.2mol/L的PB 50ml,加入1000ml的容量瓶中,最后加双蒸水至1000ml,充分混匀即可。

4. 4%多聚甲醛 40g多聚甲醛溶解于800ml 0.1mol/L PBS溶液中,放置于60℃恒温水浴锅加热,搅拌待其溶解至溶液清亮为止,冷却后加 0.1mol/L PBS 定容至 1000ml。

5. 0.9% NaCl 溶液　用电子天平称取 9g NaCl,单蒸水溶解后定容至 1000ml。

6. 0.01mol/L PBS/0.3% TritonX-100　1000μl 移液枪吸取 997μl 0.01mol/L PBS,10μl 移液枪加入 3μl TritonX-100 原液,振荡器混匀,低速离心,备用。

注意:TritonX-100 是非常黏稠的液体,用移液枪吸取时不要伸到液面下太深,以免枪头外面沾有该液体而影响液体配制的浓度;同时,吸取时枪芯应慢慢放开,才可以充分吸起;另外其比重大,所以吸取后应马上转移到要配制的液体里,以免转移时丢失;此液体难溶,要在混匀器上充分振荡。

7. 5%羊血清　移液枪吸取 0.01mol/L PBS/0.3% TritonX-100 95μl,加入 5μl 封闭用正常羊血清,混匀,4℃备用。

8. 2%羊血清　用移液枪吸取 0.01mol/L PBS/0.3% TritonX-100 98μl,加入 2μl 封闭用正常羊血清,混匀,4℃备用。

9. 抗体的配制　抗体均用2%羊血清配制,按说明书中提供的浓度比配制抗体。

第三节　实 验 方 法

一、标本的获取

(1) 取健康 SD 大鼠用 3.6% 水合氯醛(1ml/100g)腹腔注射麻醉后,将其仰卧位固定在解剖台上。

(2) 在胸腹交界处,剪开皮肤,分离各层组织,剪开膈肌,暴露心包,分离各层组织,暴露心脏。

(3) 在鼠心左心室处,剪开 3~5mm 口子,将输液针头插入,用止血钳固定。

(4) 灌入 0.9% 的生理盐水,待右心隆起,在右心耳处剪一小口,放出血液。

(5) 待生理盐水灌注完毕,血液置换完后,灌注 4% 的多聚甲醛。

(6) 待鼠肝脏发白、全身发硬时,说明动物已固定。

(7) 灌注完毕后,将已灌注好的动物取俯卧位固定在解剖台上。

(8) 沿后正中线剪开各层组织,逐层分离,暴露脊柱,小心取出脊髓。

(9) 放入15%蔗糖多聚甲醛溶液中,待组织沉底后置于30%蔗糖多聚甲醛溶液中继续沉底,进一步脱水固定。

二、组 织 切 片

脊髓组织用OCT包埋剂包埋后,放入恒温切片机-20℃速冻10分钟进行切片,厚度为20μm,展平后贴片于已包被的玻璃片上,并用铅笔标记。

三、抗原抗体反应

(1) 将标本放入另一盛有 0.01mol/L PBS 溶液的缸中进行漂洗,5 分钟×3 次。
(2) 5% 羊血清,37℃封闭 30 分钟,在湿盒中进行,以减少非特异性背景。
(3) 一抗孵育(GFAP,中杉金桥,兔属性,1:100;GDNF,中杉金桥,小鼠属性,1:100),4℃冰箱过夜,空白对照加 2% 的羊血清代替一抗。
(4) 0.01mol/L PBST 溶液漂洗,5 分钟×3 次。
注意:PBST 即为 0.1% Tween 的 0.01mol/L PBS 液,Tween 可降低背景显色。
(5) 二抗孵育(Dylight 549,Beyotime,羊抗兔,1:200;Alexa 488,Invitrogen,羊抗鼠,1:200),37℃孵育 2 小时,避光。
(6) 0.01mol/L PBST 溶液漂洗,5 分钟×3 次,避光。

四、封片并观察结果

将含 DAPI 的封片剂滴到玻片中央,盖上盖玻片,用荧光倒置显微镜观察结果。

第四节　实　验　结　果

本实验用免疫荧光双标的方法标记了正常大鼠脊髓星形胶质细胞,同时显示 GDNF 染色,结果为阳性,说明此方法成熟。结果可观察到红色阳性星形胶质细胞在脊髓灰质和白质均有分布,胞浆和突起着色,绿色荧光证明这些细胞有 GDNF 表达。红色和绿色荧光有重叠,证明 GFAP 阳性星形胶质细胞表达 GDNF(见彩图 13)。

第五节　结　果　分　析

本实验采用间接法免疫荧光双标技术对正常大鼠星形胶质细胞是否表达 GDNF 进行标记,结果均为阳性,说明此技术成熟可靠。星形胶质细胞是哺乳动物脑内分布最广泛的一类细胞,也是胶质细胞中体积最大的一种。根据胶质丝的含量及胞突的形状,可将星形胶质细胞分为两种:在白质分布的纤维性星形胶质细胞及在灰质分布的原浆性星形胶质细胞。本实验中,我们通过荧光双标技术对正常大鼠脊髓星形胶质细胞进行染色,观察星形胶质细胞的形态特征,明确了它们在脊髓的定位,显示其同时表达 GDNF,充分体现了免疫荧光双标技术在两种抗原双重标记中的应用价值。

第六节　经验体会及注意事项

(1) 两种特异性一抗必须来源于不同种属,而荧光标记的二抗的种属必须与一抗的种属相匹配,且两种二抗所带荧光素的发射光不应重叠。

（2）封闭血清与二抗来源动物一致。
（3）一抗4℃孵育过夜比较好，背景比较清晰。
（4）从二抗孵育开始使用湿盒避光。

（钱保江　王廷华　刘　佳　饶　莹）

参 考 文 献

蔡文琴.2003.现代使用细胞与分子生物学实验技术.北京:人民军医出版社
曹雪涛.2010.免疫学技术及其应用.北京:科学出版社
路菊,孙玮,陈德英.2007.免疫荧光双重染色的激光共聚焦显微镜样品制备及观察.免疫学杂志,23(3)：344~350
钱旻.2011.免疫学原理与技术.北京:高等教育出版社
Wulf B. Storch,阮幼冰.2000.免疫荧光基础.第2版.北京:人民卫生出版社

附　　录

附录一　组织化学的常用试剂及处理

一、溶液的浓度

（一）百分浓度：指100份溶液中所含溶质的份数

1. 重量百分浓度（W/W）　表示100g溶液中含有若干克溶质。
2. 体积百分浓度（V/V）　表示100ml溶液中含有若干毫升溶质。
3. 体积重量百分浓度（W/V）　表示100ml溶液中含有若干克溶质。

重量百分浓度常用于工业上，如36% HCl溶液、95% H_2SO_4溶液等均属之。
体积重量百分浓度常用于一些溶液浓度的表示，如0.9%生理盐水、5%葡萄糖溶液等。
体积百分浓度也有应用，如95%乙醇溶液，实际为94.87%乙醇溶液（V/V），相当于92.23%乙醇溶液（W/W）。
在配制体积重量百分浓度时应注意：称取溶质重量入量液瓶内，先以少量水（或其他溶剂）将其溶解，再加水至刻度，摇匀即成。不可用量筒量取溶剂、再加入溶质的方法制备。

（二）克分子浓度

1. 重量克分子浓度　表示1000g溶剂内所含溶质的克分子数。
2. 体积克分子浓度　表示1L溶液中所含溶质的克分子数。

克分子浓度的特点：相等克分子浓度的任何溶液，只要体积相等，所含溶质的分子个数就相等，所以它是表示分子个数的浓度。

（三）当量浓度

表示1L溶液中所含溶质的克当量数。此种浓度与化学反应有关，即与参加反应的离子数有关。

二、缓冲液表

（一）Walpole乙酸缓冲液（pH 2.696~6.518）（附表1-1）

A液：
（1）0.2mol/L乙酸溶液（36%乙酸3.192ml或冰乙酸1.16ml加蒸馏水至100ml）。

(2) 0.01mol/L 乙酸(36% 乙酸 0.16ml 或冰乙酸 0.058ml 加蒸馏水至 100ml)。

B 液：

(1) 0.2mol/L 乙酸钠($CH_3COONa \cdot 3H_2O$, 分子质量为 136Da, 2.7218g, 加蒸馏水至 100ml)。

(2) 0.01mol/L 乙酸钠($CH_3COONa \cdot 3H_2O$, 分子质量为 136Da, 0.136g, 加蒸馏水至 100ml)。

附表 1-1　Walpole 乙酸缓冲液(pH 2.696~6.518)的配制

乙酸(ml)	乙酸钠(ml)	pH	
		0.2mol/L	0.01mol/L
20.2	0.0	2.696	3.373
19.8	0.2	2.913	3.477
19.6	0.4	3.081	3.523
19.4	0.6	3.202	3.590
19.0	1.0	3.416	3.647
18.0	2.0	3.723	3.863
16.0	4.0	4.047	4.110
14.0	6.0	4.270	4.337
12.0	8.0	4.454	4.527
10.0	10.0	4.626	4.717
8.0	12.0	4.802	4.910
6.0	14.0	4.990	5.077
4.0	16.0	5.227	5.373
2.0	18.0	5.574	5.713
0.0	20.0	6.518	6.777

(二) Sorensen 磷酸缓冲液(pH 5.3~8.04)(附表 1-2)

A 液：0.1mol/L 磷酸二氢钾或磷酸二氢钠(KH_2PO_4, 分子质量为 136.09Da, 1.361g, 或 $NaH_2PO_4 \cdot 2H_2O$, 分子质量为 156.03Da, 1.5603g, 加蒸馏水至 100ml)。

B 液：0.1mol/L 磷酸氢二钠($Na_2HPO_4 \cdot 2H_2O$, 分子质量为 177.99Da, 1.7799g 加蒸馏水至 100ml 或 $Na_2HPO_4 \cdot 12H_2O$, 分子质量为 358.14Da, 3.5814g 加蒸馏水至 100ml)。

附表 1-2　Sorensen 磷酸缓冲液(pH 5.3~8.04)的配制

pH	A 液(ml)	B 液(ml)	pH	A 液(ml)	B 液(ml)
5.3	9.75	0.25	6.81	5.0	5.0
5.6	9.5	0.5	6.98	4.0	6.0
5.91	9.0	1.0	7.17	3.0	7.0
6.24	8.0	2.0	7.38	2.0	8.0
6.47	7.0	3.0	7.73	1.0	9.0
6.64	6.0	4.0	8.04	0.5	9.5

(三) Michaelis Veronal-HCl 缓冲液 (pH 6.4~9.7) (附表 1-3)

A 液:0.1mol/L 二乙基巴比妥钠(分子质量为 206Da,2.06g 加蒸馏水至 100ml)。
B 液:0.1mol/L HCl 溶液。

附表 1-3 Michaelis Veronal-HCl 缓冲液(pH 6.4~9.7)的配制

pH	B 液(ml)	A 液(ml)	pH	B 液(ml)	A 液(ml)
6.4	19.6	20.4	8.1	10.3	29.7
6.5	19.5	20.5	8.2	9.2	30.8
6.6	19.4	20.6	8.3	8.2	31.8
6.7	19.3	20.7	8.4	7.1	32.9
6.8	19.2	20.9	8.5	6.1	33.9
6.9	18.8	21.2	8.6	5.2	34.8
7.0	18.6	21.4	8.7	4.4	35.6
7.1	18.2	21.8	8.8	3.7	36.7
7.2	17.8	22.2	8.9	3.1	36.9
7.3	17.3	22.7	9.0	2.6	37.4
7.4	16.8	23.2	9.1	2.2	37.8
7.5	16.1	23.9	9.2	1.9	38.1
7.6	15.4	24.6	9.3	1.5	38.5
7.7	14.5	25.5	9.4	1.0	39.0
7.8	13.5	26.5	9.5	0.8	39.2
7.9	12.4	27.6	9.6	0.6	39.4
8.0	11.4	28.6	9.7	0.4	39.6

(四) 0.05mol/L Tris-HCl 缓冲液 (pH 7.19~9.0) (附表 1-4)

A 液:0.2mol/L Tris-(hydroxymethyl)-aminomethane (Tris,分子质量为 121.14Da,2.432g,加蒸馏水至 100ml)。
B 液:0.1mol/L HCl 溶液(HCl 比重 1.19,含量 37%,0.84ml 加蒸馏水至 100ml)。

附表 1-4 0.05mol/L Tris-HCl 缓冲液(pH 7.19~9.0)的配制

pH	A 液(ml)	B 液(ml)	蒸馏水(ml)
7.19	10	18	12
7.36	10	17	13
7.54	10	16	14
7.66	10	15	15
7.77	10	14	16
7.87	10	13	17

续表

pH	A液(ml)	B液(ml)	蒸馏水(ml)
7.96	10	12	18
8.05	10	11	19
8.14	10	10	20
8.23	10	9	21
8.32	10	8	22
8.41	10	7	23
8.51	10	6	24
8.62	10	5	25
8.74	10	4	26
8.92	10	3	27
9.10	10	2	28

(五) 0.1mol/L Tris-maleate(马来酸)缓冲液(pH 5.08~8.45)(附表1-5)

A液:1mol/L maleic acid(分子质量为116.07Da,11.607g加蒸馏水至100ml)。
B液:1mol/L Tris(分子质量为121.14Da,12.114g加蒸馏水至100ml)。
C液:0.5mol/L NaOH(40.2g加蒸馏水至100ml)。

附表1-5 0.1mol/L Tris-maleate 缓冲液(pH 5.08~8.45)的配制

pH	A液(ml)	B液(ml)	C液(ml)	蒸馏水(ml)
5.08	5	5	1	39
5.30	5	5	2	38
5.52	5	5	3	37
5.70	5	5	4	36
5.88	5	5	5	35
6.05	5	5	6	34
6.27	5	5	7	33
6.50	5	5	8	32
6.86	5	5	9	31
7.20	5	5	10	30
7.50	5	5	11	29
7.75	5	5	12	28
7.97	5	5	13	27
8.15	5	5	14	26
8.30	5	5	15	25
8.45	5	5	16	24

(六) 0.1mol/L 枸橼酸-磷酸缓冲液(pH 2.6~8.0)(附表1-6)

A液:0.1mol/L 枸橼酸(无水,分子质量为192.13Da,1.9213g 或含一分子结晶水的枸橼酸钠,分子质量为210.14Da,2.1014g 加水至100ml)。

B液:0.2mol/L 磷酸氢二钠($Na_2HPO_4 \cdot 2H_2O$,分子质量为177.99Da,3.5598g 或 $Na_2HPO_4 \cdot 12H_2O$,分子质量为358.14Da,7.1628g 加水至100ml)。

附表1-6 0.1mol/L 枸橼酸-磷酸缓冲液(pH 2.6~8.0)的配制

pH	A液(ml)	B液(ml)	pH	A液(ml)	B液(ml)
2.6	17.82	2.18	5.4	8.85	11.15
2.8	16.83	3.17	5.6	8.40	11.60
3.0	15.89	4.11	5.8	7.91	12.09
3.2	15.06	4.94	6.0	7.37	12.63
3.4	14.30	5.70	6.2	6.78	13.22
3.6	13.56	6.44	6.4	6.15	13.85
3.8	12.90	7.10	6.6	5.45	14.55
4.0	12.29	7.71	6.8	4.55	15.45
4.2	11.72	8.28	7.0	3.63	16.47
4.4	11.18	8.82	7.2	2.61	17.39
4.6	10.65	9.35	7.4	1.83	18.17
4.8	10.14	9.86	7.6	1.27	18.73
5.0	9.70	10.30	7.8	0.86	19.15
5.2	9.28	10.72	8.0	0.55	19.45

三、常用封固剂

(一) Apathy 糖胶(改自 Romeis,1968)

阿拉伯胶	25g
蔗糖	25g
混合好加蒸馏水	50ml

在沸水浴中配制,不断搅拌,立即用湿脱脂棉过滤,加少量麝香草酚即可,于4℃保存,在冰箱或室温呈液态,使用方便。

(二) 甘油明胶(改自 Kaiser,1880)

白明胶	3.75g
蒸馏水	25ml
加温待溶解后加甘油	25ml

搅拌,水浴中再加热 5 分钟,立即用湿脱脂棉过滤即成,4℃保存,使用时水浴加温(40℃)使其溶化。

四、灌 注 固 定

1. 器具 吊瓶 2 个,T 形管,玻璃插管 2 个,止血钳 5 把,大剪刀,小剪刀,粗线,透明胶管,脱脂棉,镊子,小镊子,缝针。

2. 试剂 生理盐水 500ml(37℃),4% 多聚甲醛溶液(或 10% 甲醛溶液)500ml,乙醚(或其他麻醉剂)。

3. 方法

(1) 将吊瓶安好,一瓶装生理盐水,另一瓶装 4% 多聚甲醛溶液(或 10% 甲醛溶液)。将皮管内充满生理盐水,赶走气泡。

(2) 将动物用乙醚(或其他麻醉剂)麻醉后,捆绑四肢,暴露胸腹。沿中线剪开皮肤,暴露胸部,用镊子提到剑突,剪开膈肌,沿胸廓两侧剪断左右肋骨、肌肉,掀起胸软骨,暴露心脏。

(3) 剪开心包膜,分离主动脉,并在其下穿过两根线。

(4) 剪开左心室(3~5mm),将玻璃插管插入直至主动脉处,结扎,并将余线牢固系在插管上。

(5) 打开盐水吊瓶夹子,注入 0.85% 生理盐水(37℃)待右心膨起,用小针在右心耳上刺一小孔,放出血液,直至头及内脏发白为止。

(6) 关闭盐水夹子,打开固定液吊瓶夹子,灌注固定液,直至头及四肢等均已发硬,说明动物已被固定。

(7) 用另一条线结扎主动脉,防止注入的固定液倒流,等片刻,取材,再固定于 4% 多聚甲醛(或 10% 甲醛溶液)内。

附录二 原位杂交组织化学常用试剂及处理

一、杂交前准备

(一) DEPC 水

DEPC 水是经 DEPC 处理过的灭菌蒸馏水。

DEPC 即二乙基焦碳酸酯(diethylprocarbonate),可灭活各种蛋白质,是 RNA 酶的强抑制剂。原位杂交在杂交及其以前的各步处理中,所有液体试剂都应经 DEPC 处理。方法是:取市售 DEPC 1ml,加入 1L 待处理水(蒸馏水等)中,经猛烈震摇后,于室温静置数小时,然后高压灭菌,以除去降解的 DEPC(DEPC 分解为 CO_2 和乙醇)。有些试剂可直接加入 DEPC,终浓度一般为 0.1%~0.4%,原则上在杂交及其以前的步骤中,所有液体试剂均需要 DEPC 处理,或用 DEPC 水配制,包括乙醇的稀释。此外,接触标本以及与标本有关的容器的洗涤也需 DEPC 水洗涤。

注意：①DEPC 是一种潜在的致癌物质，在操作中应尽量在通风条件下进行，并避免接触皮肤。②含有 Tris 缓冲液的溶液中，不能加入 DEPC。

（二）载玻片的处理

组织原位杂交常在载玻片上进行，故载玻片的洗涤至关重要，必须保持清洁，并且不能有任何核酸酶的污染。处理方法如下：

(1) 先经洗衣粉水浸泡过夜，次日自来水流水冲洗后，泡酸数小时以上，取出后再用流水冲洗，双蒸水冲洗 2~3 次，置 160℃ 以上烤箱中烘烤 4 小时以上，或经 15 磅高压灭菌 20 分钟。经以上处理可清除载片上的核酸酶。

(2) HCl 处理法

试剂：①1mol/L HCl 溶液；②DEPC 水；③95% 乙醇溶液。

步骤：

1) 玻片在室温下于 1mol/L 的 HCl 溶液中浸泡 30 分钟。
2) DEPC 水中洗片。
3) 95% 乙醇溶液中洗片。
4) 空气中干燥。
5) 重复一遍步骤(1~4)。
6) 铝箔包好备用。

（三）硅化

【方法 1】

(1) 将一扎新的盖玻片分散开，在通风条件下于 0.1mol/L 的 HCl 中煮 20 分钟，待其冷却后，倒掉盐酸。

(2) 用去离子水漂洗盖玻片，竖放在架子上自然干燥。

(3) 硅化盖玻片：通风条件下，将单块的盖玻片在二甲二氯硅烷(dimethyldichlorosilane，DMDC)液中浸几下，竖放在架子上干燥。

(4) 收集干燥的盖玻片于一可耐热的 Petri 盘(或培养皿)中，用去离子水漂洗数次，彻底清洗。

(5) 用铝箔将装有盖玻片的培养皿包好，于 180℃ 烘烤 4 小时或过夜。取出待冷至室温后，即可进行后续处理。

附：2% DMDC

  DMDC   2ml
  三氯乙烷   98ml

配制：按比例两者充分混匀，静置待气泡消失即可使用。

用途：硅化玻片(盖片、载片均可)。

【方法 2】

将经过洗净的玻璃盖片分散开放在一金属网中，并将该网放入一接有真空泵的干燥器中。同时,在干燥器中放一盛有约1ml二甲二氯硅烷的小烧杯,盖好干燥器(确保密闭),抽真空约5分钟,然后让空气突然冲入干燥器,使DMDC均匀分散于干燥器空间。重建真空,并保持2小时后,再次让空气冲入。取出盛有盖片的金属网架,用锡箔纸包埋,于250℃以上烘烤4小时以上,最好过夜,冷却后备用。

本法可用于玻璃及塑料器皿的硅化。塑料器皿只能于60℃烤干。

【方法3】

APES(氨丙基三乙氧基硅烷)法

(1) 试剂

1) 2%的APES/丙酮(V/V)。

2) 丙酮。

3) DEPC水。

(2) 步骤

1) 玻片先于室温中在APES液中浸泡10秒钟。

2) 丙酮中洗涤。

3) DEPC水中漂洗。

4) 空气中干燥。

5) 4℃保存(最好用铝箔包好,避免污染)。

【方法4】

(1) 49ml氯仿与1mg二甲二氯硅烷(DMDC)配成溶液。

(2) 倒入每个拟硅化的试管或离心管中,浸泡5分钟后用乙醇或双蒸水冲洗。

(3) 玻璃器皿使用前应于180℃以上烘烤2小时以上,塑料器皿应于60℃烘烤过夜。

注意:DMDC有毒且高度挥发,应于通风环境操作并戴口罩、手套,避免接触皮肤或吸入。

(四) 载玻片的包被(粘贴)

1. 黏附剂

(1) 多聚赖氨酸(poly-L-lycine,PLL)

储备液(0.5%):

PLL　　　　　　　　25mg。

DEPC水　　　　　　5ml。

按上述剂量充分混合,即为浓度5mg/ml(0.5%)的PLL液。常分装成1ml的包装,-20℃存放。该液为储备液,可反复冻融,无明显影响。用前充分混合。

工作液(0.01%):

0.5% PLL　　　　　1ml

DEPC水　　　　　　50ml

充分混合,静置待气泡消失。

(2) 明胶液

明胶　　　　　　　　2.4g

甲明矾　　　　　　　　2.4g
DEPC 水　　　　　　　加至 1000ml

配法:先称取明胶溶于 500~800 ml DEPC 水中,加热搅拌助溶,待明胶完全溶解以后,加入甲明矾溶解即可使用。注意,包被玻片时,明胶液温度最好保持在 60℃ 左右,此时效果最佳。方法同 PLL 包被玻片。

2. 多聚赖氨酸包被玻片的制备方法(其他包被剂相同)

(1) 将事先准备好的经 160℃ 以上烘烤,并冷却至室温的玻片(载片或盖片),在 0.05%(也有用 0.1%)的 PLL 液中上下浸蘸几下,分散开竖放在架子上,于空气中自然干燥,4℃ 备用。

注意:①浸蘸时,务必使整个玻片完全浸于液体中,否则,包被不完全会产生标本脱落现象。②干燥过程中注意避免尘埃污染。③按上法处理的玻片通常可存放一定时间(室温一个月以上,4℃ 更长),但仍建议尽早使用。

(2) 多聚赖氨酸 1mg 溶于灭菌之去离子水或 1mmol/L 的 Tris-HCl 缓冲液中(pH7.0),将其涂布于玻片上,待干燥后即可使用。该法包被的玻片可用于细胞涂片和切片。

(3) 将 PLL 工作液滴至盖玻片上(5μl/片),用另一盖玻片以推血涂片方法推片,或用另一盖玻片紧贴于其上,相互摩擦以使两盖玻片相对的一面涂布上 PLL。该法制备的玻片,只有一面包被有 PLL,故制备时,待其晾干后,应做好记号,然后保存备用。

多聚赖氨酸可用于多种核酸杂交,方法简单,结果可靠,有许多其他方法不可比拟的优点。配制好的液体可存放于 4℃ 或室温,但时间过长会解聚而失效,故建议使用时尽量新鲜配制。

(4) Vectabond 黏附剂:该试剂是 Vector 公司新近推出的一种新型黏附剂。它与其他黏附剂的主要区别是:一般的黏附剂是通过物理性覆盖在玻片表面,天长日久,可能由于包被不完全或局部脱落而致切片等标本易于脱落。而 Vectabond 试剂是通过化学性作用,改变玻璃表面的分子结构,使标本贴附牢固,不易脱落,且保持时间长久,耗量小,价格便宜,一个包装 7ml 可配成 350ml 工作液使用。

操作程序:玻片→丙酮(5 分钟)→Vectabond 试剂工作液(5 分钟)→蒸馏水(2×5 分钟)→干燥(温箱,数小时过夜)→用铝箔包好,室温备用。

注意:在准备和保存过程中应避免污染。

经上述处理的载玻片一般可存放半年以上(4℃ 可保存更长时间)。

(五) 鲑鱼精子 DNA 的制备

(1) 在 50ml 灭菌聚乙烯管中加入 1g 鲑精 DNA,加入 15ml DEPC 水使其浸泡 15 分钟至 2 小时。

(2) 加入 2.5 ml 2 mol/L HCl 溶液,室温放置。DNA 形成白色沉淀,充分振摇至沉淀物相互缠绕在一起,用吸头尖端使之形成一球团状(2~3 分钟)。

(3) 加入 5.0 ml 2mol/L 的 NaOH 溶液。振摇小管使 DNA 悬浮、溶解,将小管置 50℃ 15 分钟助溶。

(4) 用 DEPC 水将混合物稀释至 175ml(总体积),充分混合,注意确保管内已无颗粒状物。

（5）加入 20 ml 1mol/L 的 Tris-HCl 缓冲液（pH 7.4）。

（6）用 2mol/L 的 HCl 滴定至 DNA 溶解，pH 7.0~7.5。

（7）用无菌微孔滤膜过滤液体，去除颗粒。260nm 处测定溶液的 OD 值，方法是取 20μl DNA 液混合于 980μl 水中，混匀后测定，吸收值乘以 50 即为 DNA 浓度（μg/ml）。

（8）制备好的 DNA 液储于 -20℃ 备用，用前取出冻融后煮沸。

二、关于探针的标记

（一）cRNA 探针的放射性素标记

1. 标记液（转录标记）

5×转录缓冲液	2μl
DDT（400mmol/L）	1μl
线性化 DNA 探针（模板）（1μg/μl）	1μg
^{32}P-CTP[12.5μmol/L,50μCi(1.85×10^{6}Bq)]	5μl
RNA 聚合酶（20U/μl）	1μl

2. 转录缓冲液

Tris-HCl（pH7.5）	200mmol/L
$MgCl_2$	30mmol/L
精脒	10mmol/L
DTT	50mmol/L
BSA（不含 RNA 酶）	0.5 mg/ml
HPRI	5000U/ml
ATP	2.5mmol/L
GTP	2.5mmol/L
UTP	2.5mmol/L
CTP*	

*用地高辛或生物素标记时，用 UTP 替代。

3. 标记终止液

无 RNA 酶的 DNA 酶	1μl
tRNA（10mg/ml）	1μl
灭菌蒸馏水	188μl

4. 标记探针水解液

0.4 mol/L $NaHCO_3$ 溶液	20μl
0.6 mol/L Na_2CO_3 溶液	20μl
灭菌蒸馏水	160μl

先用蒸馏水悬浮探针，再加入后两种试剂，轻轻振摇混合，于 60℃ 条件下反应。

5. 探针水解时间

$$t = \frac{L_0 - L_f}{K \times L_0 \times L_f}$$

式中，L_0 为探针初始长度(kb)；L_f 为探针的终长度(kb)；K 为 0.11kb/min。

6. 探针水解终止液

		（终浓度）
3mol/L 乙酸钠	6.6μl	(0.1mol/L)
乙酸	1.3μl	(0.5% V/V)

每次加入后充分混合，临用前配。

7. 探针沉淀液

7mol/L 乙酸胺	100μl
100% 乙醇	750μl
tRNA(10mg/ml)	2μl

每次加入，充分混合，新鲜配制。

（二）寡聚核苷酸 3′端标记（cRNA 探针）

1. 标记反应液

寡核苷酸	20ng
5×转录缓冲液	4μl
^{32}P-dATP[3000Gy/(mmol·L)]	7μl
$CoCl_2$	2μl
末端转移酶	1μl
灭菌蒸馏水	20μl

2. 终止液　0.2mol/L EDTA
3. 探针沉淀液

tRNA	1μl
7mol/L 乙酸胺	100μl
纯乙醇	750μl

（三）cRNA 探针非放射性核素标记（地高辛及生物素）

1. 标记液

5×转录缓冲液	2μl
0.2mol/L DTT	1μl
模板 DNA(1μg/μl)	1μl
Dig-11-UTP(10 mmol/L) △	1μl
^{32}P-CTP *	1μl
RNA 聚合酶(20U/μl)	1μl
灭菌蒸馏水	3μl

注△生物素标记时为 10mmol/L 的生物素-11-UTP；*为检测标记率而加。

2. 转录标记终止液

（1）0.2 mol/L EDTA：用于地高辛标记法。

（2）生物素标记终止液

不含 RNA 酶的 DNA 酶(1U/μl)	1μl
HPRI	1μl
tRNA(10μg/μl)	2μl
灭菌蒸馏水	186μl

（四）DNA 探针标记常用试剂的配制

1. 10×缺口平移缓冲液 200mmol/L Tris-HCl 溶液(pH 7.4)(含 50mmol/L MgCl$_2$)，100mmol/L β-巯基乙醇，1mg/ml BSA。

2. 缺口平移反应终止液 200mmol/L NaCl，10mmol/L Tris-HCl 溶液(pH 7.4)，11mmol/L EDTA，0.5% SDS。

3. DNase I 干粉状 DNase I(2000～3000U/mg)溶于 20mmol/L Tris-HCl 溶液(pH 7.5)中(1mg/ml)，10μl 分装，−20℃保存 1 年。

4. 10×DNA 聚合酶 I（Klenow 片段）缓冲溶液 500mmol/L Tris-HCl 溶液(pH 6.6)，100mmol/L MgCl$_2$，10mmol/L DTT，0.5mg BSA。

5. 10×激酶缓冲液 500mmol/L Tris-HCl(pH 7.4)，50mmol/L MgCl$_2$ 溶液，20mmol/L DTT，1.0mmol/L 亚精胺。

6. 10×随机引物标记缓冲液 500mmol/L Tris-HCl 溶液(pH 6.6)，100mmol/L MgCl$_2$，10mmol/L β-巯基乙醇，500μg/ml BSA。

7. 1×加尾缓冲液 100mmol/L 二甲胂化钾(pH 7.0)，1mmol/L CoCl$_2$ 溶液，0.2mmol/L DTT 溶液。

8. 1mol/L MgCl$_2$ MgCl$_2$ 47.60g 溶于 500ml 水中，100ml 分装，高压灭菌，室温保存。

9. 0.25mol/L EDTA(pH 8.0) EDTA 52.02g 溶于 400ml 水中，调 pH 至 8.0，加水至 500ml，100ml 分装，高压灭菌，室温保存。

10. 4mol/L 乙酸钠 取无水乙酸钠 82g 溶于 200ml 水中，用乙酸调 pH 至 6.5，加水至 250ml，高压灭菌，或 0.45μm 膜过滤，室温保存。

11. 10% SDS 溶液 10gSDS（十二烷基硫酸钠）溶于 50ml 水中，加水至 100ml，分装后室温保存。

12. 20×SSC 取 NaCl 175.3g、枸橼酸钠 88.2g，加水至 1000ml，用 10mol/L NaOH 调 pH 至 7.0，高压灭菌，室温保存。

13. 无菌水 100ml 去离子水或双蒸水，分装，高压灭菌，室温保存，开瓶后仅限 1 周内使用。

14. 10×激酶缓冲液 500mmol/L Tris-HCl(pH 7.4)，100mmol/L MgCl$_2$，50mmol/L DTT，10mmol/L 亚精胺(非必需)。

15. T$_4$ 多聚核苷酸激酶 10U/μl，保存在甘油中，−20℃。

16. TE 缓冲液（Tris/EDTA） 10mmol/L Tris（pH 7.4）(0.5ml 2mol/L 储存液），0.1mmol/L EDTA pH8.0(20μl 0.5mol/L 储存液），加水至100ml，室温保存。

17. 2mol/L Tris-HCl（pH 7.4） Tris 242.2g 溶于850ml，加浓HCl 75ml，边加边缓慢搅动，调pH至7.4，再加水至1000ml。

18. 1mol/L DTT（二硫苏糖醇） 3.0g DTT溶于20ml水中，分装，于-20℃储存。

19. 0.5mol/L EDTA（乙二胺四乙酸二钠盐） 在烧杯中先加入300ml水，加入93.5g EDTA-Na$_2$·2H$_2$O，充分混匀，加10mol/L NaOH调pH至8.0，加水至500ml。

20. 10mol/L NaOH 溶液 200g NaOH溶于450ml水中，混匀，再加水至500ml。

21. 5mol/L NaCl 溶液 292.25g NaCl，加水至1000ml。

22. 1mol/L HCl 溶液 加86.2ml浓盐酸至913.8ml水中。

23. 1mol/L CaCl$_2$ 溶液 147g CaCl$_2$·2H$_2$O，溶于1000ml水中，高压灭菌，室温保存。

三、固　定　剂

进行原位杂交的组织或细胞标本常需经固定处理。尽管许多化学物质对组织/细胞有固定作用，但核酸原位杂交的理想固定液应具备如下特点：①能很好地保持组织细胞的形态；②对核酸无抽提、修饰及降解作用；③不改变被检核酸分子在组织细胞内的定位；④对核酸及探针的杂交过程无阻碍作用；⑤固定液本身对杂交信号无遮蔽、掩盖作用，如不使本底增加等；⑥理化性质稳定、价格低廉。

1. 4%多聚甲醛溶液（paraformaldehyde，PFA）

配方：PFA　　　　　　　　　　　40g
　　　DEPC 水　　　　　　　　　加至500ml
　　　2×PBS　　　　　　　　　　加至1000ml

配法：称取40g PFA 溶于装有500ml DEPC水的玻璃容器（烧杯或烧瓶）中，持续加热磁力搅拌至60~65℃，使成乳白色悬液。用1.0mol/L的NaOH调pH至7.0，使之呈清亮状（滴加），再加入约500ml 2×PBS，充分混匀（在冰浴或冷水浴中），可再检测一下pH，过滤后定容至1000ml，室温或4℃保存备用。

注意：①配制时应在通风条件下操作，并避免接触皮肤和吸入（戴手套及口罩），因PFA有较强的固定作用及毒性，对黏膜及皮肤有固定及毒性、刺激作用。②加热时，温度不宜过高，常为60~65℃。否则，PFA降解失效。③配制好的PFA虽可存放一定时间，但储存过久的液体，固定效果下降，建议尽早使用。

附：固定液用PBS的配制

配方：　　　　　　　　　　　　终浓度
　　NaCl　　　　　76.05g　　　0.13mol/L
　　Na$_2$HPO$_4$　　　　　　　　70mmol/L
　　NaH$_2$PO$_4$　　　　　　　　30mmol/L
　　DEPC 水　　　　　　　　　加至1000ml

配法：按上述比例称取试剂，溶于DEPC水（也可用蒸馏水加DEPC）500~800ml中，过滤后,加水定容至1000ml,高压灭菌。通常配制成10×PBS的储备液,2×PBS和1×PBS可用DEPC水稀释获得。

除用DEPC水配制PFA外,也有用灭菌蒸馏水或经DEPC处理的0.01~0.1mol/L的PBS配制,方法及注意事项同上。

4% PFA是目前原位杂交组织化学技术中最常用的固定液,它能较好地保持组织及细胞内的RNA,同时对形态保持也较好。通常组织块固定4~12小时,载片固定时间在10~15分钟,RNA含量较为恒定。过度延长固定时间会引起细胞内生物大分子的过度交联,影响探针的穿透力,降低杂交效率。

2. 甲醛

(1) 10%甲醛溶液(formaldehyde,FA)

  试剂:市售甲醛(约40%)   10ml
    DEPC水   90ml

量取两者充分混合即可。较适于检测RNA的组织及细胞的固定,也可用于新鲜冰冻切片后的固定。

(2) 10%甲醛溶液

  试剂:市售甲醛   5ml
    NaCl   9.0g
    DEPC水   90ml(定容至100ml)

较适于固定细胞。

(3) 10%中性甲醛溶液

  试剂:市售甲醛   100ml
    Na_2HPO_4 4g
    NaH_2PO_4 6.5g
    DEPC水   加至1000ml

常用于石蜡样品切片的固定。

10%的甲醛溶液由于有促进DNA双链分子交联的作用,干扰DNA变性,故不适于DNA杂交。在组织或细胞原位杂交中,可通过使用含50%甲酰胺的杂交液使DNA变性解链而解决。这类固定液在DNA/RNA杂交中有较好效果。

3. 4%戊二醛溶液 效果较40%的差。

4. 0.1%戊二醛溶液 常用于固定组织,适于新鲜组织冰冻切片及石蜡切片的后固定,常用于检测DNA的原位组织杂交方法。

5. 乙醇/乙酸(或冰乙酸) 将乙醇与乙酸按3:1的体积比充分混合即可。该液较适于固定细胞的原位杂交,尤其是在检测DNA时。

乙醇/乙酸虽广泛用于原位杂交中,其本底很低,即背景染色淡,但RNA保留较差。

6. 甲醇/乙酸(3:1) 用前按体积比3:1充分混合即可。

7. 甲醇/丙酮(1:1) 适于培养细胞的原位杂交技术。

8. 4%多聚甲醇/0.5%~1%戊二醛溶液 在pH 7.4磷酸缓冲液中,用于免疫电镜样品的固定。

四、LB 培 养

(一) 液体 LB 培养基 (Luria-Bertani 培养基)

试剂：胰蛋白胨 (bacto-tryptone)　　　　　　　　10g
　　　酵母提取物 (bacto-yeast extract)　　　　　5g
　　　NaCl　　　　　　　　　　　　　　　　　　10g
　　　H_2O　　　　　　　　　　　　　　　　　加至1000ml

配制：取一个1000ml的烧杯，将事先称取好的试剂加入杯内，加 H_2O 500~800ml，搅拌使其溶解完全。用5mol/L的NaOH溶液调pH至7.0，加入 H_2O 定容至1000ml。15磅高压灭菌20分钟。

(二) 琼脂糖平板培养基

细胞培养用琼脂 (或琼脂糖)　　　　　　　　15g
液体培养基 (如LB)　　　　　　　　　　　　加至1000ml

按浓度比例，将琼脂加入液体培养基 (如LB) 中，稍加搅拌，用纱布或纸封好瓶口，15磅高压灭菌20分钟。

五、小量质粒提取的主要试剂

溶液 I：
　　50mmol/L 葡萄糖溶液
　　25mmol/L Tris-HCl 溶液 (pH8.0)
　　10mmol/L EDTA 溶液
　　溶液酶 5mg/ml (现加)

溶液 II：
　　浓度：0.2mol/L　　　　　　　　　　NaOH
　　　　　1%　　　　　　　　　　　　 SDS
　　试剂：2mol/L NaOH　　　　　　　　10ml
　　　　　10% SDS　　　　　　　　　　10ml
　　　　　H_2O　　　　　　　　　　　80ml

溶液 III (3mol/L 乙酸钠)：
　　无水乙酸钠　　　　　　　　　　　40.2g
　　双蒸水　　　　　　　　　　　　　140ml
　　双蒸水　　　　　　　　　　　　　加至200ml

加热溶解后，再用冰乙酸 (约40ml) 调pH至4.8，补足 H_2O 至200ml。

六、杂交前处理

1. 蛋白酶(proteinase K)　蛋白酶 K 主要用于杂交前的标本处理,其作用是在一定程度上消化组织,利于检测分子的穿透,从而提高检测方法的敏感性。但各种组织在不同条件下消化程度不一,因此,具体应用时,应根据组织种类、温度确定反应时间及酶的浓度。过度消化可使组织形态结构遭到明显破坏,核酸分子也会受到影响。通常是将其配成储备液(1mg/ml),临用前,再配成工作液(约 0.025mg/ml)。配制方法:

(1) 储备液

蛋白酶 K	1mg(或 10mg)
灭菌双蒸水(或 DEPC 水)	1ml(或 10ml)

将两者充分混合后,分装成小份,-20℃存放,用时再取出冻融。

(2) 工作液(临用前配)

方法一:
蛋白酶 K 储备液(1mg/ml)	100μl
灭菌双蒸水或 DEPC	加至 4ml

取储备液(1mg/ml)按 1:40 稀释,充分混合,即得约含蛋白酶 K 25mg/ml 的工作液。

方法二:
蛋白酶 K 储备液(1mg/ml)	100μl
P-K 缓冲液	100ml

(3) 关于 P-K 缓冲液的配制

1) P-K 缓冲液

	0.1mol/L	Tris-HCl 溶液
	0.05mol/L	EDTA
配制:	1mol/L Tris-HCl 溶液(pH8.0)	10ml
	0.5mol/L EDTA	10ml
	双蒸水	80ml

称取上述试剂,充分混合即可。

2) 1mol/L 的 Tris-HCl 溶液(pH8.0)

Tris	121.1g
双蒸水	加至 1000ml

先将 Tris 于 800ml 双蒸水中溶解,用 HCl 将 pH 调至 8.0,双蒸水定容至 1000ml,高压灭菌,室温备用即可。

3) 0.5mol/L 的 EDTA

EDTA	186.1g
双蒸水	加至 1000ml

称取 EDTA 溶于约 600ml 双蒸水中,常需 60℃持续搅拌以助溶,滴加 NaOH 至 pH 接近 8.0 时,EDTA 才开始溶解。待完全溶解后,冷却至室温,NaOH 调 pH 至 8.0,双蒸水定容至 1000ml 高压灭菌,室温备用。

2. 甘氨酸

(1) 1mol/L 甘氨酸

甘氨酸	75g
双蒸水(或 DEPC 水)	加至 1000ml

称取甘氨酸 75g 溶于双蒸水(或 KEPC 水中最后用双蒸水补足)定容至 1000ml,高压灭菌备用。该液为储备液,-20℃储存。

(2) 甘氨酸工作液(0.1mol/L)

1mol/L 甘氨酸	100ml
PBS	900ml

将两者按 1:10 比例稀释,即得甘氨酸工作液。一般要求临用前新鲜配制。甘氨酸有终止蛋白酶 K 作用,以防过度消化。

3. 0.25%乙酸溶液-0.25%乙酸酐溶液

试剂: 三乙醇胺	13.2ml
NaCl	5.0g
浓 HCl	4.0ml
DEPC 水	加至 1000ml
乙酸酐(临用前加)	2.5ml

配制:按上述配方,先以少许 DEPC 水溶解 NaCl,然后加入三乙醇胺及浓 HCl,用 DEPC 水定容至约 1000ml,临用前,一边摇动瓶体一边加入乙酸酐充分混合,用水定容至 1000ml。操作时注意避免浓 HCl 溅出,最好在通风条件下进行。

生物体内有些组织,如神经组织中的蛋白质,对带负电荷的核酸探针较易吸附。经该液乙酰化处理后,可使切片标本表面带上负电荷,排斥带负电的核酸探针,减少非特异吸附,降低反应背景。

4. RNA 酶溶液

储备液:RNA 酶 A	1g
DEPC 水	100ml

取 RNA 酶 A 溶于 100ml DEPC 水中,分装成小份(1ml,10μg/ml),-20℃储存。

工作液:RNA 酶 A 储备液(10mg/ml)	100μl
2×SSC	100ml

临用前,取 RNA 酶 A 储备液,用 2×SSC 溶液配成工作液(10μg/ml)。

5. 0.2% Triton X-100 溶液

Triton X-100	2ml
PBS	998ml

取 2ml Triton X-100 加入 998ml PBS 中,充分振荡使其充分混合。

七、杂 交 用 液

1. SSC(standard saline citrate, SSC)　　通常配成 10×、20×、50×的储备液。

	10×	20×	50×
NaCl(g)	87.65	175.3	438.25
枸橼酸钠(g)	44.1	88.2	220.5
双蒸水(或 DEPC)水	加至 1000ml		

配制：先称取上述两种试剂，溶于约 800ml 双蒸水中，滴加 10mol/L 的 NaOH 溶液，将 pH 调至 7.0，补足双蒸水至 1000ml，加入终浓度为 0.1%~0.2% 的 DEPC，分装后高压灭菌，可室温保存。

该液主要用于配制预杂交液及杂交后的各种洗脱液，以保持一定的离子强度。此外，在用于杂交的湿盒内也常用 5×SSC 以保持一定湿度。

2. Denhardt 液 通常配成 10×、50× 或 100× 的储备液。

	10×	50×	100×
聚蔗糖(Ficoll 400)(g)	2	10	20
聚乙烯吡咯烷酮(PVP)(g)	2	10	20
牛血清白蛋白(BSA)(g)	2	10	20
灭菌双蒸水(或 DEPC 水)	加至 1000ml。		

配制：称取上述试剂，溶于 800ml 左右灭菌双蒸水中，定容至 1000ml，过滤后于 -20℃ 保存备用。

该液用于配制杂交液及预杂交液等。

3. 杂交液及预杂交液

		终浓度
去离子甲酰胺	500ml	50%
50×SSC(或 SSPF)	100ml	5×(或 6×)
50×Denhardt 液	250ml	5×
10% SDS	50ml	0.5%
变性鲑精 DNA*		100μg/ml
硫酸葡聚糖△	100g	10%
DEPC 水	加至 1000ml	

注：* 临用前加；△ 预杂交液不加。

配制：先以去离子甲酰胺与 SSC 于室温混合，加入硫酸葡聚糖于 50℃ 促溶，依次加入其他成分。硫酸葡聚糖在室温常需数小时才能完全溶解。有时需旋涡振荡。定容后充分混合。根据使用方便可分装(最好用铝箔将瓶子包好)存于 4℃，可达数月。注意：杂交缓冲液在使用前切忌污染。

变性被打断的无关 DNA(常为鲑精 DNA 或鲱精 DNA)可在预杂交及杂交前加入。此外，有许多物质(如肝素、多聚腺苷酸、乙酸钠等多种成分)可根据需要加入杂交液中，上述配方所列只是不可缺少的基本成分。

配制好的杂交液不宜反复冻融，否则易产生硫酸葡聚糖沉淀现象。使用前最好加热至 50℃，使其充分溶解后再加入探针分子，探针的浓度因实验目的、探针类型及标记方法而异，通常 RNA 探针分子浓度为 0.5~2μg/ml,DNA 探针浓度为 1μg/ml,此外,如使用 ^{35}S 标记的探针,还需加入终浓度为 100mmol/L 的二硫苏糖醇(dithiothreitol,DTT)至杂交液及杂交后的洗脱液中。

八、杂交后漂洗溶液

无论用何种标记方法及何种信号显示方法,在杂交后洗脱均是大同小异。在此,归纳几种带有共同性及常用的洗脱液。

1. 2×SSC

  0.1% Triton X-100(或 0.01% SDS)

  配制:20×SSC   100ml

     10% Triton X-100(或 10% SDS) 10ml

     灭菌双蒸水   加至 1000ml

该液常用于杂交后的初次洗脱,故离子强度较高。

2. 0.1×SSC

  0.1% Triton X-100(或 10% SDS)

  配制:20×SSC   5ml

     10% Triton X-100(或 10% SDS) 10ml

     灭菌双蒸水   加至 1000ml

该液常用于杂交后的第二次洗脱,离子强度较低,经过上述两套洗脱液后,有的还可用 2×SSC、10%(或 0.1%)SDS 洗脱。

3. RNA 酶 A(10μg/ml)

  RNA 酶 A(10μg/ml)   10μg

  2×SSC   加至 100ml

主要是洗去残留的 RNA,降低背景。用于以 RNA 为探针的原位杂交方法中。

4. Dig 标记探针杂交后处理液

  缓冲液 1:   终浓度

  (TSM_1) 1mol/L Tris(pH 7.5) 100ml 0.1mol/L

      5mol/L NaCl   20ml   0.1mol/L

      1mol/L $MgCl_2$ 2ml   2mmol/L

      BSA   30g   3%(价格高,不能负担可省略)

用双蒸水定容至 1000ml。

  缓冲液 2:   终浓度

  (TSM_2) 1mol/L Tris(pH 9.5)* 100ml 0.1mol/L

      5mol/L NaCl   20ml   0.1mol/L

      1mol/L $MgCl_2$ 50ml   50mmol/L

用双蒸水溶解并定容至 1000ml。

  缓冲液 3:1mol/L Tris(pH 7.5) 20ml   20mmol/L

(终止液)1mol/L EDTA	5ml	5mmol/L

配制同上。

AP 显色液:缓冲液 2		100ml
左旋咪唑		25mg
NBT/70% DMF		35mg/277μg
BCIP/DMF		17mg/222μg

左旋咪唑有消除内源性磷酸酶的作用。

九、原位杂交信号显示

目前应用原位杂交方法中,信号的显示有放射自显影、酶底物及免疫金银等方法,在此归纳有关的主要试剂。

1. A-B 显影液

A 液:对苯二酚	0.85g
枸橼酸钠	2.35g
枸橼酸	2.55g
去离子水(或双蒸水)	50ml
B 液:硝酸银	93mg
去离子水(或双蒸水)	50ml

称取上述试剂,按配方分别溶于 50ml 双蒸水中,于显影前,在室温将两者(A 液及 B 液)按 1:1 混合,稍加摇动促进混合,即可将贴有切片标本的玻片放入显影液,于室温避光(可暗室)反应 5~15 分钟。显影时间和温度相关,需自己根据情况摸索。终止反应只需将显影液倒出,自来水冲洗即可。倒出的 A、B 显影液可暂时不扔,光镜下观察,若明显显影不够,还可重新或继续显影。A、B 显影要求临用前配制,在显影时才将 A、B 两液混合。否则,A 液过久会产生黄色沉淀,增加背景。

A、B 液用于免疫金银法中,使金标记颗粒信号放大,形成棕黑色沉淀。

2. DAB-H_2O 显色液

DAB(二氨基联苯胺)	5mg
TBS	10ml
30% H_2O_2	10μl

该液用于标本被标记上辣根过氧化物酶(HRP)的方法。产物为棕黄色。

3. NBT-BCIP 显色液

NBT/DMF(75ng/ml 70% DMF)	20μl
BCIP/DMF(50mg/ml DMF)	20μl
AP 显色缓冲液	5ml

该液用于有碱性磷酸酶标记物的方法。产物为紫蓝色。

4. Kodak D-19 显影液

米吐尔	2g

无水亚硫酸钠	72g
对苯二酚	8.8g
无水碳酸钠	4.8g
溴化钾	4g
水	加至1000ml

配制：先将500ml水加温50℃，按上述配方顺序加药，同时充分搅拌，每加一种药至完全溶解后，再加另一种药品，否则，所配的显影液易产生浑浊而效果差，最后补足水至1000ml，充分混合，室温或4℃避光保存，最好包上纸。

该液用于放射自显影时的显影。

5. Kodak F-5 定影液（酸性坚膜定影液）

硫代硫酸钠	240g
无水亚硫酸钠	15g
28%乙酸*	48ml
硼酸（结晶）	75g
钾矾	15g
水	加至1000ml

注：*28%乙酸为3份冰乙酸和8份水的混合液。

配制：同Kodak D-19b显影液。

（黄秀琴　康　燕）

参 考 文 献

陈啸梅．1982．组织化学手册．北京：人民卫生出版社

李肇特．1993．组织化学．第3版．北京：北京医科大学、中国协和医科大学联合出版社

蔡文琴，王伯沄．1994．实用免疫细胞化学与核酸分子杂交技术．第2版．成都：四川科学技术出版社

彩 图

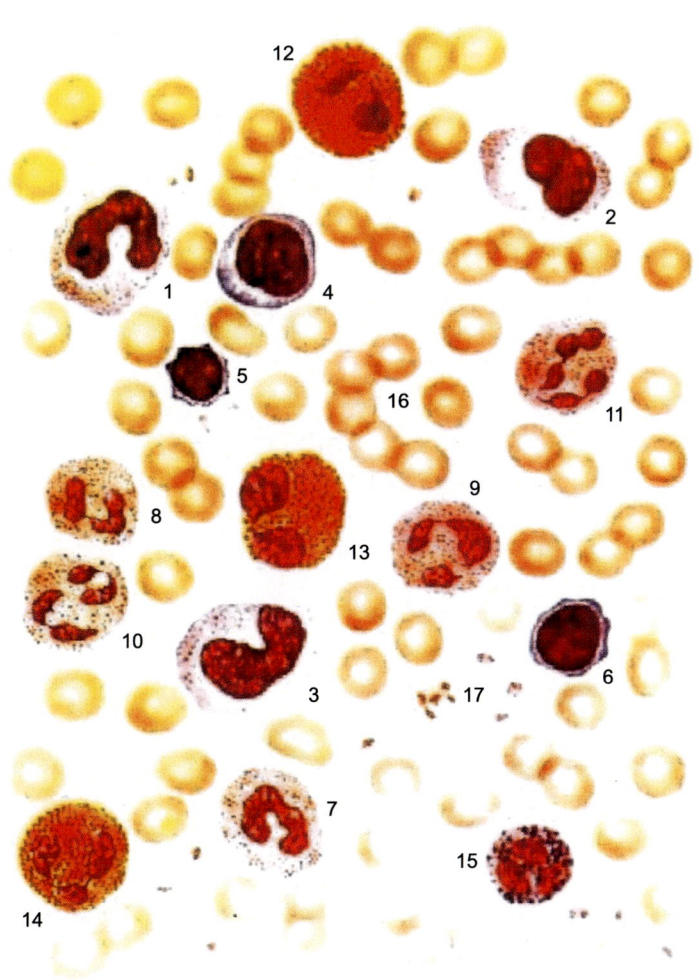

彩图 1　各种血细胞
1~3. 单核细胞；4~6. 淋巴细胞；7~11. 中性粒细胞；12~14. 嗜酸粒细胞；15. 嗜碱粒细胞；16. 红细胞；17. 血小板

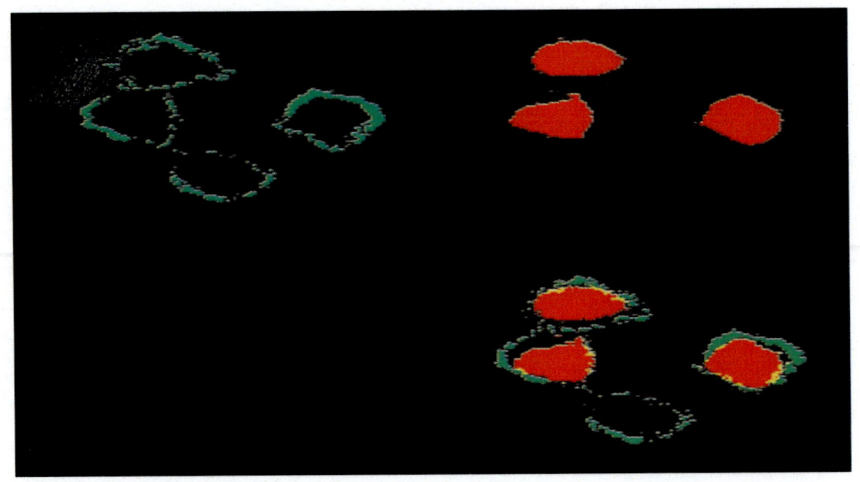

彩图2　共聚焦显微镜观察黏附细胞凋亡过程中的 FITC-Annexin V 和染色 PI

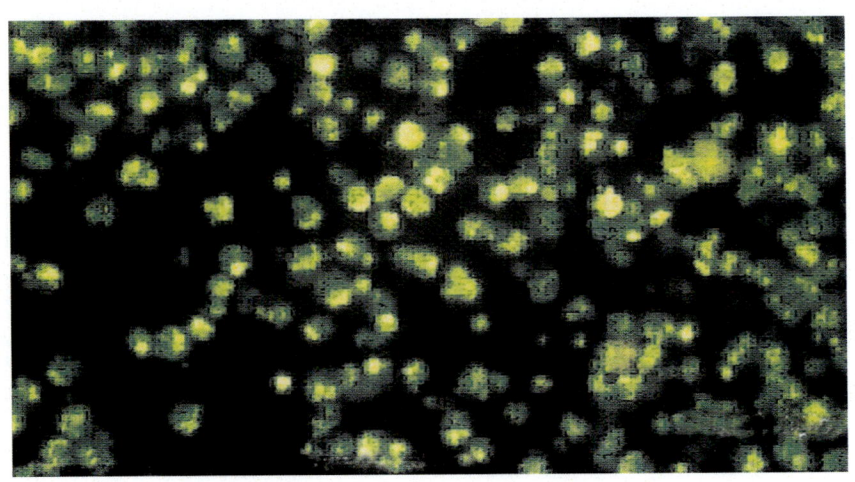

彩图3　荧光素标记 TUNEL 检测细胞凋亡

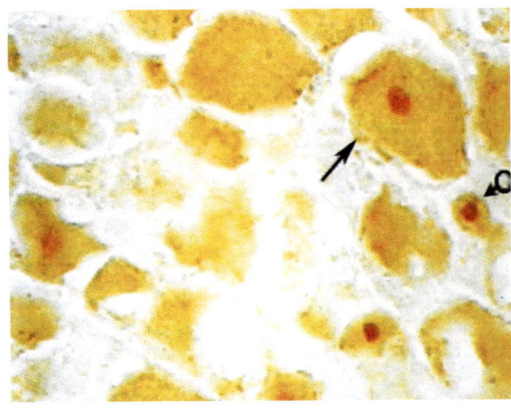

彩图4　正常猫 L_6 背根节 c-jun 免疫组化染色（400×）
c-jun 阳性大神经元（↑）、c-jun 阳性中小神经元（♂）

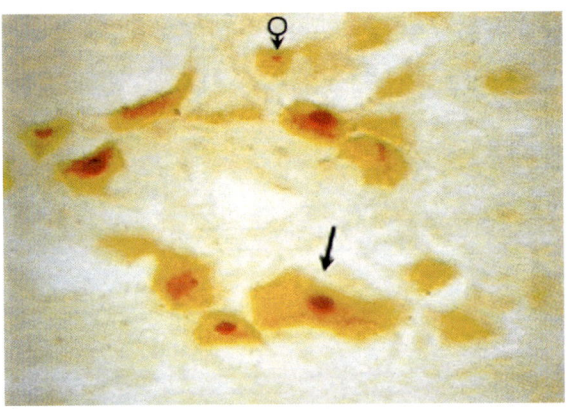

彩图5　正常猫 L_6 背根节 c-fos 免疫组化染色（400×）
c-fos 阳性大神经元（↑）、c-fos 阳性中小神经元（♂）

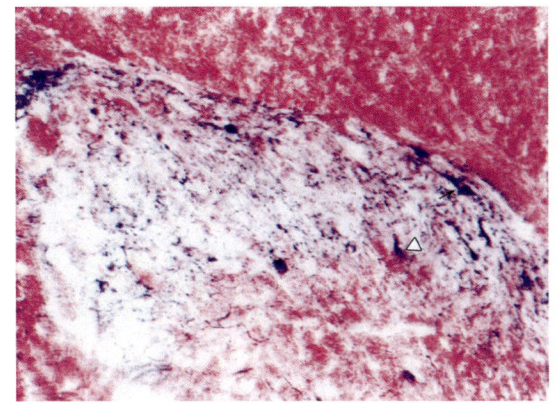

彩图6 NADPH-d 酶组织化学法
↑示脊髓1根层的 NOS 神经元，△示神经膨体

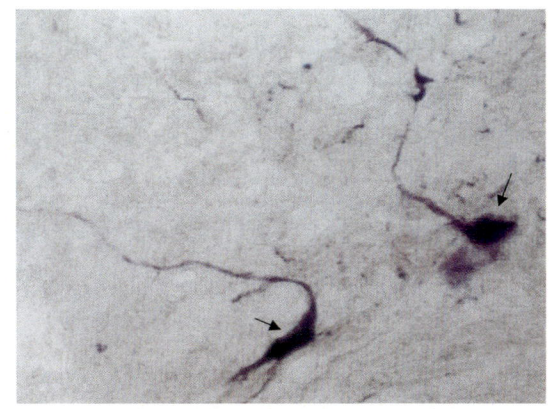

彩图7 NADPH-d 酶组织化学法
↑示脊髓中间带 NOS 阳性反应神经元

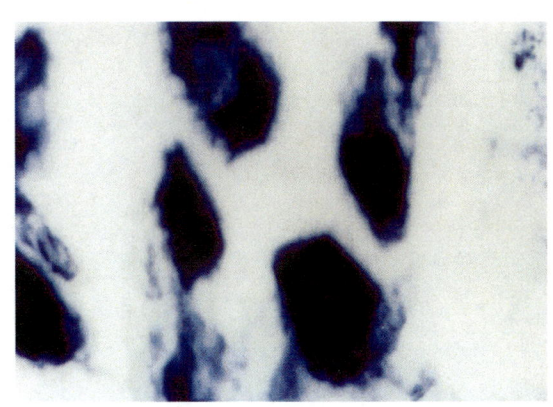

彩图8 DBNF mRNA 的阳性反应细胞

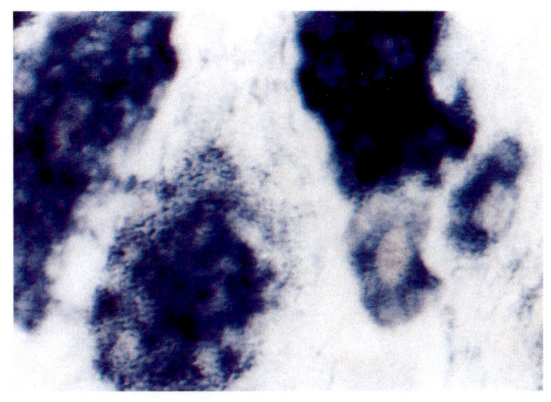

彩图9 NT-3 及 NT-3 mRNA 的阳性反应细胞

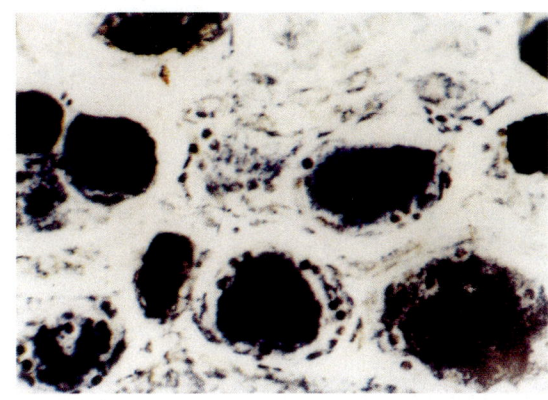

彩图10 BDNF 和 BDNF mRNA 的阳性反应细胞

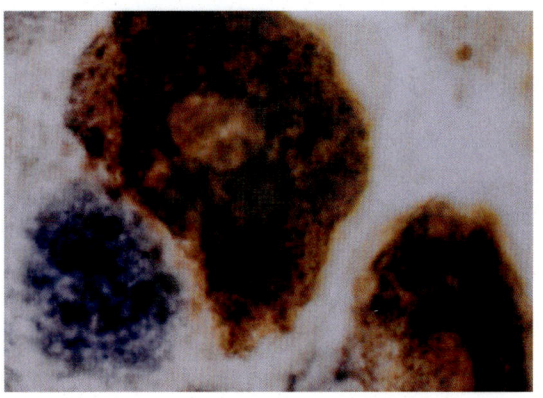

彩图11 NT-3 及 NT-3 mRNA 的阳性反应细胞

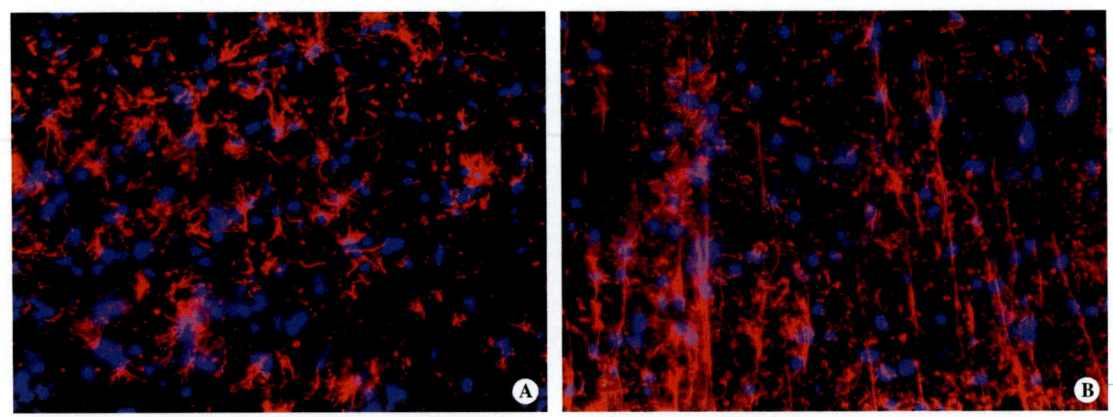

彩图 12　GFAP 在正常 SD 大鼠横切脊髓的分布
A. 为脊髓灰质，原浆型 GFAP 阳性细胞分支多而短，200×；B. 为脊髓白质，GFAP 阳性细胞突起呈放射状，细长而直，分支少，200×。A、B 均用 DAPI 复染

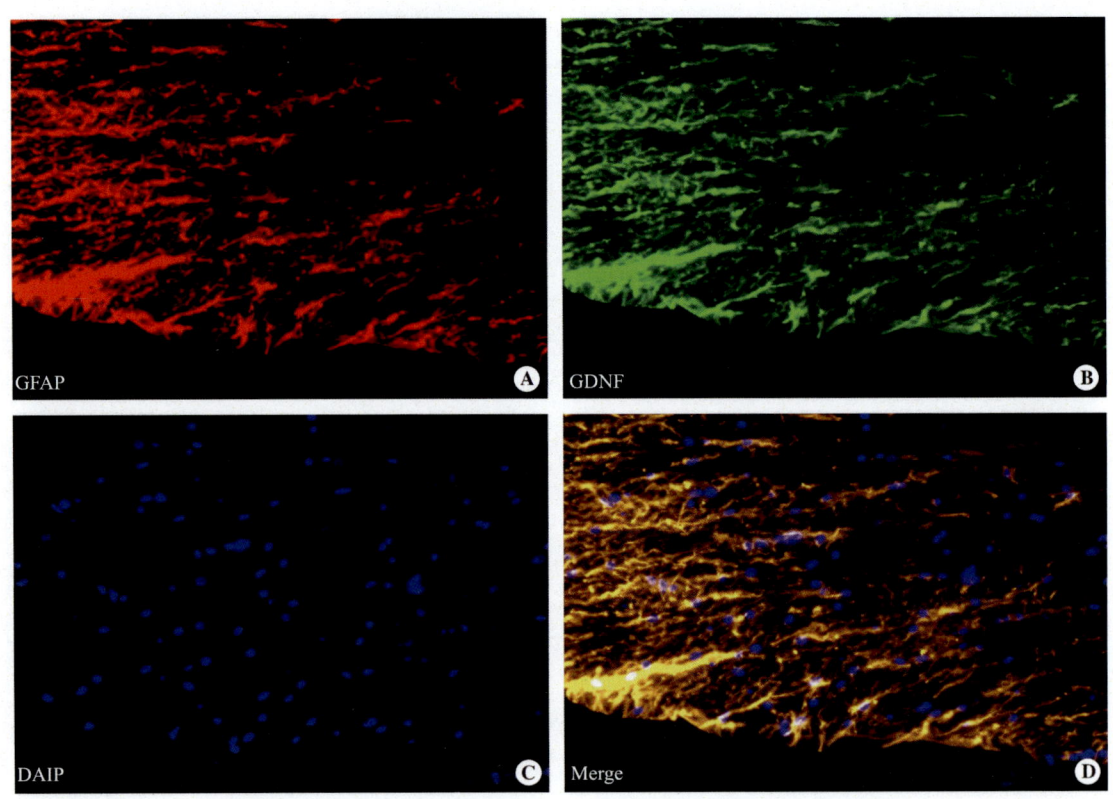

彩图 13　正常 SD 大鼠脊髓 GFAP 及 GDNF 免疫荧光双标染色
A~D. 分别为脊髓白质 GFAP 染色、GDNF 染色、DAPI 染色和 Merge(合成)图，200×